AF575991

Rabea Rogge

Ein (bisschen) Weltraum für Alle

Gedanken einer Astronautin zu Expeditionen, Robotern und Zukunftsvisionen

Rabea Rogge
Trondheim, Norwegen

ISBN 978-3-662-72821-5 ISBN 978-3-662-72822-2 (eBook)
https://doi.org/10.1007/978-3-662-72822-2

Die Deutsche Nationalbibliothek verzeichnet diese Publikation in der Deutschen Nationalbibliografie; detaillierte bibliografische Daten sind im Internet über https://portal.dnb.de abrufbar.

© Der/die Herausgeber bzw. der/die Autor(en), exklusiv lizenziert an Springer-Verlag GmbH, DE, ein Teil von Springer Nature 2026

Das Werk einschließlich aller seiner Teile ist urheberrechtlich geschützt. Jede Verwertung, die nicht ausdrücklich vom Urheberrechtsgesetz zugelassen ist, bedarf der vorherigen Zustimmung des Verlags. Das gilt insbesondere für Vervielfältigungen, Bearbeitungen, Übersetzungen, Mikroverfilmungen und die Einspeicherung und Verarbeitung in elektronischen Systemen.
Die Wiedergabe von allgemein beschreibenden Bezeichnungen, Marken, Unternehmensnamen etc. in diesem Werk bedeutet nicht, dass diese frei durch jede Person benutzt werden dürfen. Die Berechtigung zur Benutzung unterliegt, auch ohne gesonderten Hinweis hierzu, den Regeln des Markenrechts. Die Rechte des/der jeweiligen Zeicheninhaber*in sind zu beachten.
Der Verlag, die Autor*innen und die Herausgeber*innen gehen davon aus, dass die Angaben und Informationen in diesem Werk zum Zeitpunkt der Veröffentlichung vollständig und korrekt sind. Weder der Verlag noch die Autor*innen oder die Herausgeber*innen übernehmen, ausdrücklich oder implizit, Gewähr für den Inhalt des Werkes, etwaige Fehler oder Äußerungen. Der Verlag bleibt im Hinblick auf geografische Zuordnungen und Gebietsbezeichnungen in veröffentlichten Karten und Institutionsadressen neutral.

Illustrationen: Radu Muresan
Einbandentwurf: Rabea Rogge
Einbandgestaltung: deblik Berlin
Fotos: SpaceX

Planung/Lektorat: Anna Sippel
Springer ist ein Imprint der eingetragenen Gesellschaft Springer-Verlag GmbH, DE und ist ein Teil von Springer Nature.
Die Anschrift der Gesellschaft ist: Heidelberger Platz 3, 14197 Berlin, Germany

Wenn Sie dieses Produkt entsorgen, geben Sie das Papier bitte zum Recycling.

Ein (bisschen) Weltraum für Alle

Für meine Eltern,
die mir beigebracht haben, immer ein bisschen Raum für alle zu schaffen.

Prolog

Ein unbarmherziger Wind peitscht uns um die Ohren, rüttelt die Zelte durch und weht uns tausende kleiner Schneeflocken ins Gesicht. Das tut dem allgemeinen Zauber der Szenerie allerdings keinen Abbruch. Es ist ein wunderschöner Morgen, der aufgewirbelte Schnee zeichnet die aufgehende Sonne weich, alles ist in ein sanftes oranges Licht getaucht.

Der erste Eindruck, als ich den Kopf aus dem Zelt stecke, ist, dass unsere Schlitten nicht mehr zu sehen sind, eingeschneit über Nacht unter einer hohen Schneedecke. Zum Glück befestigen wir sie jeden Abend an den Zelten, sodass wir wissen, wo wir buddeln müssen. Der zweite Eindruck: Ich sollte schleunigst eine weitere Daunenjacke überziehen.

Langsam werden auch die anderen wach, in allen Zelten kommt ein geschäftiges Wuseln auf. Wir befinden uns am Tag vier einer neuntägigen Skiexpedition auf Spitzbergen im hohen Norden, 78. Breitengrad. Es ist die zweite Expedition von meiner guten Freundin und mir innerhalb einer größeren Gruppe. Ich sehe sie gerade auf mich zukommen, mit einem pikierten Gesichtsausdruck. Was ist los? Das Toilettenpapier sei ihr zum Großteil vom Wind aus der Hand gerissen worden. An sich kein guter Start in den Tag, aber uns wird schnell die Komik der Situation bewusst, und wir lachen herzlich darüber. Weiter geht es damit, die Zelte auszuräumen und keine weiteren Einzelteile zu verlieren.

Gestern lag eine anstrengende Strecke hinter uns, mit plötzlichen Wetterumschwüngen und langen Trecks. Nach acht Stunden auf den Beinen war die Nacht nicht wirklich erholsam, da sich der Schneesturm über Nacht langsam aufgebaut hatte. Der Wind hatte sich jedenfalls dramatisch angehört und falls das noch nicht Grund genug war, kein Auge zuzudrücken, hörte ich die Nacht hindurch noch einen Teil des Zeltes laut flattern. Am Morgen von einem so wunderschönen Anblick begrüßt zu werden, macht es allerdings wieder wett. Das Frühstück heute, wie jeden Morgen, ist mein Highlight: Es ist eine Haferbreimischung, leicht süßlich und mit Nussstückchen, die von Eric und seiner Tochter zusammengestellt wurde. Ein geheimes Familienrezept, wie sie es nennen. Eric war der Guide auf dieser Expedition und wir wussten zu dem Zeitpunkt bereits, dass unsere nächste Expedition noch viel weiter gehen sollte. Doch auf was für eine Reise wir uns insgesamt eingelassen hatten, war mir zu diesem Zeitpunkt nicht bewusst. Vor uns lag das Ungewisse.

Die Schönheit der Wildnis, die Vereinfachung des Lebens auf das Wesentliche, nämlich das Überleben, die Kameradschaft, das Lernen, die eigenen Grenzen zu verstehen, viel Zeit für Gespräche und Selbstreflexion. Das sind einige der Gründe, die mir am Expeditionsleben gefallen. Doch es gibt noch eine andere Art von Gründen, die schwieriger zu beschreiben ist. Die Neugier zu verstehen, was es zu finden gibt. Das Vertrauen in die eigenen Fähigkeiten aufzubauen, mit Ungewissheiten klarzukommen. Herauszufinden, was man lernen kann und den Horizont nicht nur nach Eisbären abzusuchen, sondern auch zu erweitern.

„Warum erkunden wir?"

Das scheint eine der grundlegendsten Fragen der Menschheit zu sein, die wir noch nicht gelöst haben. Wenn man bedenkt, dass wir das nun schon seit Jahrhunderten tun, ist es immer noch etwas unbegreiflich, dass wir von diesem Unterfangen geradezu besessen zu sein scheinen. Wieso?

Ich nehme euch in diesem Buch mit auf eine Expedition. Tatsächlich gehen wir auf eine kleine Zeitreise. Zuerst werden wir uns mit historischen Abenteurern auf den Weg begeben und unseren eigenen robotischen Entdecker bauen. Danach schauen wir uns als Beispiel heutiger Abenteuer die *Fram2*-Mission an. Ich nehme euch mit auf die gesamte *Fram2*-Reise: Zusammen erleben wir das Training mit all seinen Höhen und Tiefen. Wir werden das Beben der Rakete spüren, in und mit der Schwerelosigkeit experimentieren und beim Wiedereintritt die Atmosphäre glühen sehen. Danach werfen wir einen Blick in die Zukunft und schauen uns an, was Erkunden in der Wissenschaft und in der Technologie bedeutet. Wie Zukunftsträume und -ängste in Verbindung zueinander stehen. Wie auf jeder echten Expedition gibt es zum Schluss Raum, um zu reflektieren und herauszufinden, wohin wir in unserem Leben unterwegs sind.

Also, packt euren gedanklichen Schlitten, zieht die Gurte fest und los geht's!

Interessenkonflikt Der/die Autor*in hat keine relevanten Interessenskonflikte im Zusammenhang mit dieser Publikation.

Inhaltsverzeichnis

1

Die Geschichte: Mensch und Maschine auf Entdeckerkurs

In diesem Kapitel reisen wir in die eisige Weite der Arktis, tauchen zu den tiefsten Punkten des Ozeans und fliegen durch das Vakuum des Alls zu fernen Monden.

Der Ausgangspunkt unserer Expedition ist ein Blick zurück: Wie hat die Menschheit bisher neue Horizonte erschlossen? Lange waren wir selbst die Pioniere, heute teilen wir diese Rolle mit Robotern. Doch kann es überhaupt mutige robotische Entdecker geben, wenn keine Angst im Spiel ist?

In diesem Kapitel stoßen wir auf viele Grenzen: solche, die menschliche Abenteurer überwinden, und solche, die sie erst sichtbar machen. Wir schauen, wie Roboter unsere eigenen Grenzen erweitern und wie die Grenze zwischen Mensch und Maschine zunehmend verschwimmt. Im Mittelpunkt steht die Frage: Wer ist der bessere Entdecker, Mensch oder Maschine?

1.1 Zu den Grenzen der Welt

Bevor wir uns den Maschinen widmen, werden wir uns die beeindruckende Geschichte der Entdeckungen anschauen. Entdecken ist etwas zutiefst Menschliches und zieht sich wie ein roter Faden durch die Geschichte. In diesem Kapitel werfen wir einen Blick auf einige bemerkenswerte Expeditionen, und zwar ausschließlich solche aus den letzten 150 Jahren. Menschliche Entdeckungen reichen natürlich viel weiter zurück. Aber denken wir daran, was wir in so kurzer Zeit erreicht haben und wohin es führen könnte. Wie hat

© Der/die Autor(en), exklusiv lizenziert an Springer-Verlag GmbH, DE, ein Teil von Springer Nature 2026
R. Rogge, *Ein (bisschen) Weltraum für Alle*, https://doi.org/10.1007/978-3-662-72822-2_1

Technologie Entdeckungen im Laufe der Zeit ermöglicht? Wir werden auch viel über Vorbereitung, Risiko und Mut sprechen. Achten wir also darauf, was all die folgenden Abenteuer gemeinsam haben und was sie über unsere Zukunft verraten können.

1.1.1 Das Eis: Die ursprüngliche *Fram*-Expedition

Fram: [frɑːm] – Norwegisch: „Vorwärts“

Es ist der Herbst des Jahres 1884. Ein Norweger namens Fridtjof Nansen liest einen Artikel in der Sonntagszeitung über ein kürzlich verunglücktes Expeditionsschiff, das in Siberien dem Eis zum Opfer gefallen ist. Speziell geht es in dem Artikel allerdings um einige der Wrackteile, die nicht in Siberien, sondern unerklärlicherweise an der Westküste Grönlands gefunden wurden. Die Theorie des Meteorologen in dem Artikel: Die Gegenstände waren von einer Strömung durch die Polarregionen getragen, gefangen im Eis und mit den Eisschollen getrieben. Nun war Nansen nicht irgendein Mensch. Er war Polarabenteurer, und die Theorie, wenn auch nicht bewiesen, brachte ihn auf eine Idee, die zu einer der erfolgreichsten Expeditionen der Geschichte führen sollte. Wenn das Driftgut den Weg über die Arktis schafft, warum sollten dann nicht auch Menschen in der Lage sein, dies zu tun? Oder besser gesagt, eine Gruppe von Abenteurern auf einem Schiff? Nansen wollte den Nordpol erreichen, und nun war ihm seine Vorgehensweise klar.

Geboren 1861 und aufgewachsen in Oslo, profitierte der angehende Polarforscher früh von einer entscheidenden Innovation, nämlich dem modernen Skifahren. In jener Zeit revolutionierte der Telemarkstil die norwegische Skiwelt, und Nansen war mittendrin. Norwegen war damals noch Teil einer Union mit Schweden und nicht unabhängig. Dennoch strebten viele Norweger nach Souveränität. Zum Zeitpunkt der *Fram*-Expedition hatte Nansen bereits monatelange Erfahrung auf See in arktischen Gewässern gesammelt, seine Promotion in Meeresbiologie abgeschlossen und Grönland auf Skiern durchquert: ein waghalsiges Unterfangen, das ihn international bekannt machte.[1]

Zurück zu dem gewagten Plan der *Fram*-Expedition. Die Grundlage war also die Hypothese der transpolaren Driftströmung, wie sie der norwegische Meteorologe Henrik Mohn formuliert hatte. Demnach sollte sich das Packeis mitsamt den eingeschlossenen Gegenständen vom sibirischen Rand der Arktis quer über das Polarmeer in Richtung Grönland bewegen. Nansen sammelte akribisch internationale Beweise, die diese Theorie stützten. So verwies er auf Treibhölzer unterschiedlicher Art, die an den Küsten Grönlands angespült worden waren, darunter Holz, das eindeutig aus Sibirien und Nordamerika stammte. Auch auf einer früheren Grönland-Expedition hatte er Material gesammelt: Erdproben, die später von schwedischen Forschern analysiert wurden und sibirische Mineralien enthielten. Zudem gab es botanische Beobachtungen eines deutschen Forschers, der vermutete, dass bestimmte Pflanzensorten auf Grönland ursprünglich aus Sibirien stammten.

All diese Indizien präsentierte Nansen 1890 vor der Geographischen Gesellschaft in Oslo mit einer kühnen Schlussfolgerung: Er wollte ein eigens konstruiertes Schiff ins Packeis führen, es dort absichtlich einfrieren lassen und sich mit den Eisdriftströmungen über den Nordpol treiben lassen. Für dieses Wagnis setzte er eine Crew von zwölf Männern und einen Zeitraum von fünf Jahren an. Sein Vorschlag stieß zu der Zeit auf erheblichen Widerstand: Es wären Winde, die das Packeis treiben, und diese seien unvorhersehbar. Außerdem wäre es wahrscheinlich, dass es gar keinen Ozean mit Packeis gäbe, sondern vor allem Land am Pol, welches das Schiff nicht überwinden könnte. Und die Form des Schiffes spiele sowieso keine Rolle, da es kein Material gäbe, was dem Seegang widerstehen könnte. Trotz zahlreicher kritischer Zeitungsartikel, die die vermeintlichen Denkfehler der Expedition scharf angriffen, gelang es Nansen, einen Großteil der Kosten durch den norwegischen Staat zu sichern und den Rest durch private Sponsoren. Unbeirrt ging er voran und konnte den Schiffsbauer Colin Archer gewinnen, der die legendäre *Fram* baute: jenes Schiff, das sowohl zum Nord- als auch zum Südpol und auf viele weitere Expeditionen fahren sollte.[2]

Das Besondere an der *Fram* war ihr runder Rumpf, statt der sonst üblichen spitzen Form, die durch das Eis schneidet. Man stelle sich eine Schüssel im Wasser vor: Drückt man sie nach unten, stößt sie auf Widerstand und schnellt beim Loslassen wieder nach oben. Genau so sollte die *Fram* im Eis nicht zerquetscht, sondern hochgedrückt werden.[3] So weit die Theorie. Zudem sollte sie speziell leicht und kurz sein, um das Navigieren zwischen den Eisschollen zu erleichtern und damit sie im Verhältnis zur Größe stabiler gebaut werden konnte. Das Ruder, das Nansen als „Achillessehne des Schiffes in Polarregionen“ beschreibt, wurde so tief unter die Oberfläche gelegt, dass das Eis es nicht zerstören konnte.[2]

Was Nansen besonders auszeichnete, war seine akribische Vorbereitung. Er schildert selbst, dass die Vorbereitung drei Jahre dauerte und er die Idee neun Jahre zuvor hatte.[2] Das Expeditionskonzept war neu, aber auch Ernährung, Wetterdynamik und Ausrüstungsoptimierung spielten eine große Rolle. Crewmitglied Hjalmar Johansen beschreibt in seinen Memoiren, wie die *Fram* bis in die letzte Ecke gepackt wurde. Kerosin zum Heizen, Paraffin, Hundekekse, getrocknetes Fleisch, Gemüse in Dosen, Mehl. Johansen bemerkt sogar, dass es zu viel war, und meint, „mit dem, was wir zurückgebracht haben, hätten wir gerade eine zweite Expedition starten können."[4] Die Planung reichte bis ins kleinste Detail: von Navigationsinstrumenten über wissenschaftliche Geräte bis hin zur Auswahl der Schlittenhunde. Letztere sollten eigens aus Ostsibirien stammen, da man ihnen eine größere Ausdauer als ihren Verwandten aus Westsibirien zuschrieb. Zudem ließ Nansen an mehreren Orten in Russland Notvorräte deponieren, für den Fall, dass die Expedition vom Kurs abkam oder unvorhergesehene Probleme auftraten.[2;4]

Die Crew der *Fram* packte zusammen und verabschiedete sich mit einer langen Tour entlang der norwegischen Küste, bis sie schließlich im Sommer 1893 von Vardø im Norden Norwegens in See stach. Die *Fram* wurde tatsächlich im September 1893 im Packeis eingefroren (siehe Abb. 1.1) und driftete nun gemächlich mit 1,5 km jeden Tag voran[5], verfehlte allerdings den Nordpol (siehe Abb. 1.2).

Nach gut eineinhalb Jahren des Driftens und sorgfältiger Datensammlung war der erhoffte Weg zum Nordpol noch immer nicht geschafft. Somit entschied Nansen, die Situation in die eigenen Hände zu nehmen. Ein weiteres Beispiel dafür, dass die Vorbereitungen nicht mit dem Beginn der Reise endeten, war, dass Nansen mit der Crew Skifahren übte und unter anderem herausfand, dass er auf Skiern ebenso schnell wie mit den Hundeschlitten fahren konnte.

So kam es also, dass Nansen und das Crewmitglied Hjalmar Johansen beschlossen, allein auf Skiern dem Nordpol entgegenzuziehen. Sie wussten nicht, dass ihnen 18 Monate mit zahlreichen Beinahetoden bevorstanden. Sie lebten von der Walross- und Robbenjagd und verbrachten acht Monate in einer selbstgebauten Steinhütte, um den Winter zu überstehen. Nach der Überwinterung entschieden sie, dass ihr Überleben davon abhing, offenes Wasser zu überqueren. Das Ziel war Svalbard. Wie sehr sie auf ihre Ausrüstung angewiesen waren, zeigte sich, als ihre beiden Kajaks abtrieben und Nansen ins eiskalte Wasser sprang, um sie schwimmend zurückzuholen. Mit letzter Kraft gelang es ihm.[2]

Letztendlich kam es jedoch anders: Ohne ihr Wissen war der Engländer Frederick George Jackson zur gleichen Zeit auf Franz-Joseph-Land angekommen und hatte dort sein Lager errichtet. Jackson hatte sich ursprünglich für Nansens Expedition beworben, war jedoch abgelehnt worden. Nun rettete diese Entscheidung Nansens und Johansens Leben.[3] Die beiden trafen die Expedition zufällig und fanden somit ihren Weg zurück in die Zivilisation.

Und die *Fram*? Auch sie überstand die vielen Monate im Eis. Unter der Leitung von Otto Sverdrup driftete sie langsam, aber stetig durch das Polarmeer, wie die Forscher es vorhergesagt hatten. Am Ende kehrten sowohl Nansen und

Abb. 1.1 Die *Fram* eingefroren im Packeis. Bild: Fridtjof Nansen, *Farthest North*[2]

Johansen als auch Otto Sverdrup mit der *Fram* mit nur zwei Wochen Abstand als Helden zurück. Alle Männer hatten fast drei Jahre im Eis überlebt. Dank sorgfältiger Planung, Willenskraft, Training und vor allem Mut.

War alles perfekt? Ganz und gar nicht. Die Expedition kam nicht wie erhofft am Nordpol an. Und doch gelang es, den Rekord für die nördlichste Expedition zu setzen und alle Expeditionsmitglieder gesund zurückzubringen. Das war

Abb. 1.2 Die Route der *Fram*-Expedition (*gestrichelt*) unter Nansen und die Skiexpedition von Nansen und Johansen (*gepunktet*). Interessanterweise ist auch die angenommene Drift der Wrackteile eines im Eis gesunkenen kanadischen Schiffs eingetragen (*gekreuzt*), auf deren Beobachtung die Expeditionsplanung beruhte. Bild: Knud Bergslien, Kristiania 1896/Nasjonalbibliotekets kartsamling

nicht zuletzt auf das innovative Design der *Fram* zurückzuführen. Die *Fram* sollte später noch unter einem anderen Expeditionsleiter eine bahnbrechende (und für die Crew überraschende) Reise in die Antarktis antreten. Aber das ist eine andere Geschichte.

Deine Perspektive

Wärst du bereit gewesen mitzukommen? Was für eine Art Expeditionsleiter*in wärst du gern gewesen? Was für eine Crew hättest du gewählt?

1.1.2 Die Tiefsee: Die Tauchgänge der *Trieste*

„Die Entdeckung ist der Sport der Wissenschaftler." – Auguste Piccard

Tauchen wir ein in eine weitere außergewöhnliche Geschichte der Erfindung. Diesmal ist es eine weniger bekannte Geschichte über einen Vater und seinen Sohn, welche die Grenzen der Technik und der Tiefseeerkundung verschoben haben. Lange bevor wir uns fragten: „Gibt es Leben auf anderen Planeten?", fragten wir uns: „Gibt es Leben am tiefsten Punkt der Erde?"

Im Jahr 1933 arbeitete der Schweizer Ingenieur Auguste Piccard daran, Grenzen zu verschieben. Zunächst allerdings nicht in der Tiefe, sondern in der Höhe. Er ersann eine versiegelte Kugel, die von einem Heißluftballon getragen werden und eine Person in die Höhe bringen sollte. Angetrieben von wissenschaftlichem Ehrgeiz wollte er die Stratosphäre erforschen. In seinen Worten: „Mein Ziel ist es nicht, Rekorde aufzustellen, und schon gar nicht, Rekordhalter zu sein, sondern den Weg für die wissenschaftliche Forschung und die Luftfahrt zu ebnen.[6]" Er erreichte wohl mehr vom Ersteren, doch durch die Aufmerksamkeit legte er den Grundstein für spätere Missionen.[7]

Piccards Arbeit mit Heißluftballons umfasste mehrere Designs. Sie bestanden jeweils aus zwei Teilen: einer abgeschlossenen Kugel mit eigener Sauerstoffversorgung, in der die Piloten saßen, und einem Auftriebskörper, welcher die Kugel in die Lüfte heben sollte. In seinem ersten Design war der Ballon dafür konzipiert, die ca. 90 kg schwere Kapsel zu tragen.[7] Mehr als der Höhenrekord interessierte Piccard die kosmische Strahlung, von der er annahm, dass man sie in der Stratosphäre besser messen könne. Der erste Ausflug mit dem selbstgebauten Vehikel endete nahezu dramatisch: Ein Seil, das versehentlich am Ballon befestigt war, verhedderte sich mit dem Wasserstoffkontrollseil, das zum Ventil führte. Dies wurde zum Herunterkommen gebraucht, was nun nicht möglich war. Piccard beschreibt, dass sie „Gefangene der Stratosphäre" waren. Die beiden Piloten schafften es, durch Kalkül und Glück, trotz der prekären Situation in den Tiroler Bergen, zu landen und wurden von einem Rettungstrupp aus einem nahegelegenen Dorf gefunden.[6] Ein zweiter Flug übertraf den vorherigen Rekord und verlief deutlich reibungsloser. Auguste Piccard hatte somit gezeigt, dass seine Leidenschaft für Pionierleistungen, Tüfteln und die Wissenschaft ihm wiederholbaren Erfolg eingebracht hatte. Dass er ein Visionär war, zeigte sich in einer Prognose von 1933: „New York wird eine Tagesreise von Europa entfernt sein."[7]

Wichtiger als seine Ballonflüge war für Auguste Piccard jedoch ein Traum in die entgegengesetzte Richtung: nicht hinauf in die Stratosphäre, sondern hinab in die Tiefen des Ozeans. Nach seinen Rekordflügen traf er König Albert I. von Belgien, der seine Begeisterung teilte und neu etablierte Wissenschaftsgelder für das Projekt zusprach. Doch wie die Ballonflüge war auch die Entwicklung des erträumten Unterwasserfahrzeugs ein steiniger Weg mit vielen Hürden. Bereits 1937 entwarf Piccard die ersten Prototypen. Der Zweite Weltkrieg brach aus, und das Projekt wurde mangels finanzieller Mittel gestoppt. Das Interesse verlagerte sich vom waghalsigen Forscherdrang hin zu militärischen Notwendigkeiten. Es wurde nach dem Krieg wieder aufgenommen, doch mit den begrenzten Mitteln mussten Abstriche bei der Seetauglichkeit gemacht werden. Es gipfelte in einer katastrophalen Testfahrt, bei welcher der Prototyp durch die Witterungsverhältnisse Schaden nahm. Piccards Ruf in der Presse litt. Anstatt als erfolgreiches Wissenschaftsgenie galt er nun als Phantast. Die belgische Wissenschaftsinstitution, die das Geld bereitgestellt hatte, verweigerte weitere Mittel und beanspruchte sogar die Rechte am Projekt. Mit einem gescheiterten Prototyp, gestrichener Finanzierung und dem Ausschluss aus seinem eigenen Projekt stand Piccard mit 63 Jahren am Ende seines Traumes.[7]

Während der Seeversuche hatte Piccard seinen Sohn, Jacques Piccard, dabei. Selbst ein angehender Ingenieur, verliebte sich Jacques schnell in das Projekt und wollte die Pläne seines Vaters eigenständig weiterverfolgen. Bei einem Besuch im italienischen Triest traf er Gleichgesinnte, deren Zukunftsvisionen ihn beeindruckten. Gemeinsam beschlossen sie, ein eigenes Tauchboot zu bauen und es zu Ehren des Entstehungsorts *Trieste* zu nennen.

Was die *Trieste* von gewöhnlichen U-Booten unterschied, war ihr innovatives Design. Ihr Schöpfer nannte es „Bathyskaph", was „Tiefenschiff" im Griechischen bedeutet. Die größte Herausforderung war der immense Druck in der Tiefe. Die Konstruktion bestand aus zwei Hauptteilen: einer Druckkugel für zwei Personen und einem großen Benzintank (siehe Abb. 1.3). Diese Idee war eng an Auguste Piccards ursprüngliches Konzept der Heißluftballons angelehnt: Benzin, leichter als Wasser, ersetzte gewissermaßen das Helium und

Abb. 1.3 Die *Trieste* mit ihrem Kompartment für das Benzin und die darunter gelegene Kapsel für die Piloten, ähnlich zu einem Heißluftballon. Bild © Auguste Piccard, alle Rechte vorbehalten. Abgedruckt mit freundlicher Genehmigung von Bertrand Piccard

lieferte den Auftrieb, während die Kugel die Besatzung schützte – so gesehen ein Ballon unter Wasser. Glück hatten die Piccards auch durch einen zeitgleichen technischen Durchbruch in Deutschland. Für Beobachtungen sollte die Kugel ein Sichtfenster haben, doch es fehlte an einem Material, das dem Druck standhielt. Der Ingenieur Otto Röhm hatte gerade Plexiglas erfunden: ein Polymer, das sich als ideale Lösung erwies.[7]

Die US-Marine hatte inzwischen von den erfolgreichen Tests erfahren und entsandte Verhandler nach Europa, um die *Trieste* unter ihre Fittiche zu nehmen. Jacques Piccard nahm das Angebot gerne an. Nach mehreren Testtauchgängen vor der US-Küste stand er vor einer neuen Herausforderung: Könnte die *Trieste* den tiefsten bekannten Punkt der Ozeane erreichen, *Challenger Deep* im Marianengraben?[7]

Die Frage ließ ihn nicht los. Was würde man in dieser Tiefe sehen, und würde es Leben geben? Zusammen mit dem US-Marineoffizier Don Walsh wurde er ausgewählt, die Kugel für den abenteuerlichen Abstieg auf über 10.000 Meter zu bemannen. Bei etwa 3000 Metern bemerkten sie ein Leck. Dies verschloss sich allerdings, wie bei früheren Tests, von selbst. Bei rund 4500 Metern verloren sie den Funkkontakt. In 5500 Metern Tiefe trat ein weiteres, unerwartetes Leck auf, aber dennoch vertrauten sie ihrem Gefährt.

Völlig überraschend wurde der Funkkontakt bei 10.000 Metern wiederhergestellt. Das Ziel war erreicht. Walsh schrieb später: „... ich glaube, zum ersten Mal während des Tauchgangs spürten wir beide das ehrfürchtige Staunen, das man nur beim Erforschen des völlig Unbekannten empfindet." Und in der Tat sah Jacques Piccard dort das von ihm ersehnte Leben: Eine Art Scholle, die Jacques schmeichelhafterweise als „Sohle" bezeichnete. Weiß schimmernd schwamm sie am kleinen Fenster vorbei, unbeeindruckt von dem Gefährt in ihrer Nähe. Die gesamte Tauchzeit betrug 8 Stunden und 35 Minuten.[8]

Und so, nach rund 30 Jahren Entwicklung und einer guten Anzahl an gescheiterten Testtauchgängen, hatte sich die Tauchkugel von Auguste und Jacques Piccard endgültig bewährt und einen der gefährlichsten Orte der Welt für Menschen zugänglich gemacht und die Frage beantwortet: Ja, es gibt Leben in den extremsten Umgebungen der Erde.

Deine Perspektive

Hättest du an Augustes Stelle aufgegeben? Gibt es Dinge, die dich motivieren, trotz Rückschlägen nicht aufzugeben?

1.1.3 Das All: Die Unmöglichkeit der *Apollo-11*-Mission

„Ein kleiner Schritt für einen Menschen, ein großer für die Menschheit." – Neil Armstrong

Kaum ein Ereignis hat die Menschheit gemeinsam so in den Bann gezogen wie die *Apollo-11*-Mission im Juli 1969. Kaum ein Ereignis verkörpert den Entdeckergeist durch menschliche Errungenschaften und Technologiefortschritt so sehr wie die dreistufige Rakete *Saturn V* und das Mondlandemodul, das die Astronauten heil zum Mond und von dort wieder zurückgebracht hat. Geschätzte 650 Mio. Menschen[9] verfolgten gebannt an ihren teils eigens dafür gekauften Fernsehern, wie Neil Armstrong die Oberfläche des Mondes betrat. Was hat es gebraucht, um bis zu diesem Punkt zu kommen? Welche Qualitäten legten die Astronauten zu jener Zeit an den Tag?

Wie der Name verrät, war die *Apollo-11*-Mission der Durchbruch einer Aneinanderreihung von Missionen, die alle das Ziel hatten, den Fuß auf den Trabanten der Erde zu setzen. Das *Apollo*-Programm war eine Mischung aus technischer Exzellenz, politischem Willen und dem Mut außergewöhnlicher Menschen. Raketen waren eine junge Technologie. Die ersten Prototypen waren leider nicht für Menschen gebaut, sondern gegen Menschen gerichtet: für Kriegszwecke während des Zweiten Weltkriegs. In den USA experimentierte eine Gruppe von Studenten mit Raketen, bis sie vom Universitätscampus verwiesen wurde und 1936 die Anfänge des Jet Propulsion Laboratory gründete. Dieses Forschungszentrum wurde später in die neu gegründete NASA integriert und entwickelte sich zu einem ihrer technologischen Standbeine. Die Weltraumbranche steckte also in den Kinderschuhen. Dass es vom ersten Start einer Orbitalrakete im Jahr 1957 bis hin zum ersten Menschen auf dem Mond nur zwölf Jahre dauerte, scheint heute noch unglaublich.

Im September 1962 äußerte Präsident John F. Kennedy seinen wahrscheinlich berühmtesten Satz:

> „Wir haben uns entschlossen, zum Mond zu fliegen … und die anderen Dinge zu tun. Nicht, weil sie leicht sind, sondern weil sie schwer sind.“ [10]

Und all dies innerhalb der nächsten Dekade. Ein ambitioniertes Ziel? Bestimmt, aber vor allem auch eine Notwendigkeit in dem idealistischen Krieg zwischen den USA und der Sowjetunion. Im Kalten Krieg hatte die Sowjetunion bisher das erste Objekt ins Weltall befördert (Sputnik) und ebenfalls den ersten Menschen in die Umlaufbahn (Juri Gagarin). Wer würde also den ersten Menschen zum Mond befördern? Michael Collins, *Apollo*-Astronaut, beschreibt, wie während der *Apollo*-Ära eine Aufbruchstimmung herrschte, die in den vorherigen Programmen noch nicht vorhanden war. So war *Gemini*, das vorhergehende Raumfahrtprogramm, eher eine „lokale“ Mission. Dahingegen waren die Blicke der Welt auf *Apollo 11* gerichtet. [11]

Ein Plan wurde entwickelt, um den Mond zu erreichen: Eine Rakete sollte ein Kommandomodul und ein Mondmodul befördern. Das Kommandomodul sollte im Mondorbit ankommen und mit einem Astronauten stationiert bleiben, während das Mondmodul zwei Astronauten zur Oberfläche des Mondes und nach erfolgreichem Aussteigen wieder zurückbringen sollte. Das Kommandomodul käme dann allein zurück zur Erde, würde durch die Atmosphäre fallen und durch Fallschirme abgebremst im Ozean landen.

Der Auftakt zu dem *Apollo*-Programm fing als Katastrophe an. Drei Astronauten starben bei einem Test auf dem Launch Pad, und das sogar noch vor dem Start der *Apollo-1*-Mission. So große Ambitionen begannen mit einem so schrecklichen Anfang. Die Unsicherheit saß tief im Nacken, würde sich die NASA davon erholen? Es war zudem kein kleiner Unfall, sondern ein systematischer Fehler. Durch den hohen Sauerstoffgehalt in der Luft hatte ein Funke ausgereicht, um die Kapsel in Brand zu setzen. Die Arbeiten waren schlecht dokumentiert, nicht nachverfolgbar, und die Untersuchungen gaben eine Vielzahl möglicher Ansatzpunkte preis. Wurde der Fokus zu sehr darauf gelegt, was im All hätte schiefgehen können, und nicht auf der Erde? Nun hätte dies das Ende der *Apollo*-Ära sein können, doch es ging weiter. Die Familien der Astronauten und die nächste Gruppe von Astronauten wurden befragt, und sie waren sich einig, dass die Todesfälle nicht umsonst gewesen sein sollten. [11]

Nach mehreren Iterationen war *Apollo 11* nun die Spitze des Eisbergs seiner Vorgängermissionen. Das vorhergehende *Gemini*-Programm hatte zum Ziel, Expertise in Weltraumspaziergängen und Rendezvous von zwei Raumschiffen für die Astronauten zu gewinnen. Zudem war es die perfekte Plattform, um neue Technologien zu testen und zu optimieren, wie zum Beispiel Navigationscomputer, Lebenserhaltungssysteme und Flugradare. In der Zwischenzeit hatte auch die sowjetische Seite einige Monderfolge zu verzeichnen: Mehrere Mondorbits, unter anderem auch mit Lebewesen an Bord – speziell zwei Schildkröten, die die Reise angetreten und überlebt hatten. [12] Im *Apollo*-Programm waren es *Apollo 8*, *9* und *10*, alle mit Astronauten an Bord, die es sogar in die Umlaufbahn des Mondes schafften. Jeweils bemannt mit drei Astronauten wurde getestet, dass die Grundbausteine für die Mondlandung funktionierten: Das Navigieren, das Rendezvous und das Docking sowie die Lebenserhaltungssysteme des Mondlandemoduls. Es wurde erklärt, dass der Weg zum Mond geebnet worden war, die Technologie stand bereit für den großen Auftritt. Die Crew war ausgewählt.

Neil Armstrong, Kommandeur, Edwin „Buzz" Aldrin, Mondmodulpilot, und Michael Collins, Kommandomodulpilot. Für keinen von ihnen war es der erste Ausflug ins All. Die Crew trainierte mehrere Jahre mit einem Training, das aus Flugstunden in den T-38-Jets, Zentrifugentraining, technischem Training, um über das Kommandomodul und das Mondmodul zu lernen, und vielen hundert Stunden im Simulatortraining bestand, um dies in die Praxis umzusetzen. [11]

Collins beschreibt Gedanken und ungelöste Probleme, die er persönlich durchgegangen ist: Sollte etwas schiefgehen, konnte man nicht „einfach" wieder umkehren. Die Trajektorie war durch die verschiedenen Einflüsse der Himmelskörper exakt berechnet worden. Was wäre, wenn der Treibstoff nicht ausreichte, um der Schwerkraft des Mondes zu entkommen? Was passiert, wenn die Rakete in einen falschen Orbit gerät? Was ist, wenn das Wetter an der Rückkehrstelle plötzlich in einen Sturm umschlägt? Es galt, sehr viele Details zu klären, in Bereichen, in denen Menschen noch nicht viel Erfahrung gesammelt hatten. [11]

Die Technologie, mit der sie fliegen sollten, war raffiniert und kompliziert: die *Saturn-V*-Rakete und nicht nur ein, sondern mehrere Raumschiffe. Die Rakete dient dazu, die Nutzlast ins Weltall zu bringen: in diesem Fall das bekannte Mondlandemodul, *Eagle* getauft, und das Kommandomodul, das im Mondorbit bleiben sollte. Die *Saturn V* bestand aus drei sogenannten Stufen, jede Stufe sollte einen weiteren Schub ins Weltall versetzen.[13] Raketen sind wie mit Treibstoff gefüllte Blechdosen: Der Treibstoff wird gezündet, und es entsteht ein Schub nach vorn. Um der Schwerkraft der Erde zu entkommen, benötigt man 11,2 km/s, was mehr als 40.000 km/h entspricht. Im Falle einer Reise zu einem anderen Planeten muss man zuerst die Anziehungskraft der Erde überwinden und dann die Anziehungskraft des nächsten Himmelskörpers abbremsen. Nun hat die Rakete mehrere Stufen, um die Beschleunigung effizienter zu gestalten und ein Paradox zu überwinden: Je mehr die Rakete wiegt, desto mehr wird sie von der Erde zurückgezogen; desto mehr Treibstoff benötigt sie nun. Wenn man nun aber das Gewicht verringert, indem man sukzessive Strukturen und somit Gewicht abwirft, kann man die notwendigen Geschwindigkeiten erreichen. Der Bau einer *Saturn V* dauerte ungefähr ein Jahr, bevor sie einige Minuten lang ihren Auftritt hatte und dann in den Ozean fiel.[13]

Die kostbare Last der Rakete waren das Kommando- und das Mondmodul. Diese Module waren die Vorreiter der heutigen Raumfahrzeuge. Die Hauptaufgabe eines Raumschiffs besteht darin, dass Astronaut*innen eine lebensfähige Umgebung im kalten Vakuum des Alls haben. Das heißt, alle benötigten Güter müssen mitgenommen werden: Sauerstoff, Wasser und Nahrung. Die Temperatur muss reguliert werden, und der Abfall muss gut organisiert sein. Der Druck und die Temperatur müssen geregelt werden, da es in den Weiten des Alls natürlich weder Atmosphäre noch natürlichen Wärmeaustausch gibt. Zusätzlich benötigt das Raumschiff Antrieb, Navigation, Kommunikation und Landeeinrichtungen wie Fallschirme und ein Hitzeschild, das die wortwörtlich atemberaubende Geschwindigkeit abbremst und das Modul von der Reibungshitze des Wiedereintritts abschirmt.[13]

Am Tag des Starts vom historischen Launch Pad 39A am Cape Canaveral, Florida, tritt die gewaltige Kraft des bislang mächtigsten Gefährts der Welt zutage. Der Countdown läuft. Die Triebwerke zünden. Ein Feuerball drückt die 111 m hohe *Saturn V* in die Lüfte, die Schallwellen werden bis nach New York registriert (Abb. 1.4).[14] Und doch funktioniert alles reibungslos, nur wenige Monate vor Ablauf der von Kennedy versprochenen Dekade.

Nach dem erfolgreichen Start verlief auch die viertägige Reise zum Mond ohne Probleme, und sobald beide Module im Mondorbit angekommen waren, setzten Armstrong und Aldrin die Reise in ihrem Mondlandemodul fort.

Abb. 1.4 Der Start der *Apollo-11*-Mission am 16. Juli 1969 vom Launch Pad 39A, von dem wir über 50 Jahre später auch starten sollten mit *Fram2*. Bild: © NASA, alle Rechte vorbehalten

Der Landeplatz wurde in einem der Krater im *Mare Tranquillitatis*, dem Meer der Ruhe, ausgesucht. Die Bedingungen waren, dass es möglichst flach war und die Sonne die Astronauten beim Ausstieg nicht blenden sollte.[11] Der Anflug erwies sich allerdings als unwillkommen holprige Reise: Ein Alarm ging los, gleich mehrere Male.[13] Nachdem dieser als vernachlässigbar erklärt worden war, tauchte das nächste Problem auf: Im letzten Moment übernahm Armstrong die manuelle Steuerung, um nicht in einem Steinmeer zu landen. Mit nur 30 Sekunden an verbleibendem Treibstoff setzte der *Eagle* auf.[11] Die Landung war geglückt. Die etwas über 21 Stunden auf der Mondoberfläche verbrachten die beiden Astronauten damit, Beobachtungen und Proben zur Beschaffenheit der Mondoberfläche zu sammeln, Reflektoren für ein Laserexperiment von der Erde zu deponieren, die amerikanische Flagge zu platzieren und einen kurzen Anruf mit dem US-Präsidenten zu tätigen.[9] Die Reflektoren werden heute noch für Experimente verwendet und haben eine der genauesten Messungen der Mondumlaufbahn ermöglicht.[15] Andere Fragen waren etwas einfacher: Welche Farbe hat der Mond? Frühere Missionen hatten von monochromatischen bis eher braunen Oberflächen berichtet, und die Lösung der *Apollo-11-Crew* war, dass es auf den Einfall des Sonnenlichts ankam. Mit den vielen neuen Einsichten ging es zurück zum Kommandomodul und dann zur Erde.[11]

So endete die Mission und setzte gleichzeitig den Anfang für eine Ära der Monderkundung: Nach Armstrong und Buzz Aldrin sollten insgesamt noch zehn weitere Menschen innerhalb der nächsten drei Jahre den Mond betreten, bis das *Apollo*-Programm eingestellt wurde. Der Traum, die Erde zu verlassen, war nicht nur in Erfüllung gegangen, sondern sogar übertroffen worden. Seitdem war kein weiterer Mensch auf dem Mond.

Deine Perspektive

Was für Eigenschaften hast du, welche dich für eine solche Mission eignen würden? Wie würdest du deine eigene Mondmission planen – eine Forschungsmission, ein bewohnbares Modul oder etwas ganz anderes?

Sämtliche Expeditionen sind nicht nur durch Willenskraft, Mut, Liebe zum Detail, Durchhaltevermögen und die Zusammenarbeit zwischen vielen verschiedenen Experten ermöglicht worden. Das ist der menschliche Teil der Erkundung. Und doch handeln alle drei Geschichten davon, wie Technologie Fortschritt ermöglicht. Wie wir neue Hilfsmittel entwickelt haben, die uns in die Arktis, den Marianengraben und ins All bringen. Im nächsten Kapitel gehen wir einen technologischen Schritt weiter und blicken mit anderen Augen auf das Erkunden: aus der Sicht eines Roboters.

1.2 Robotische Entdecker

Wir haben im letzten Kapitel viel über mutige menschliche Entdecker gelesen, aber was ist mit unseren mechanischen Gegenstücken: Sind Roboter vielleicht ebenso gut oder besser geeignet?

Nansobot

In diesem Kapitel werden wir unseren eigenen robotischen Entdecker erschaffen: Nansobot, benannt nach Fridtjof Nansen, den wir bereits kennengelernt haben. Er wird uns begleiten und zeigen, welchen Herausforderungen sich robotische Entdecker stellen müssen, welche Fähigkeiten sie mitbringen sollten und ob sie uns in Zukunft tatsächlich ersetzen werden.

1.2.1 Was zeichnet Entdeckungen überhaupt aus?

„Entdecken" ist ein Wort, das ein bisschen alles und nichts bedeutet. Im Grunde geht es darum, sich ins Unbekannte zu wagen, in der Hoffnung, etwas Neues zu finden.[16] Expeditionen zu den entlegensten Ecken der Welt sind klassische Beispiele hierfür, aber auch die Wissenschaft ist im Kern nichts anderes als eine Entdeckungsreise, nur in die abstrakte Welt der Ideen. In diesem Kapitel geht es um geografische Erkundungen, also das Finden neuer physischer Orte. Unser Fokus liegt auf dem Weltraum, weil er wunderbar zeigt, wie rau und vielfältig eine Umgebung sein kann, auch wenn der Ozean und die Arktis gut mithalten können. Das Entdecken lässt sich grob in zwei Phasen einteilen: zunächst das Erkunden, danach das Verstehen. Zuerst erfassen wir, was es gibt, dann versuchen wir, zu begreifen, was es bedeutet.

Wie erkunden wir unbekannte Orte? In der Debatte um menschliche und robotische Erkundung wird oft unser mächtigstes und ältestes Werkzeug zur Erkundung vergessen: Beobachtungen aus der Ferne. Wir haben beispielsweise eine unglaubliche Menge an Informationen allein durch das Beobachten mit Teleskopen gewonnen, vom Verständnis der chemischen Zusammensetzung von Planeten bis hin zum Nachweis der Existenz von Schwarzen Löchern. Aus diesen Beobachtungen lernen wir und entwickeln Theorien sowie Hypothesen. Um diese zu überprüfen oder zu widerlegen, greifen wir auf unser zweites

Mittel zurück: die Feldarbeit. Wir schicken Instrumente direkt in diese Umgebungen, um Proben zu sammeln, das Gelände zu kartieren und Experimente vor Ort durchzuführen. Ob es sich nun um einen robotischen Rover handelt, der Regolith abschabt, oder um einen Astronauten, der in Mondgestein hämmert: Die gewonnenen Erkenntnisse können helfen, bestehende Hypothesen besser zu verstehen oder ganz neue zu entwickeln.

Die Diskussion über Wasser auf dem Mond ist ein gutes Beispiel dafür, wie Hypothesenbildung, Beobachtungen und Feldarbeit Hand in Hand gehen. Aus den frühesten Beobachtungen glaubten Astronomen im 17. Jahrhundert, die dunklen Krater des Mondes seien Meere aus Wasser. Später erkannte man, dass es sich nicht um Wasserflächen handelt, sondern um Becken, die einst von heißer Lava überflutet wurden und heute als dunkle Ebenen zu sehen sind. Daher tragen viele Krater noch heute das Wort *Mare*, lateinisch für „Meer", in ihrem Namen. Im 19. Jahrhundert vermutete man dann das Gegenteil: Der Mond müsse völlig trocken sein, da er keine Atmosphäre besitzt und Wasser sofort verdampfen würde. Die von den *Apollo*-Missionen gebrachten Proben schienen dies zunächst zu bestätigen. Doch auch mit neuen Missionen und besseren Analysemethoden blieb das Bild lange unklar. Erst als die NASA eine Sonde in einen Krater nahe des Südpols stürzen ließ und das ausgeworfene Material spektroskopisch untersuchte, kam Gewissheit. Es wurde tatsächlich Wasser gefunden.[17] Wie wir später sehen werden, ist diese Entdeckung weit mehr als nur eine wissenschaftliche Randnotiz. Sie legt vielleicht sogar den Grundstein für eine Zukunft im Weltraum.

Doch zunächst beginnen wir unsere Reise, indem wir das Ziel auswählen. Welche Horizonte gilt es überhaupt zu entdecken?

Neue Welten

Wenn wir an neue Orte denken, zu denen wir Nansobot zur Erkundung aussenden, sprechen wir oft von extremen Umgebungen. Der Ozean, die Polarregionen und der Weltraum sind dabei noch vergleichsweise einseitige Beispiele. In den Weiten des Weltalls gibt es eine bunte Vielfalt noch viel spannenderer Himmelskörper: Monde mit Ozeanen unter dicken gefrorenen Eispanzern, den roten Mars mit staubigen Winden und einer giftigen Atmosphäre oder rotierende Asteroiden, die von winzigen, schwebenden Regolithstücken bedeckt sind. Saturns Mond Enceladus ist ein eindrucksvolles Beispiel für kombinierte extreme Eigenschaften. Unter seiner kilometerdicken Eiskruste liegt ein salzhaltiger Ozean. Im Inneren erzeugte Wärme führt dazu, dass sich Wasser unter hohem Druck ansammelt, welches dann durch Risse im Eis ins All gespien wird und Geysire bildet. Doch so lebensfeindlich dieser Mond auch wirkt, könnte er ein Geheimnis bergen. Die warmen Ozeane in Kombination mit bestimmten chemischen Zusammensetzungen ähneln unseren irdischen Bedingungen und machen den Eismond zu einem Topkandidaten für die Suche nach Leben in unserem Sonnensystem.[18]

Schauen wir uns etwas genauer an, was diese Umgebungen so unwirtlich und kompliziert für uns Menschen macht.[19]

Unbekannt, unstrukturiert und dynamisch: Während das Unbekannte praktisch *der* Aufruf zum Erkunden ist, bedeutet es auch, dass wir uns nicht auf alle Situationen vorbereiten können. Wir können nicht alle Szenarien testen und unseren Entdecker nicht mit vollständig akkuratem Wissen ausstatten. Nansen hatte keine Karte der Arktis, als er sich zum Nordpol aufmachte; es war nur ein leerer Fleck. Für einen Roboter ist es sehr wahrscheinlich, dass sein zugrunde liegendes Wissen, wie er mit der Umgebung interagieren soll, unvollständig oder sogar falsch ist. Somit findet sich unser Roboter dann plötzlich in einer Panne, wie etwa ein Marsrover, der an steilen Hängen unbekannten Geländes herunterschlittert.[20]

Wenn die neuen Umgebungen zudem unstrukturiert sind, können wir ebenfalls keine Muster erwarten. Eine eisige Landschaft ist ein Beispiel, das uns wenig Anhaltspunkte zur Orientierung liefert. Eine strukturierte Umgebung könnte dagegen eine Wohnung mit Räumen sein, die ein Staubsaugroboter erkundet. Er weiß nicht, wie viele Räume es gibt und wie sie aussehen, aber er weiß, dass er auf Wände, Teppiche, Hindernisse oder deine Katze achten muss.

Dynamisch bedeutet eine sich verändernde Umgebung, wie etwa die Meeresoberfläche, die sich von ruhigen zu stürmischen Wellen entwickeln kann. Wenn diese Veränderungen rasch geschehen, sind zeitnahe Anpassungen gefragt. Zurück zu Enceladus: Hier könnte ein spontan ausbrechender Geysir den Weg versperren.[21] Für uns bedeuten schnelle Reaktionszeiten schnelle Entscheidungsfindung; für den Roboter bedeutet es, Daten in Echtzeit zu verarbeiten, entweder an Bord oder extern mit einer Hochgeschwindigkeitsverbindung.

Extreme Bedingungen (gefährlich für Menschen): Unser erster Anreiz, einen Roboter zu schicken, ist, dass neue Welten nicht nur unbekannt, sondern auch gefährlich für uns Menschen sind. Wir nennen dies extreme Umweltbedingungen, und dazu zählen hohe oder niedrige Temperaturen, hoher oder niedriger Druck (vom Meeresgrund bis zum Vakuum des Weltraums), hohe Strahlungswerte oder das Fehlen von Sauerstoff.[22] Das würde nicht nur uns, sondern auch jedes Material belasten, da die meisten unserer Strukturen und Elektronik für irdische Bedingungen gebaut wurden. Ein aktuelles Beispiel ist das Tauchboot *Titan*, das unter dem Druck der Tiefsee katastrophal implodierte, weil sein strukturelles Design den äußeren Kräften nicht standhielt.[23] Ein weiteres Beispiel sind Kunststoffe im Weltraum, die im Vakuum verdampfen und empfindliche Teile des Raumfahrzeugs, wie wissenschaftliche Instrumente, Fenster und Kameralinsen, eintrüben können.[24] Die Umgebung macht uns also aktiv das Leben schwer.

Abgelegenheit (unzugänglich für Menschen): Zeit und Raum sind nicht immer auf unserer Seite. Unser begehrtes Erkundungsziel kann schwer zugänglich sein, da es entweder gefährlich für uns Menschen ist oder es einfach weit, weit entfernt ist. Nehmen wir zum Beispiel den Mars. Nach Hause zu telefonieren, funktioniert in diesem Fall nur mit einer Verzögerung zwischen 9 und 18 Minuten.[25] Oft gibt es zudem nur sehr begrenzte Zeitfenster, in denen wir Zugang zu einem Ort haben. Das gilt besonders für planetare Missionen, bei denen sich die Umlaufbahnen des Planeten und der Erde ausrichten müssen, um den kürzesten Weg zu ermöglichen. Auf der Erde können die Jahreszeiten günstigere Wetterbedingungen für die Polarregionen bieten.

Begrenzte Ressourcen: Neue Orte bieten selten die Infrastruktur, die wir auf der Erde für selbstverständlich halten. Energieversorgung, Navigation und Kommunikation sind auf dem Enceladus zunächst nicht anzutreffen.[19] Ein autonomes Auto kann sich per GPS orientieren und an der nächsten Ladestation aufladen. Auf der Erde steht dafür ein dichtes Netz bereit, von globalen Satellitensystemen wie GPS und der europäischen Variante *Galileo* bis hin zum allgemeinen Stromnetz. Nansobot hat dieses Glück nicht. Keine Satelliten, kein Netz, keine Steckdose. In vielen Fällen können sogar die natürlichen Energiequellen begrenzt sein, wie etwa Sonnenenergie im 14-tägigen Tag-Nacht-Zyklus des Mondes.

Erkundungsmissionen sind also seltene Chancen und meist teuer, weil alles dafür gebaut werden muss, extremen Bedingungen standzuhalten. Fehler sind kaum verzeihlich, daher zählt Zuverlässigkeit mehr als alles andere. Ein*e Entdecker*in muss nicht nur robust sein, sondern auch clever genug, um mit Pannen selbst klarzukommen.

Neue Bestimmungen

Während diese Welten ein verlockendes Potenzial dessen bergen, was es zu entdecken gibt, wirken sie zugleich alles andere als einladend. Dies ist ein guter Moment, uns zu fragen, warum wir uns überhaupt in roten Marsstaub oder frostige Enceladus-Atmosphäre hüllen wollen. Unsere Anfangsfrage holt uns ein: Warum wollen wir überhaupt erkunden? Bei der Recherche zu den üblichen Argumenten habe ich festgestellt, dass diese Frage so schwer zu beantworten ist, weil verschiedene Gründe – logische wie emotionale – miteinander verwoben sind und einige Menschen mehr ansprechen als andere. Um beim polaren Thema zu bleiben, können wir die Gründe wie einen Eisberg betrachten:

Ebene 0: An der Oberfläche

Typische Ziele von Erkundungsmissionen lassen sich in drei Kategorien einteilen: Forschung, Ressourcennutzung und menschliche Siedlungen. Diese liegen über der Oberfläche, weil sie nicht wirklich die Gründe sind, warum wir entdecken, sondern vielmehr Teilaktivitäten des Entdeckens beschreiben.

- Forschung: Wir wollen die Regeln unseres Universums und die Natur um uns herum verstehen.
- Ressourcen: Wir wollen praktischen Nutzen aus Materialien an neuen Orten ziehen.
- Außenposten: Wir wollen Menschen in einer neuen Umgebung ansiedeln.

Diese Aktivitäten können und werden in den meisten Fällen miteinander verknüpft. Wir können Außenposten als permanente Forschungsstationen errichten. Nach Ressourcen suchen, um Außenposten aufzubauen. Kommerzielle Forschung betreiben, um die Ressourcennutzung effizienter und risikofreier zu gestalten. Aber warum ist es uns überhaupt wichtig, eine dieser Aktivitäten zu verfolgen?

Ebene I: Die seichten Gewässer

Die oben genannten Aktivitäten sind deshalb an der Oberfläche, weil sie leicht zu erkennen sind. Wenn wir jedoch verstehen wollen, warum wir diese Aktivitäten verfolgen, müssen wir die dahinterliegenden Gründe analysieren. Es gibt wiederum verschiedene Arten von Gründen: Diese Ebene beantwortet die Frage, warum Erkundung für uns nützlich ist. Wir nennen diese Ebene die praktischen Gründe.

Ein Level-up für die Menschheit: Die oben definierten Ziele sind für uns als Menschen auf die eine oder andere Art und Weise nützlich. Wissen ist Macht, und das zuverlässigste Ergebnis von Erkundung ist Wissen. Als Charles Darwin zu den Galápagos-Inseln reiste, wurden seine Beobachtungen der dort ansässigen Vogelarten zum Grundstein der Evolutionstheorie.[26] Alexander von Humboldts Reisen durch Lateinamerika hatten bereits eine Generation zuvor gezeigt, wie Erkundungen die tiefen Zusammenhänge von Klima, Geografie und Leben offenbaren können, und sie inspirierten Darwin direkt.[27] Über zufällige Entdeckungen und einzelne Theorien hinaus werden wir in einem späteren Kapitel auch diskutieren, dass Wissenschaft der Haupttreiber für die Verbesserung des Lebensstandards im Allgemeinen ist, von der Heilung von Krankheiten bis zur Steigerung der Lebenserwartung weltweit. Pioniergeist hat noch einen weiteren Aspekt: Amelia Earhart bewies 1932 mit ihrer Soloatlantiküberquerung, dass eine solche Leistung sowohl für Frauen als auch für Männer möglich ist und inspirierte damit eine Generation neuer Pilotinnen und Piloten. Einige wenige Menschen sammeln den Mut und zeigen, dass etwas möglich ist und ebnen so den Weg für uns alle. Wir gewinnen nutzbares Wissen und das Selbstvertrauen weiterzugehen.

Das Ziel ist nicht der einzige Teil des Ganzen. Was auf dem Weg passiert, ist manchmal sogar wichtiger. Die unscheinbare Schwester der nützlichen Entdeckung ist die unerwartete Entdeckung. Da das Wesen der Erkundung darin besteht, unbekanntes Terrain zu betreten, können die Funde an sich unerwartet sein. Viele technologische Erfindungen sind ein Nebenprodukt der Erkundungsbemühungen. Erdbeobachtungsfähigkeiten, internationaler Funkverkehr, Teamdynamik in Isolation: Was als Neugier beginnt, entwickelt sich oft zu einer Infrastruktur, die unser Leben auf der Erde oder darüber hinaus verändert.

Unbekanntes minimieren: Erkundung hilft uns, Risiken und Chancen zu erkennen, bevor sie uns überraschen. Ob wir Asteroiden auf Einschlagsgefahren untersuchen oder potenzielle Wasserreserven auf dem Mars kartieren – Wissen erweitert unsere Überlebens- und Widerstandschancen, indem wir besser vorbereitet sind und das Unbekannte reduzieren. Eine populäre Variante dieses Arguments wurde von Carl Sagan vertreten: „Jede überlebende Zivilisation ist verpflichtet, raumfahrend zu werden – nicht aus Entdeckerdrang oder romantischem Eifer, sondern aus dem praktischsten Grund, den man sich vorstellen kann: um zu überleben," schrieb Sagan. „Langfristig könnte es zu riskant sein, alle unsere Eier in einen einzigen stellaren Korb zu legen, egal wie zuverlässig das Sonnensystem in letzter Zeit gewesen ist".[28] Unbekanntes zu reduzieren und auf die eine oder andere Weise besser vorbereitet zu sein, kann eine Überlebensstrategie sein.

Aber ist das wirklich alles? Sind das die Gründe, warum die Piccards die *Trieste* gebaut haben? Was ist mit Ruhm, Neugier und einem Gefühl der Erfüllung? Es gibt noch tiefere Ebenen von Gründen, die wir zu einem späteren Zeitpunkt im Buch entdecken werden.

Nansobots Missionsdefinition: Alles und noch mehr

Her mit allen Bedingungen, die wir finden können! Um dem Namensgeber von Nansobot gerecht zu werden, schicken wir ihn auf den eisigen Mond, den wir in diesem Kapitel kennengelernt haben: Enceladus. Das bedeutet extreme Kälte, Eis, schnell ausbrechende Geysire und, nicht zu vergessen, das Vakuum des Weltraums. Keine bestehende Infrastruktur; er wird ganz auf sich allein gestellt sein. Als neugierige Entdecker, die die Geheimnisse des Universums lüften wollen, begeben wir uns auf eine interstellare Wissenschaftsexpedition. Unsere Mission: Spuren von Leben untersuchen. Aber Achtung, wie realistisch ist das? Welche Fähigkeiten und welche Hardware benötigt unser Roboter? Das werden wir im nächsten Kapitel betrachten.

1.2.2 Ein kleines Intro in die Robotik

Robotik begeistert mich, weil ich immer noch mein jüngeres Ich bin, das mit dem R2D2-Roboter spielt und von den endlosen Möglichkeiten beeindruckt ist. Man kann eine Maschine erschaffen, die alles kann! Heute weiß ich, dass wir noch nicht ganz so weit sind, aber ich arbeite immer noch auf diese Vision hin. Zuerst einmal: Was ist überhaupt ein Roboter? Wenn wir im Cambridge Dictionary nachschauen, wird ein Roboter als „eine von einem Computer gesteuerte Maschine definiert, die dazu verwendet wird, Aufgaben automatisch auszuführen", wobei automatisch bedeutet, „ohne menschliche Kontrolle". Ist ein Roboter also einfach das Gegenteil von allem, was menschlich ist? Nicht ganz. Ein Roboter lässt sich besser als eine Maschine verstehen, die in der Lage ist, ihre Umgebung wahrzunehmen, Informationen zu verarbeiten und darauf zu reagieren: manchmal mit, manchmal ohne menschliche Anleitung.

Faszinierend ist, wie viel von unserem eigenen Entscheidungsvermögen, unserer Bewegung und unserem Problemlösungsverhalten wir versuchen, in diese mechanischen Körper zu übertragen. Robotik ist ein extrem großes und allgegenwärtiges Feld, und wir konzentrieren uns in diesem Abschnitt auf Robotik für geografische Erkundung. Dies ist keineswegs ein vollständiger Überblick über das Gebiet der Robotik, sondern soll einen Einblick hinter die Kulissen geben, die Begeisterung für aktuelle Entwicklungen teilen und zum Nachdenken anregen, ob Roboter überhaupt dazu bestimmt sind, den Menschen zu ersetzen.

Die Bausteine

Wenn Nansobot auf die Welt losgelassen wird, hat er sofort ein paar Probleme: Er muss seine Umgebung wahrnehmen, auf der Basis der verfügbaren Informationen planen und entsprechend handeln.[29] Das Modell vom Wahrnehmen–Planen–Handeln ist grundlegend, um zu verstehen, welche Fähigkeiten ein Roboter benötigt. Im besten Fall kann er all dies ohne menschliches Eingreifen tun. Diese Fähigkeit, über sich selbst zu bestimmen, nennen wir Autonomie. In unserem Traumszenario könnten wir uns voll und ganz auf robotische Agenten verlassen, um zu den Sternen zu reisen, Basen zu errichten und eigenständig Forschung zu betreiben. Heute sehen wir eher eine Kombination daraus, dass der Roboter noch nicht in allen Aufgaben autonom ist, sondern in einigen in Zusammenarbeit mit einem menschlichen Operator. Dieses Spektrum der Autonomie kann beliebig unterteilt werden. Hier sind einige der wichtigsten Kombinationen und ihr Platz auf dem Spektrum der Selbstbestimmung:[29;30]

- Manuelle Steuerung: Der Mensch führt alle Aufgaben aus.
- Fernsteuerung: Die Maschine kann wahrnehmen und handeln, aber der Mensch gibt die Befehle. Der Roboter dient den Menschen als Augen und Ohren in dieser Situation. Beispiel: Eine Flugdrohne, die Fotos macht und mit einer Fernbedienung gesteuert wird.
- Unterstützte Fernsteuerung: Das System kann wahrnehmen und Vorschläge für Pläne machen oder Informationen anbieten, aber der Mensch handelt daraufhin. Beispiel: Ein Auto mit Spurhalteassistent.
- Menschüberwachte Steuerung: Die Maschine nimmt wahr, plant und führt aus, aber der Mensch kann eingreifen. Beispiel: Selbstfahrende Autos, bei denen man am Steuer sitzen muss.

- Volle Autonomie: Die Maschine kann bei allen Aufgaben wahrnehmen, planen und handeln. Beispiele: Selbstfahrende Autos, in denen man auf der Rückbank sitzt. C3PO in *Star Wars.*[31] HAL9000-integriertes Raumschiff in *2001: Odyssee im Weltraum.*[32] Und vielleicht deine nächste Erfindung?

Wenn wir uns die verschiedenen Bausteine eines Roboters anschauen, können wir sie nach ihren Aufgaben unterteilen[33]:

Mobilität und Struktur (Aktuation): Zuerst benötigt Nansobot einen Körper, um in dieser Welt zu existieren. Dieser Körper, also die Struktur selbst, muss bestimmte Anforderungen erfüllen, zum Beispiel extremen Temperaturen standhalten. Aber er muss sich auch bewegen und mit der Umgebung interagieren können, wenn wir mehr als nur einen passiven Beobachter wollen. Das ist jegliche Hardware, die es dem Roboter ermöglicht, mit der Umgebung zu interagieren: Motoren, Räder, Triebwerke und Greifarme. Diese Mobilitätssysteme erlauben es ihm, unwegsames Gelände oder eisige Oberflächen zu überqueren. Manipulatoren ermöglichen das Sammeln von Proben oder das Herausfahren von Instrumenten.

Nansobots Körper: They see me meltin', they hatin'

Mit diesen Werkzeugen zur Hand und, noch wichtiger, mit unserer definierten Mission können wir nun Nansobot entwerfen. Normalerweise würden wir alle Anforderungen aufschreiben, die sich aus unserer Mission ergeben. Das sind sowohl Umgebungsanforderungen als auch unsere wissenschaftlichen Ziele. So stellen wir sicher, dass wir den richtigen Roboter bauen, um unsere Ziele zu erreichen. Ein Beispiel könnte sein: Nansobot soll einem Temperaturbereich von −200 bis 90 Grad Celsius standhalten. Das ist ein ziemlich großer Bereich und schließt bereits viele Materialien für die Struktur aus. Wir haben uns wohl nicht das einfachste Ziel ausgesucht, da wir mit dem Vakuum des Weltraums, eisigen Oberflächen und (hoffentlich) warmen unterirdischen Ozeanen konfrontiert werden. Aber nur weil es schwierig ist, heißt das nicht, dass es unmöglich ist. Aus all unseren gesammelten Anforderungen können wir allgemeine Designentscheidungen für Nansobot ableiten. Er muss die Oberfläche absuchen, sie durchdringen und in Enceladus' Ozeanen schwimmen können. Wir könnten uns entscheiden, Nansobot als sogenannte Schmelzsonde zu konstruieren: Wir geben ihm die Fähigkeit, durch Eis zu schmelzen, wenn er in den Unterwassermodus wechseln möchte. Der gute alte Fridtjof Nansen konnte das nicht. Für die Oberfläche geben wir ihm die Fähigkeit zu laufen oder zu hüpfen, und für den Unterwassermodus statten wir ihn mit Propellern aus.

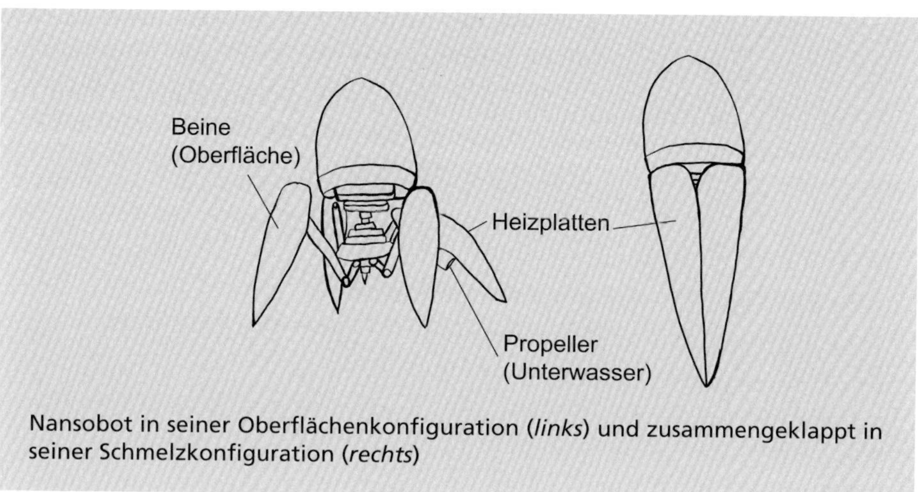

Nansobot in seiner Oberflächenkonfiguration (*links*) und zusammengeklappt in seiner Schmelzkonfiguration (*rechts*)

Wahrnehmung und Navigation (Sensorik): Nun existiert Nansobot und kann sich bewegen. Aber wie versteht Nansobot seine Umgebung? Dafür hat er Sensoren. Sensoren reichen von Standardausstattungen wie Kameras (für Sicht und Navigation), GNSS-Systemen (Positionierung), Radaren (Objekterkennung), bis hin zu Beschleunigungsmessern und Gyroskopen (für die Orientierung). Die Sensoren teilen dem Roboter entweder den Zustand seiner Umgebung, seinen eigenen Zustand in der Umgebung oder seinen allgemeinen Zustand mit. Nansobot kann zum Beispiel bestimmte Eisstrukturen auf Kameras sehen, vom Radar erfahren, wie weit er von einer Gletscherfront entfernt ist, und vom Beschleunigungsmesser lernen, dass er gerade stillsteht. Aber wenn wir von übermenschlichen Fähigkeiten sprechen, gibt es eine viel größere Bandbreite an Sensoren, die wir Menschen nicht als eingebaute Fähigkeiten besitzen. Dazu gehören Infrarotsensoren, Magnetometer, Ultraschallsensoren, ereignisbasierte Kameras[34] und natürlich eine ganze Reihe von Sensoren für wissenschaftliche Entdeckungen, wie hyperspektrale Kameras, Sonare und physikalische Probennehmer. Wo wir sehen, hören, riechen und Temperatur spüren können, kann unser Roboter praktisch das gesamte elektromagnetische Spektrum erfassen, mehr Frequenzen hören als wir, das Magnetfeld und sogar Strahlung messen. Die Herausforderung für uns bleibt, die Stärken und Schwächen jedes Sensors zu verstehen und die passenden Messgeräte für das jeweilige Szenario auszuwählen.

Kommunikation: Informationen zu übermitteln, kann verschiedene Zwecke erfüllen. Wenn menschliche Operatoren noch im Prozess eingebunden sind, benötigen sie die sensorischen Informationen, um zu wissen, wie sie darauf reagieren sollen: Nansobot dreht sich und steuert plötzlich direkt auf eine gigantische Eisklippe zu. Der Operator benötigt Informationen, um entsprechend zu handeln (und im besten Fall schnell).

Zweitens müssen die Daten, die der Roboter sammelt, zu uns zurückkommen. All die spannenden Messungen und Beobachtungen sollen bei den Forschenden landen, die nach Spuren außerirdischen Lebens suchen.

Und drittens reden Roboter oft nicht nur mit uns, sondern auch miteinander, besonders wenn sie im Team arbeiten. Kommunikation heißt hier: Hardware zum Senden und Empfangen, also Antennen, Funkgeräte und Elektronik, die winzige Signale verstärken kann, sowie Software, die alles verständlich codiert. Je nach Umgebung erfolgt das über Funk, Schall oder Licht.

Nansobots Sinne: Tausende von Augen

Die Sensoren müssen Kameras umfassen, aber auch Sensoren, die bei schwachen Lichtverhältnissen arbeiten können, da wir nicht wissen, wie dunkel der Ozean unter den 20 Metern Eis sein wird. Unsere zusätzlichen Augen über der Oberfläche werden ein Radar zur Erkennung von Objekten in unserem Weg und von Eismerkmalen wie der Dicke sein. Wir können dies nutzen, um einen geeigneten Ort zum Durchschmelzen zu finden. Radiowellen haben es unter Wasser schwer, aber glücklicherweise gilt das nicht für Schallwellen. Unsere zusätzlichen Unterwasseraugen müssen daher eine Technologie mit einer anderen Frequenz als das Radar verwenden, nämlich ein Sonar, das akustische Signale aussendet und die Umgebung ähnlich wie eine Fledermaus erfasst. Zusätzlich könnten Infrarotkameras und Temperatursensoren uns helfen, alles zu erkennen, was mit Temperaturunterschieden zu tun hat: vielleicht das Erkennen von Geysiren aus der Ferne oder wärmeren Unterströmungen im Ozean, wo wir nach Leben suchen möchten. Dies ist keine vollständige Liste, also füge gerne weitere Sinne hinzu, die du bei Nansobot vermisst.

In Bezug auf die Kommunikation werden wir hauptsächlich funkbasierte Kommunikation einbauen wollen, um sie in die bestehenden Deep-Space-Netzwerk-Relais integrieren zu können. Unter Wasser gibt es niemanden, mit dem wir kommunizieren müssten (oder?), daher verzichten wir auf Unterwasserkommunikation und kehren stattdessen regelmäßig an die Oberfläche zurück, um unsere gesammelten Daten durch das All zurück zur Erde zu senden.

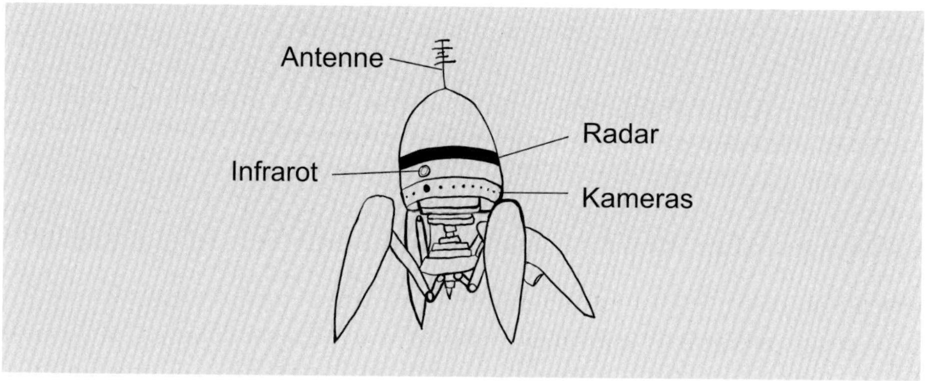

Energie: All die Elektronik, die wir eingebaut haben, braucht Energie. Geben wir Nansobot ein Herz und einen Blutkreislauf. Das Energiesystem besteht aus Energiespeicherung (Batterien), -gewinnung (z. B. aus der Umgebung) und -management (welcher Teil wann Energie bekommt und was bei Störungen passiert). Einige Beispiele für die Energiegewinnung sind erneuerbare Energien wie Solarzellen oder Windturbinen sowie Kernenergie. In abgelegenen Gebieten sind wir gezwungen, auf Energie zurückzugreifen, die direkt aus der Umgebung oder lokalen Quellen gewonnen werden kann, da wir keine unbegrenzt großen Batterien mitnehmen können. Die beliebtesten Methoden der Energieerzeugung im Weltraum sind Solarenergie und Kernenergie.

Nansobots Herz: Photonen und Atome

Los geht es! Unsere Energiequelle muss sowohl über als auch unter der Oberfläche verfügbar sein. An der Oberfläche können wir auf einen Weltraumklassiker zurückgreifen: Solarpanels. Allerdings ist Enceladus deutlich weiter von der Sonne entfernt als unsere Erde, daher ist Solarenergie vielleicht keine besonders effiziente Quelle. Da sie unter Wasser überhaupt nicht verfügbar ist, wird unsere primäre Energiequelle ein Kernreaktor für den Betrieb an der Oberfläche und unter Wasser sein. Der Kernreaktor kann auch als alleiniges Backup dienen, falls unsere Solarpanels beim Transport beschädigt werden, und macht das System somit widerstandsfähiger.

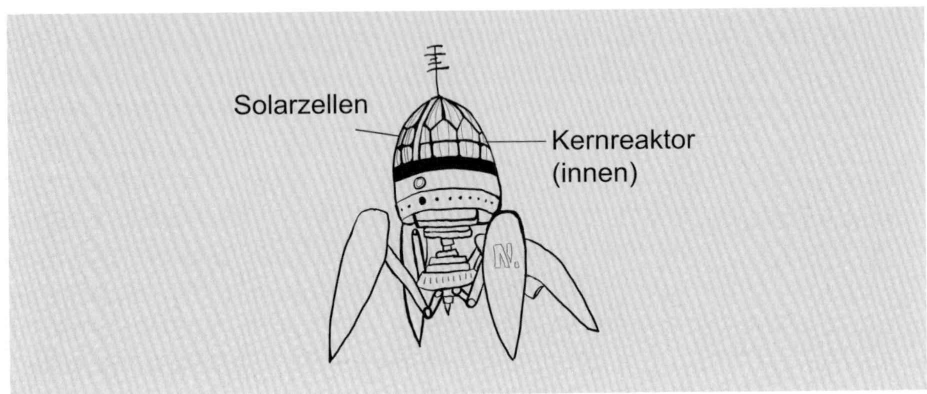

Planung und Steuerung: Das Gehirn, bzw. die Gehirne, ist vielleicht der faszinierendste Teil von Nansobot. Wie verbinden wir unsere Sensorik mit Aktionen? Hier findet die potenzielle Autonomie statt. Die Aufgaben sind vielfältig: von der Navigationsplanung (Führung und Steuerung) über die Datenfilterung und -verarbeitung bis hin zur Aufgaben- und Missionsplanung.

Wir wollen unserem Roboter eine zentrale Recheneinheit in physischer Form geben. Je mehr Rechenleistung, desto mehr Fähigkeiten können wir Nansobot geben. Das bedeutet jedoch auch einen höheren Energieverbrauch, und möglicherweise muss er gar nicht so intelligent sein. Das ist ein Kompromiss, den wir eingehen müssen. Auf der Softwareseite werden wir mehrere Ebenen von Algorithmen haben. Das reicht von niedrigstufiger Intelligenz, wie der Berechnung, wie viel Energie die Motoren benötigen, um eine bestimmte Strecke zurückzulegen, bis hin zu höherstufigen Aufgaben, wie der Planung, wie weit und in welche Richtung man sich überhaupt bewegen sollte. Dazu gehört auch die Entscheidung, welche Sensoreingaben möglicherweise relevanter sind als andere und wie sie miteinander in Zusammenhang stehen.

Wir können auch zwischen Berechnungen unterscheiden, die auf einem vorprogrammierten Satz von Anweisungen basieren, und echter Intelligenz sowie Entscheidungsfindung. Ersteres besteht darin, dem Roboter vor der Mission explizit das Wissen zu vermitteln, wie er sich in bestimmten Situationen verhalten soll. Letzteres umfasst das Lernen aus seiner Umgebung und aus vergangenen Entscheidungen sowie die Entwicklung zu einem selbständigen Agenten. Wir werden das Konzept des Lernens später noch genauer betrachten und mit menschlichen Fähigkeiten vergleichen.

Nansobots Gehirn: Ein nicht ganz so freier Wille

Wie intelligent muss Nansobot sein? Er ist größtenteils auf sich allein gestellt und muss mit unbekannten und sich verändernden Umgebungen zurechtkommen. Aber wir haben auch begrenzte Energieressourcen, daher können wir vielleicht (noch) keine großen Lernmodelle auf unserem kleinen Roboter laufen lassen. Wir brauchen schon einiges an Energie, um durch das Eis zu schmelzen; vielleicht können wir dafür auf ein paar digitale Gehirnzellen verzichten? Es gibt Teile unseres Betriebs, die deterministischer sind als andere. Im Weltraum würden wir zunächst ein Konzept entwickeln, um verschiedene Missionsphasen zu definieren, wie (a) die eisige Oberfläche zu kartieren, um einen guten Schmelzpunkt zu finden, (b) durch die Oberfläche zu schmelzen und (c) Daten unter Wasser zu sammeln.

Unser Hauptziel sind die Unterwasseroperationen; daher können wir die meisten der früheren Missionsphasen vorprogrammieren und anschließend lernen, interessante Merkmale unter Wasser zu klassifizieren. Können wir ihm etwas Ähnliches wie Neugier geben? Wir müssen auch verstehen, warum Nansobot ein Phänomen als interessant klassifiziert hat, und ihm ermöglichen, Nutzen und Risiken abzuwägen. Wir könnten ihm alle Informationen geben, die wir auf der Erde und in unseren Ozeanen ableiten können, und ihm für abweichende Szenarien einen freien Willen lassen, ähnlich wie Instinkte, die auf der Erde trainiert wurden und sich mit jedem neuen Strudel der Enceladus-Meere weiterentwickeln. Im wahrsten Sinne eines Entdeckers würden wir ihm Raum lassen, über den Sinn des Lebens so weit von zu Hause entfernt nachzudenken. Aber lassen wir das für unser erstes Robotikprojekt lieber außen vor.

Zu sagen, dass „Roboter" im Allgemeinen bei bestimmten Aufgaben besonders gut sind, ist nicht ganz korrekt. Wir haben Nansobot nun als eine Blechdose dargestellt, die über das Eis stolziert und durch Ozeane schwimmt. Aber Roboter gibt es in allen Formen und Farben: als Schwärme, Rover, Humanoide oder als verformbare, biegsame Varianten. Sie können fahren, hüpfen, fliegen, rollen und sich auf viele andere Arten fortbewegen. Wenn wir darüber sprechen, wie diese Roboter denken, ist es in den meisten Fällen eine Mischung aus Automatisierung, Autonomie und Fernsteuerung.[25]

Die meisten Roboter, die wir heute haben, sind hochspezialisiert auf ihre Aufgaben. Die Weltraumrobotik lässt sich insbesondere grob in Orbital-, Asteroiden- und Planetenrobotik unterteilen. Alle diese Bereiche haben unterschiedliche Aufgaben, in denen sie besonders gut sind, um ihre Nische zu erfüllen: Die Orbitalrobotik konzentriert sich auf das Docken und die Manipulation, um Montagen im Weltraum, Trümmerbeseitigung oder Wartungsaufgaben an Raumfahrzeugen zu ermöglichen. Die Asteroidenrobotik muss mit der geringen Schwerkraft von Asteroiden und der Interaktion mit ihnen umgehen, anstatt große Strecken auf dem Himmelskörper zurückzulegen. Das ist den Planetenrobotern vorbehalten, wie unserem Nansobot, der sich mit der Fortbewegung und Datensammlung auf oder unter der Oberfläche eines großen Himmelskörpers beschäftigt.[22]

Ein Nebeneffekt begrenzter Ressourcen ist, dass Weltraumtechnologie stark auf Selbstständigkeit und Autonomie setzt. Wenn Energie knapp ist, sind ständige Kommunikation oder manuelle Eingriffe nicht praktikabel; Systeme müssen unabhängig arbeiten. Je selbstständiger ein System ist, desto länger kann seine Mission potenziell dauern. Nachhaltigkeit und Widerstandsfähigkeit des Fahrzeugs haben höchste Priorität, da Reparatur und Wartung sehr schwierig sind.[35] Die Eigenschaften, die extreme Umgebungen auszeichnen, stehen jedoch oft im Widerspruch zu den aktuellen Stärken der Robotik. Erstens sind diese Umgebungen unbekannt, was proaktives Entscheiden und anpassungsfähiges Verhalten erfordert – Fähigkeiten, mit denen Maschinen nach wie vor Schwierigkeiten haben. Zweitens lassen sie nur sehr wenig Fehlertoleranz zu, was das Risiko autonomer Handlungen erhöht. Gleichzeitig wird Autonomie dann unerlässlich, wenn Kommunikationsverzögerungen länger sind als die Zeit, die zur Reaktion auf kritische Situationen zur Verfügung steht. Da Kommunikationsverzögerungen es unmöglich machen, dass menschliche Operatoren in Echtzeit reagieren – insbesondere in sich schnell verändernden Umgebungen –, ist es wichtig, dass der Roboter eigene Entscheidungen schnell trifft.

Zusammengefasst sind Roboter derzeit gut geeignet für repetitive und klar definierte Aufgaben, aber Erkundung erfordert oft das Gegenteil: Anpassungsfähigkeit, Improvisation und Widerstandsfähigkeit gegenüber dem Unerwarteten. Doch nur weil das heute so ist, heißt das nicht, dass es in Zukunft so bleiben muss. Zuerst schauen wir nun, wie weit Roboter allgemein schon sind, bevor wir Nansobot im direkten Vergleich mit einem Menschen betrachten.

Eine Momentaufnahme

Robotische Erkundung ist an sich nichts Neues. Es gab bereits über 250 robotische Weltraummissionen, und die ersten Bilder vom Mars erhielten wir 1975 mit den NASA-Missionen *Viking 1* und *2*. Heute leben wir in einer Welt, in der wir täglich Bilder direkt vom Mars erhalten können. Unser Sonnensystem ist in erheblichem Maße robotisch erforscht: Wir sind an jedem Planeten unseres Sonnensystems vorbeigeflogen[25] und sind auf zwei weiteren Planeten (Mars und Venus), zwei Monden (unserem Mond und Titan), einem Kometen und drei Asteroiden gelandet. Roboter können ein ferngesteuerter Stellvertreter für einen Menschen, ein Assistent für einen anwesenden Menschen oder ihr eigener autonomer Entdecker sein[36]

Explorationsmissionen

Es gibt nicht nur Weltraummissionen in der Umlaufbahn der Erde und des Mondes, sondern noch viel weiter in die Tiefen des Alls hinein. Hier sind einige Missionen, die ebenso eisige Umgebungen oder Polarregionen erforschen: allerdings auf anderen Planeten.

1. *Cassini* (1997–2017): Dass wir Enceladus und seine Geysire in diesem Abschnitt kennengelernt haben, verdanken wir der *Cassini*-Mission, die zu Saturn und seinen Monden aufbrach.[37]
2. *Juno* (2011–2025): *Juno* flog in eine polare Umlaufbahn um Jupiter und führte Vorbeiflüge an umliegenden Monden durch.[38] Wusstest du, dass Jupiter auch Polarlichter hat?
3. *Europa Clipper* (2024–laufend): Basierend auf den Erkenntnissen von *Juno* wurde Jupiters eisiger Mond Europa als das interessanteste Ziel ausgewählt. Die Ankunft wird für 2030 erwartet.[39] Trag' es schon mal in deinen Kalender ein!

Wenn wir noch nicht bei voller Autonomie angekommen sind, wie weit sind wir tatsächlich?

Strukturierte Umgebungen als erster Schritt: Auch wenn wir noch keinen vollständig autonomen Entdecker haben, haben wir unser Vertrauen in einfachere Umgebungen aufgebaut, nämlich in strukturierten Umgebungen. Nehmen wir selbstfahrende Autos als Beispiel. Sie haben nicht nur ein klar definiertes Einsatzgebiet (Straßen), sondern auch eine sehr klare Mission: von A nach B zu fahren. Die Umgebung ist dennoch dynamisch, da sich die Bedingungen jederzeit ändern können. Das Auto muss ständig auf andere Fahrzeuge, Fußgänger und sogar auf unerwartete Sonderfälle achten, die schwer vorherzusagen sind. Was tun, wenn ein Alligator die Straße überquert? Aber Straßen sind ein Muster, das kartiert und eingehalten werden kann – also eine strukturierte, aber dynamische Umgebung. Mit einfacheren Randbedingungen und vorhandener Infrastruktur sind autonome Autos ein hervorragendes Testfeld, um Vertrauen darin zu gewinnen, dass ein autonomer Agent sicherheitskritische Aufgaben übernimmt. Das Risiko ist hier ein anderes: Wir haben nicht deshalb eine geringe Fehlertoleranz, weil Autofahren ein seltenes oder teures Ereignis ist, sondern weil die Sicherheit von Menschen auf dem Spiel steht. Ein Beispiel ist Googles *Waymo*[40], das bereits in vordefinierten Gebieten großer US-amerikanischer Städte im Einsatz ist. Wir müssen also weiterhin hohe Betriebsstandards einhalten, aber hinsichtlich der Umgebung erleichtern Struktur und vorhandene Infrastruktur den Einstieg.

Interdisziplinarität für alle: Da sich die Robotik zu einem allgegenwärtigen Feld entwickelt hat, sind die Zeiten vorbei, in denen sie nur eine Ingenieursdisziplin war. Was heute die Autonomie antreibt, sind Ergebnisse aus anderen Disziplinen, die nicht direkt mit traditioneller Robotik verbunden sind: Biologie und Kognitionswissenschaften, biomimetische Strukturen, Ethik für Entscheidungsfindungen und Politik für die Integration in die Gesellschaft. Mit der zunehmenden Präsenz von Robotern im Alltag werden Mensch-Roboter-Interaktion und Vertrauen zu wichtigen Themen.

Noch keine allgemeine Intelligenz: Um zu verstehen, wie intelligent robotische Entdecker bereits sind, müssen wir zunächst erkennen, dass es verschiedene Arten von Intelligenz gibt. Die Begriffe künstliche Intelligenz und maschinelles Lernen beschreiben Methoden, die es Systemen ermöglichen, Muster zu erkennen und Vorhersagen aus Daten zu treffen. Solche Methoden können jede Funktion eines Roboters verbessern, von der Optimierung des Energieverbrauchs und der Kombination von Sensordaten bis hin zu Planung und Navigation.[41] In den letzten Jahren hat das maschinelle Lernen neuen Schwung erhalten. Ein alter Traum der Informatik ist damit greifbarer geworden: der Turing-Test. Der britische Mathematiker und KI-Vordenker Alan Turing stellte ihn 1950 als Gedankenexperiment vor. Die Idee: Wenn ein Mensch in einem Chat nicht mehr unterscheiden kann, ob er mit einer Maschine oder einer Person spricht, hat die Maschine den Test bestanden. Im Jahr 2014 schaffte es ein früher Chatbot, rund 30 % der Menschen zu täuschen. Eine Studie von 2025 berichtet, dass einige moderne Sprachmodelle schon auf 73 % kommen.[42] Dennoch ist dieser Meilenstein eher ein Zwischenschritt als ein Endpunkt: Er sagt mehr darüber aus, wie leicht wir zu überzeugen sind, als darüber, wie tief Maschinen wirklich verstehen.

Auch wenn wir Sprachmodelle haben, die Menschen imitieren, gibt es einen entscheidenden Schritt, der noch nicht vollzogen wurde: die allgemeine Intelligenz. Das umfasst die Fähigkeiten, zu schlussfolgern, aktiv zu planen und in unbekannten Situationen zu lernen. Im Gegensatz dazu zeigen die meisten heutigen Systeme eine spezialisierte Intelligenz und sind nur innerhalb definierter Aufgabenbereiche leistungsfähig. Das sehen wir auch im Alltag: Die meisten intelligenten Systeme um uns herum sind sehr spezialisiert auf eine Aufgabe – Gesichter in Videos erkennen, Musik nach Geschmack empfehlen oder Krebs zu erkennen.[43] Auch wenn große Sprachmodelle in Chatbots so wirken, als verstünden sie unendlich viele Möglichkeiten, sind die zugrunde liegenden Methoden immer noch darauf beschränkt, Sprache anzuordnen und vorherzusagen.[44] Dazu gehört es nicht, hinauszugehen und zu erkunden, den Abwasch zu machen, den Hund auszuführen und unbekannte physikalische Probleme zu lösen. Heute sind wir noch nicht bei allgemeiner Intelligenz angekommen, haben aber Schritte in diese Richtung unternommen.

Wenn wir Parallelen zu realen Beispielen für Roboter ziehen wollen, die auf Erkundung sind, können wir den Marsrover *Perseverance* als ferngesteuertes Fahrzeug mit Aspekten der Autonomie betrachten.

Perseverance

Derzeit durchstreift der NASA-Rover *Perseverance* die Marswüsten, sammelt Proben und schickt täglich Bilder.

Dieser Marsrover wurde vom Jet Propulsion Laboratory der NASA gebaut und im Juli 2020 gestartet. Sein Landeplatz: der Jezero-Krater, ein vermutlich ausgetrocknetes Flussdelta. Nach der Landung im Februar 2021 erforscht er seither die Marsoberfläche. Seine Hauptmission ist die Suche nach Spuren von Leben, die Untersuchung der Geologie und des Klimas des Mars sowie das Sammeln von Proben für eine potenzielle spätere Rückkehr zur Erde.

Der Rover trägt eine Reihe wissenschaftlicher Instrumente wie MOXIE, das erstmals Sauerstoff aus der Marsatmosphäre erzeugte. *Perseverance* setzte auch den Helikopter *Ingenuity* aus, der als erstes Fluggerät auf einem anderen Planeten flog.

Bis heute hat *Perseverance* über 30 Kilometer zurückgelegt und sendet weiterhin täglich Bilder und wissenschaftliche Daten vom Roten Planeten.[45]

Im Gegensatz zu seinen Vorgängern ist *Perseverance* mit einem Navigationswerkzeug ausgestattet, das es ihm ermöglicht, während der Fahrt Geländekartierungen, Gefahrenerkennung und Routenplanung an Bord durchzuführen. Tatsächlich wurden im ersten Betriebsjahr 88 Prozent der 17,7 Kilometer seiner zurückgelegten Strecke autonom ausgeführt. Er hält den Rekord für die größte Distanz, die ein planetarer Rover ohne menschliche Überprüfung am Stück zurückgelegt hat, mit fast 700 m.[46] Ein kleiner Schritt für einen Roboter, ein großer Sprung für die Roboterwelt. Der Rover konnte die Landschaft bewerten, sichere Wege um Felsen wählen und fahren, ohne auf Echtzeitbefehle von der Erde warten zu müssen.

Perseverance verfügt über zwei weitere autonome Komponenten: wissenschaftliche Operationen und Aufgabenplanung. Für Ersteres kann der Rover seine Umgebung mit einer Kamera analysieren, wissenschaftlich interessante Ziele identifizieren und autonom spektroskopische Messungen einleiten. Konkret bedeutet das, dass er den interessantesten Stein auswählen und untersuchen kann. Dies ist ein hervorragendes Beispiel für eine bestimmte Art von Intelligenz, nämlich für die Bilderkennung. Diese Entscheidungen werden an Bord getroffen, sogar während oder unmittelbar nach einer Fahrt, ohne menschliches Eingreifen. Die letzte autonome Fähigkeit auf der Liste ist ein Missionsplaner, der Aufgaben dynamisch plant, indem er Energieeinschränkungen, wissenschaftliche Ziele und Missionsprioritäten abwägt und somit die Energienutzung und die Missionszeit effizienter nutzt.[46]

Auch wenn dies beeindruckende Errungenschaften sind, liegt die Gesamtverantwortung für die Mission weiterhin in menschlicher Hand. Strategische Entscheidungen, wie das nächste Fahrziel, welche Proben gesammelt werden und wie wissenschaftliche Ergebnisse interpretiert werden, verbleiben bei den Operatoren und dem wissenschaftlichen Team auf der Erde.[47] Die Autonomie ist begrenzt. Der Rover arbeitet innerhalb vordefinierter Parameter, Sicherheitsregeln und Notfallpläne, die von der Missionskontrolle erstellt wurden. Seine Intelligenz erreicht noch nicht die Fähigkeit umfassender wissenschaftlicher Argumentation oder adaptiven Problemlösens bei Neuheiten.

In diesem Sinne ist *Perseverance* kein eigenständig agierender Roboterentdecker, sondern ein unterstützter, ferngesteuerter Agent. Er trifft lokale Entscheidungen autonom, während die Menschen die Gesamtverantwortung für die Mission behalten.[46] Es scheint, dass wir für Nansobot noch Verbesserungsbedarf haben.

1.2.3 Die ultimative Herausforderung: Menschen vs. Roboter

Nun haben wir unseren Werkzeugkasten, wie man einen Roboter baut, und ein Beispiel eines echten Roboterentdeckers gesehen. Wir haben unsere beiden Kontrahenten kennengelernt: Roboter und Menschen. Nansobot wird unser Roboterchampion sein, und wir nehmen uns selbst als Vergleich. Wie werden wir uns gegen Nansobot in den verschiedenen Herausforderungen schlagen?

Herausforderung I: Überleben

Aufgabe: 24 Stunden auf Enceladus überleben

Bevor wir auf Abenteuer gehen, muss unser Kandidat in der Lage sein, an diesem Ort zu existieren und dessen Bedingungen standzuhalten. Da Nansobot der abenteuerlustige Cousin eines Staubsaugroboters ist, haben wir bereits festgestellt, dass seine bevorzugten Umgebungen für uns Menschen gefährlich sind.

Umweltrisiken: Uns Menschen am Leben zu erhalten, ist teuer. Wir benötigen nicht nur die perfekte Umgebung (Temperatur, Strahlung, Sauerstoff), sondern im Hinblick auf die Raumfahrt ist es noch teurer, da dies zusätzliches Gewicht bedeutet. Wir benötigen Nahrung, Wasser, Kleidung, Abfallentsorgung, Hygiene und medizinische Einrichtungen. Kein guter Start, wenn jedes Kilogramm teuer zu transportieren ist. Wir sind nicht nur schwach und anspruchsvoll, sondern werden in Weltraumumgebungen sogar noch schlechter: Sowohl kognitive als auch physische Fähigkeiten nehmen bei Astronauten ab.[48] Unsere Muskeln werden schwächer, und die Knochendichte nimmt ab. Astronauten berichteten von mentalem Nebel, verlangsamten kognitiven Aufgaben und Konzentrationsschwierigkeiten.[35] Wir sind also nicht nur schlecht für extreme Umgebungen geeignet, sondern sogar schlechter als schlecht geeignet.

Die gute Nachricht für Nansobot ist, dass er keine dieser Ressourcen benötigt: Er braucht nur Energie. Das ist eine andere Form von Einschränkung, aber da wir Nansobot im vorherigen Abschnitt clever gebaut haben, kann er sich bei Sonnenlicht selbst aufladen und in der Dunkelheit mit seinem Nuklearer generator versorgen. Während die Entwicklungskosten hoch sein können, vermeiden robotische Missionen den enormen Aufwand der astronautischen Raumfahrt, da sie auf lebenserhaltende Systeme und dreifache Sicherheitsfaktoren verzichten. Das macht Roboter zur bevorzugten Wahl für frühe Erkundungen und Hochrisikoumgebungen.

Strahlung ist ein weiterer spannender Faktor, der für uns Menschen nicht gut ist, aber noch nicht sehr gut verstanden wird. Die meisten Langzeitstudien wurden auf der Internationalen Raumstation durchgeführt, die immer noch relativ gut durch das Magnetfeld der Erde abgeschirmt ist. Alle unsere Daten von längerer Distanz stammen von den wenigen *Apollo*-Missionen.

Elektronik leidet jedoch gleichermaßen. Strahlung kann Bitflips verursachen. Ein Bitflip tritt auf, wenn ein geladenes Teilchen eine Speicherzelle oder einen Prozessortransistor trifft und den gespeicherten Wert von null auf eins oder umgekehrt ändert. Da Computer buchstäblich auf Nullen und Einsen laufen, kann ein einzelnes Teilchen Daten beschädigen, Anweisungen während der Ausführung ändern oder ein System komplett zum Absturz bringen. Vereinfacht gesagt: Stell dir vor, eine „Eins" setzt etwas auf „wahr", das plötzlich auf „null" gesetzt wird, also „falsch". Zum Beispiel: Kommunikation aktivieren = Falsch. Houston, wir haben ein Problem.

Geschicklichkeit und physische Manipulation: Sich fortzubewegen und mit der Umwelt zu interagieren, fassen wir unter Fortbewegung und Geschicklichkeit zusammen. Mehrere Studien verglichen die Geschicklichkeit von Robotermanipulatoren mit ihren menschlichen Gegenstücken und kamen zu dem Schluss, dass der Roboter für feinmotorische Aufgaben deutlich länger benötigte.[34;49] Im Weltraum ist die Geschicklichkeit des Menschen jedoch durch den Raumanzug eingeschränkt.[35] Also ein Gleichstand für uns in diesem Punkt.

Entbehrlichkeit: Einen Roboter zu verlieren, ist tragisch, besonders nachdem wir emotional und finanziell in Nansobot investiert haben. Einen Menschen zu verlieren, ist unendlich schlimmer. Das führt auch zu doppelten und dreifachen Sicherheitsfaktoren in unseren Designs, was die Mission erneut komplexer gestaltet.

Wir fassen für diese Runde zusammen, dass Menschen schwach und bedürftig sind, während Roboter ausdauernd und widerstandsfähig sind. Wir Menschen können es schaffen, aber es erfordert viel Ausrüstung und Aufwand.

Nansobot 1 – Mensch 0

Herausforderung II: Durchhalten

Aufgabe: Sowohl Nansobot als auch wir haben die erste Nacht überlebt und wollen nun über einen längeren Zeitraum eine vordefinierte Routineaufgabe ausführen. In diesem Fall möchten wir eine bestimmte Menge an Eisproben entnehmen.

Isolation: Nach der COVID-19-Pandemie löst das Wort „Isolation" keine Freude aus. Und das ist auch in quantitativer, wissenschaftlicher Hinsicht zutreffend: Es gibt ein ganzes Forschungsfeld, das sich mit Menschen in sogenannten isolierten, abgeschlossenen und extremen Umgebungen beschäftigt. Es gibt mehrere Orte auf der Erde, an denen dies untersucht werden kann, im Grunde für Menschen, die in all den rauen Umgebungen arbeiten, die wir bisher kennengelernt haben: in den Polarregionen, in U-Booten, auf Offshoreanlagen, im Weltraum und in Wüsten. Es gibt sogar spezielle Einrichtungen, die eigens dafür gebaut wurden, wie das Mars-500-Projekt. Dies war eine gemeinsame russisch-europäische Studie (2010–2011), bei der sechs Freiwillige für 520 Tage in einem simulierten Raumschiff bei Moskau eingeschlossen wurden, um eine Hin- und Rückreise zum Mars zu simulieren. Die Crew lebte in Isolation, führte tägliche Routinen durch, reagierte auf simulierte Notfälle und musste mit Langeweile, Enge und sogar mit simulierten Kommunikationsverzögerungen der Missionskontrolle zurechtkommen. Es wurden Veränderungen im Schlafrhythmus festgestellt, wobei die Crew im Verlauf der Mission mehr schlief als gewöhnlich. Allgemein wurden in mehreren Studien Symptome wie ein Rückgang der kognitiven Leistungsfähigkeit, des Teamzusammenhalts, der Lokomotorik und des Schlafrhythmus festgestellt.[50] Bei Robotern könnten wir mit dem Verschleiß von Hardwareteilen zu tun haben. Aber die Wahrscheinlichkeit, dass Nansobot aus Langeweile durchdreht, ist nahezu null.

Müdigkeit und Produktivität: Unsere Leistungsfähigkeit wird durch Müdigkeit und unser Schlafbedürfnis begrenzt. Schlafmangel wurde als wesentlicher Faktor für die Verschlechterung der Aufgabenleistung identifiziert. Bei Flugzeugpiloten wurde in einer Studie in 21 % aller gemeldeten Vorfälle Müdigkeit erwähnt, und 3,8 % sind direkt darauf zurückzuführen.[51] Die Reaktionsgeschwindigkeit verlangsamt sich; Fehler häufen sich. Darüber hinaus werden wir nicht nur körperlich müde, sondern auch geistig erschöpft, insbesondere durch monotone Aufgaben. Die japanische Raumfahrtagentur JAXA hatte angeblich eine Aufgabe für Astronautenkandidat*innen, bei der tausend Origamikraniche gefaltet werden mussten.[52] Selbst bei einer sorgfältigen Auswahl geeigneter Menschen bleibt dies ein Bereich, in dem Roboter besonders stark sind: langwierige und monotone Aufgaben über längere Zeiträume hinweg zu erledigen.[53] Roboter können zwar auch nicht unbegrenzt arbeiten; sie benötigen, wie bereits festgestellt, eine Energieversorgung, aber zumindest verschlechtert sich ihre Leistung während der Arbeit nicht. Als aussterbende Kunst menschlicher Fähigkeiten ist Langeweile etwas, das einer Maschine nicht in den Sinn kommt. Das macht Roboter ideal für Aufgaben, die monoton sind, hohe Präzision erfordern oder endlos ohne Fehler oder Beschwerden ausgeführt werden müssen. Überraschenderweise wurde jedoch festgestellt, dass Menschen mit dem aktuellen Stand der Robotik in der gleichen Zeit produktiver sind.[35] Das gleicht das Spielfeld derzeit aus, wird sich aber in Zukunft ändern, sobald Roboter sich weiterentwickeln.

Fehlerbehandlung: Wenn wir schon über das Machen von Fehlern sprechen, ist die Bewältigung von Fehlern etwas, worin wir Menschen gar nicht so schlecht sind. Unsere robotischen Gegenstücke können sowohl in der Hardware als auch in der Software versagen. Dafür finden sich sogar zwei Beispiele auf dem Mars: 2009 blieb der Rover *Spirit* buchstäblich im Marssand stecken. Ingenieur*innen versuchten monatelang, ihn durch verschiedene Manöver zu befreien, doch es endete in einer Art Patt: Der Rover war teilweise eingesunken, konnte sich nicht mehr bewegen, und weitere Befreiungsversuche hätten die Lage verschlimmern können. Schließlich wurde *Spirit* als stationäre Wissenschaftsplattform genutzt, bis 2010 der Kontakt abbrach.[54] Auf der Softwareseite war es die Marsmission *Pathfinder* im Jahr 1997, die sich selbst blockierte. Mehrere Aufgaben liefen mit unterschiedlichen Prioritäten, aber ein Planungsfehler führte dazu, dass eine hochpriorisierte Aufgabe nicht ausgeführt werden konnte. Diese Aufgabe war für die Verteilung von Daten zwischen verschiedenen Subsystemen des Raumfahrzeugs zuständig, sodass beim Stillstand das gesamte System zum Erliegen kam. Diese Geschichte hat ein glückliches Ende, da es den Ingenieur*innen des NASA JPL gelang, eine aktualisierte Version des Codes hochzuladen.[55] Doch im Hinblick auf unsere Anforderungen an Zuverlässigkeit haben wir eine geringe Fehlertoleranz. Die Lösung für robotische Systeme besteht meist darin, Redundanz einzubauen, sei es in der Hardware (z. B. mehr Räder) oder in der Software (z. B. Resettimer). Abgesehen von diesen vordefinierten Gegenmaßnahmen können wir spontan jedoch nicht viel unternehmen.

Menschen kommen mit Fehlern schlechter zurecht, machen mehr Fehler, können sich jedoch schneller von Fehlern erholen.

Nansobot 2 – Mensch 1

Herausforderung III: Verstehen

Aufgabe: Wir steigen nun von einer einfachen, vordefinierten, sich wiederholenden Aufgabe zu einer vollständigen, vordefinierten und strukturierten Mission auf. In dieser Herausforderung wollen wir zu einem Eiskamm fahren, Proben einer bestimmten Art entnehmen, sie analysieren und die Ergebnisse zurücksenden.

Übermenschliche Fähigkeiten: Wenn wir entscheiden, was eine Maschine können soll, ist es uns möglich, ihr auch bessere Fähigkeiten als uns Menschen zu verleihen. Wir sind durch unsere biologische Geschwindigkeit begrenzt, sowohl beim Denken als auch bei körperlichen Aufgaben. Wenn wir einen Entdecker der nächsten Generation bauen, möchten wir, dass er uns im besten Fall übertrifft.[19] Das beginnt bei besseren Sensoren und einer schnelleren Datenverarbeitung, als wir sie besitzen. Der Roboter kann so viele Informationen verarbeiten, wie seine Rechenleistung zulässt. Das ist eine gute Nachricht. Es bedeutet, dass der Roboter potenziell alle Sensoreingaben rational verarbeiten und darauf basierende Entscheidungen treffen kann. Dadurch wird die kognitive Belastung reduziert, oder der Roboter übertrifft seinen menschlichen Gegenpart.[36] Noch besser: Er muss nicht alle Informationen und das gesamte Wissen vor Ort haben, sondern kann auf jede Clouddatenbank oder Modelle zurückgreifen, die seine Entscheidungen unterstützen.

Situationsbewusstsein: Situationsbewusstsein ist die Kunst, wie man seine Sinneseindrücke mit deren Kontext und möglichen zukünftigen Entwicklungen verknüpft. Man steht auf dem Mars, sieht, wie der Horizont sich verdunkelt, und versteht, dass es sich um einen herannahenden Sandsturm handeln könnte. Da das Situationsbewusstsein viele Schritte umfasst, darunter Wahrnehmung, Interpretation, Wissen, Generalisierung und Vorhersage, ist es nicht überraschend, dass wir Menschen darin immer noch besonders gut sind. Vorausgesetzt, wir sind nicht zu beschäftigt. Eine höhere mentale Arbeitsbelastung verringert im Allgemeinen unser Situationsbewusstsein.[29] Das ist logisch: Wenn man sich Sorgen um das Sammeln von Proben macht, achtet man weniger auf einen möglichen herannahenden Marssandsturm. Den Kontext einer Situation zu verstehen, bedeutet auch, alle verschiedenen Sinneseindrücke zu erfassen und einzuordnen. Stellen wir uns vor, Nansobot könnte einen subtilen Druckabfall wahrnehmen, diesen mit einer Farbveränderung des Horizonts auf seinen Kameras verknüpfen, nachschlagen, ob diese Veränderungen mit Wetterphänomenen auf einem Eismond in Verbindung stehen, die Gefahr einschätzen und entsprechend innerhalb von Millisekunden reagieren. Obwohl Sensordaten bereits zusammengeführt und in Beziehung gesetzt werden, gibt es noch keine allumfassende Kette eines allgemeinen Situationsbewusstseins. Es gibt einige Eingabequellen, bei denen maschinelle Intelligenz besonders gut ist, wie z. B. visuelle und sprachliche Daten. Ein Vorteil dieser Modelle ist, dass durch die große Datenmenge emergentes Verhalten möglich werden kann.[56] *Emergent* ist nur ein Schlagwort und bedeutet Muster oder Fähigkeiten, die aus der Interaktion vieler einfacher Komponenten entstehen. Kognitive Prozesse wie Schlussfolgern oder Wahrnehmung werden manchmal ähnlich beschrieben: als komplexe Ergebnisse, die aus verteilter Aktivität und nicht aus einer einzigen Regel hervorgehen.

Ein Beispiel aus der Praxis für das Verstehen vager Aufgaben und Kontexte ist Googles Roboterarm RT-2. Als er gefragt wurde: „Ich muss einen Nagel einschlagen, welcher Gegenstand aus der Szene könnte nützlich sein?", wählte er den Stein zwischen einem Blatt Papier, dem Stein und einem Kabel.[57] Das erscheint uns Menschen sehr intuitiv, aber für den Roboter steckt dahinter (a) das Verstehen der Absicht in natürlicher Sprache, (b) das Erkennen, welche Objekte zu sehen sind, (c) das Bewerten, welche Objekte zur Absicht passen. Man kann argumentieren, dass selbst wir Menschen uns manchmal in unserer eigenen Sprache nicht verstehen; daher kann man sich vorstellen, wie schwierig es für Roboter ist.

Der Roboter kann mehr wahrnehmen und schneller denken, aber nicht alles so gut kontextualisieren wie ein Mensch. In der besten Zusammenarbeit kann er dem Menschen mentale Arbeit abnehmen.

Nansobot 3 – Mensch 2

Endgegner: Anpassung

Aufgabe: Wir haben eine allgemeine Idee mit bestimmten Zielen, aber keine vordefinierte Mission. Finde Leben auf Enceladus.

Alan Turings ursprüngliche Idee in den 1950er-Jahren war, dass echte Intelligenz für eine Maschine nicht nur bedeutet, abstrakt denken zu können, sondern auch zu lernen und mit der Welt um sie herum zu interagieren.[58] Algorithmische KI und Robotik haben sich in den letzten Jahren hauptsächlich parallel entwickelt, wobei sich die Intelligenz auf abstraktes Denken und die Robotik auf die Interaktion mit der Umwelt und die Navigation konzentriert.[59] Auf der kognitiven Seite hat KI den Menschen in Computerspielen, theoretisch lösbaren Spielen wie Schach und Go sowie Spielen mit unvollständiger Information wie Poker übertroffen, imitiert menschliche Stimme und sogar Kunst.[60] Auf der Robotikseite gab es Durchbrüche in Flexibilität und Geschicklichkeit, Steuerung und Wahrnehmung. Beispiele für hochgeschickte Roboter sind Boston Dynamics *Atlas*[61] oder ausgefallenere Modelle, die muskuloskelettale Mechanismen des menschlichen Körpers nachahmen, wie Clone Robotics.[62] Die Verbindung, die noch nicht perfektioniert ist, besteht zwischen hochrangiger Planung und niedrigstufiger Manipulation.

Lernen: Wir haben gesehen, dass uns unbekannte Umgebungen mit verschiedenen Phänomenen konfrontieren, die wir nicht unbedingt vorhersagen können. Menschen bewältigen dies, indem sie Lektionen aus vergangenen Erfahrungen auf neue Situationen übertragen. Wie könnte Nansobot eine ähnliche Art von gesundem Menschenverstand erlangen? Der Robotiker Hans Moravec stellte in den 1980er-Jahren ein Paradoxon fest: Fähigkeiten, die für uns Menschen einfach sind (wie Wahrnehmung, Gleichgewicht oder Bewegung), sind für Maschinen schwierig, während Aufgaben, die wir Menschen als anspruchsvoll empfinden (wie Logik oder Berechnung), für Roboter einfach sind.[63] Und tatsächlich können Algorithmen heute lernen, Sprache zu lesen und Bilder zu interpretieren, aber sie erleben die Welt selten durch Berührung oder Bewegung, auch weil wir darüber viel weniger Daten haben. Roboter können lernen, indem sie Muster aus riesigen Datenmengen erkennen oder sogar Menschen nachahmen. Aber dafür benötigt man entweder enorme Mengen an Daten oder viele Wiederholungen durch menschliche Expert*innen. Das funktioniert für sehr spezifische Aufgaben, aber selbst wenn wir Nansobot alle Feinheiten des Schmelzens durch das Eis, der Fortbewegung von A nach B, des Schwimmens und des Probennehmens beibringen könnten, würde es erstens sehr lange dauern. Zweitens haben wir noch keine unbekannten Aufgaben und Manöver berücksichtigt, wie etwa das Ausweichen vor einem gigantischen Geysirausbruch. Im besten Fall würden wir Nansobot wie Leeloo in *Fifth Element*[64] hinsetzen, ihm eine Menge Videos und Informationen über alles zeigen, was wir wissen können, und es daraus zukünftige Aufgaben abstrahieren lassen.[65] Der gesunde Menschenverstand eines Roboters kann sich durchaus vom menschlichen unterscheiden, da wir andere Prioritäten setzen müssen, wie Überleben und Wohlbefinden, als eine Maschine. Nansobot als robotischer Entdecker könnte lernen, andere Aufgaben zu priorisieren als der Mensch. Das ist es, was Lernen an sich abstrahiert und zu erreichen versucht; am Ende muss sich Nansobot an die dynamische Natur seiner Umgebung anpassen.

Unsicherheit und Entscheidungen: Unsicherheit kann für unseren Roboter in vielerlei Form auftreten: in den Umgebungen, wie wir festgestellt haben (was werden wir finden?), bei der Interpretation der Daten (was sehen wir?) und vor allem bei der Entscheidungsfindung und der Priorisierung von Aufgaben (was sollen wir als Nächstes tun?). Verstehen wir alle Risiken und Chancen? Wie viel Risiko ist in der aktuellen Situation akzeptabel? Gerade diese Planungsaufgaben sind es, bei denen der Mensch noch im Entscheidungsprozess eingebunden ist.

Wir haben inzwischen verstanden, dass Roboter klare Aufgaben lieben, aber wie sieht es mit vageren Aufgaben wie unserem aktuellen Ziel aus? Es geht also um proaktives Planen und die Aufteilung in Teilaufgaben. Nun kommen große Sprachmodelle (large language models, LLMs) zur Hilfe, die genau in diesen Aufgaben erste Ergebnisse zeigen. Es gibt jedoch noch einige Probleme: Da LLMs den Sinn an sich nicht verstehen, sind diese Teilaufgaben möglicherweise nicht logisch mit der Hauptaufgabe und, noch wichtiger, mit ihrer Umgebung verbunden. Es wurde außerdem gezeigt, dass Sprachmodelle bei der Entscheidungsfindung genauso irrational wie Menschen sein können und momentan nicht unbedingt als rationale Verhandlungsführer fungieren.[66] Sollten wir also zu symbolischem oder logischem Schlussfolgern zurückkehren? Vielleicht eine Mischung aus beidem? Es gibt zwei Ansätze: Der eine argumentiert, dass das Schlussfolgern mit genügend Daten emergent sein kann,[56] und der andere, dass wir sehr wohl einen logischen Rahmen und ein Verständnis benötigen.[67] Hier wird derzeit viel geforscht. Wir können Roboter dafür kritisieren, dass sie keine guten Entscheidungen treffen, und während wir angeblich bessere und logischere Ansätze demonstrieren, ist auch nicht ganz klar, wie Menschen Entscheidungen treffen. Ad-hoc-Änderungen von Aufgabenprioritäten wurden bei Wissenschaftler*innen im Feld festgestellt.[68] Am Ende kann Nansobot derzeit keine fortgeschrittenen Entscheidungen in unbekannten Situationen treffen, und wenn wir ihn allein lassen, wird er eher zu einem irrationalen kleinen Vagabunden als zu einem zielgerichteten Entdecker.

Voreingenommenheiten: Während wir besser darin sind, Komplexitäten zu berechnen, sind wir nicht immer besser darin, objektiv zu urteilen. Wir können unbewusste Vorurteile haben. Interessanterweise gilt dies auch für Algorithmen. Die Vorstellung von „Objektivität" bei Maschinen ist etwas veraltet und abhängig vom verwendeten Algorithmus. Wenn wir eine feste Menge an Regeln programmieren, ist die einzige Voreingenommenheit unsere eigene. Wenn wir einen Algorithmus mit vielen Daten trainieren, die möglicherweise voreingenommen sind, kann er diese Voreingenommenheit übernehmen. Menschen können sogar Vorurteile von einem KI-System lernen[69], sodass – je nachdem, welchen Mechanismus wir als Grundlage für das Lernen verwenden – die Anwesenheit eines intelligenten robotischen Systems die Situation nicht unbedingt objektiver macht.

Vorstellungskraft und Neugier: Es lässt sich wohl argumentieren, dass wir noch nicht herausgefunden haben, warum wir überhaupt forschen. Aber: Ein Antrieb ist die Neugier, und dies ist eine Eigenschaft, die bisher (noch) nicht vollständig auf Maschinen übertragen wurde. Allerdings werden andere unvorstellbare Eigenschaften wie Humor und Urteilsvermögen derzeit von Chatbots übernommen, sodass es kein undenkbares Szenario ist, dass auch diese auf Maschinen übertragen werden. Vorstellungskraft ist eine sehr subjektive Fähigkeit, die uns Menschen besonders am Herzen liegt, aber sie kann ebenso mit simulationsbasiertem Lernen verglichen werden. Wenn du dir ein mögliches Szenario vorstellst, könnte dies darin übersetzt werden, dass Nansobot ein Szenario in einer generierten Repräsentation einer Weltsituation simuliert.[60]

Wir können zusammenfassen, dass wir Menschen die Roboter im Moment noch beim Lernen und Verstehen der physischen Welt, bei der Generalisierung von Wissen, beim effizienten Lernen sowie bei umfangreicher Vorstellungskraft, Planung und Entscheidungsfindung übertreffen.

Nansobot 3 – Mensch 3

Bonusrunde: Inspiration

Inspiration und Symbolik: Der Anblick der Landung von *Perseverance* auf dem Mars war ziemlich beeindruckend. Aber nicht so unfassbar beeindruckend, wie einen Menschen zu sehen, der einen Schritt auf dem Mond macht. Während robotische Errungenschaften uns Nerds begeistern, beeindrucken menschliche Errungenschaften so ziemlich jeden Einzelnen. Während der *Apollo-11*-Landung sahen schätzungsweise 650 Mio. Menschen weltweit live zu[9], wobei 93 % aller Fernseher in den USA eingeschaltet waren.[70] Zugegeben, es gab damals nicht so viele Fernsehgeräte wie heute, aber es sind immer noch zwei Größenordnungen mehr als die geschätzten 3,2 Mio. Zuschauer*innen, die die Marslandung des Rovers *Curiosity* verfolgten.[71] Wir blicken zu menschlichen Entdecker*innen auf, weil sie uns das Beste zeigen, was die Menschheit hervorbringen kann. Ob sie das tatsächlich tun oder nicht, ist vielleicht gar nicht so wichtig: Es dient als Erinnerung daran, wofür wir uns einsetzen wollen.

Nansobot 3 – Mensch 3½

Wer hat also gewonnen? Wenn du jetzt denkst, dass die Punktzahlen erfunden sind, dann hast du recht. Sie dienen der Veranschaulichung und sollen einen Anhaltspunkt geben. Im Verlauf des Wettstreits haben wir gesehen, dass Nansobot uns in manchen Aspekten derzeit übertrifft und wir ihn in anderen übertreffen. Während Nansobot es physisch und psychisch leichter haben wird, extremen Bedingungen zu trotzen und Proben zu nehmen, wüssten wir immer noch besser, was zu tun ist, wenn wir plötzlich auf eine kommunikative außerirdische Lebensform treffen würden. Wir gehen hinaus und tragen die Träume aller anderen Menschen mit uns, was mehr Wirkung hat als die Entdeckungsreise einer Maschine. Die Frage ist zudem, wann Roboter mit menschlichen Fähigkeiten gleichziehen werden oder ob es bestimmte menschliche Fähigkeiten gibt, die immer nur uns vorbehalten bleiben. Für den Moment erweitern Roboter die Reichweite; Menschen entdecken. Daraus lässt sich schließen: Die Zukunft gehört vielleicht nicht dem einen oder dem anderen, sondern beiden miteinander.

1.2.4 Eine gemeinsame Zukunft

Aktuelle Erkundungsstrategien

Im Laufe der Geschichte gab es verschiedene Paradigmen für die Entwicklung von Strategien in der Raumfahrt. Mit dem *Apollo*-Programm unter John F. Kennedy wurde offensichtlich ein Schwerpunkt auf politische Symbolik und damit auf die Entsendung von Menschen ins All gelegt. Die NASA-Strategie folgte einem Leitbild, das letztlich Menschen zum Mars bringen sollte. Die Schritte zum Erreichen dieses Ziels begannen mit der Entwicklung von Mehrstufenraketen, über die kontinuierliche Präsenz im niedrigen Erdorbit (die wir jetzt mit der ISS haben), sowie mit der Landung und dem Aufbau einer permanenten Basis auf dem Mond als Vorbereitungsschritt, um Fähigkeiten für eine Marsbesiedlung zu entwickeln. Es gab jedoch auch gegensätzliche strategische Überlegungen zu dieser Zeit. Präsident D. Eisenhower befürwortete zum Beispiel rein robotische Missionen wie Satelliten und bezeichnete das *Apollo*-Programm als „einen verrückten Versuch, ein Wettrennen um einen Stunt zu gewinnen“, und jeden Vorstoß zum Mond als „emotionale Zwänge“.[72] Derzeitige Bemühungen staatlicher Agenturen umfassen hybride Ansätze. Wir sind über das Entweder-Oder-Paradigma hinausgegangen und kombinieren nun das Beste aus robotischen und menschlichen Fähigkeiten. Die aktuellen Strategien sowohl der ESA als auch der NASA benennen Robotik als zusätzliches Werkzeug zur Erforschung, während im Hintergrund autonome Fähigkeiten entwickelt werden. Die Frage „wo?“ ist die nächste große strategische Entscheidung. Hier sind einige mögliche Szenarien, aber du kannst dir gerne deine eigene Strategie ausdenken:

1. **Mondbasis für permanente Präsenz:** Ein naheliegender Schritt könnte sein, den Aufbau einer Mondbasis für den dauerhaften Betrieb anzustreben

und Infrastruktur speziell für den Erdmond zu errichten. Der Mond hat den Vorteil, dass er nahe ist und innerhalb weniger Tage erreicht werden kann.

2. **Mond als Sprungbrett zum Mars:** Ein erweiterter Ansatz des oben genannten ist, den Mond zu nutzen, um technisches Wissen zu gewinnen, das langfristig auf eine Marsbasis übertragbar ist. Tatsächlich sieht der Global Exploration Roadmap, ein Dokument, das Raumfahrtagenturen weltweit vereint, darunter ESA, NASA, Roscosmos, JAXA, viele technologische Herausforderungen für Mond und Mars als überlappend an: Zum Beispiel autonome Lebensraumsysteme und spannende Aufgaben wie Staubmanagement, die langfristig für beide benötigt werden. Andere Systeme haben für den Mond geringere Anforderungen, was die Autonomie betrifft: Da der Mond nicht so weit weg ist, reicht hier Teleoperation, während für den Mars volle Autonomie angestrebt wird.[73]
3. **Direkt zum Mars:** Die Realität, die wir derzeit sehen, ist eine parallele Entwicklung für den Mond und den Mars, oder dass verschiedene Agenturen und Unternehmen sich auf das eine oder andere konzentrieren. Direkt zum Mars zu gehen, um dort menschliche und/oder robotische Basen zu errichten, ist das ambitionierteste Ziel. Es gibt verschiedene Ansätze, wie weniger risikoreiche Operationen mit einem Marsflyby und robotischer Teleoperation oder das Abdecken größerer Gebiete durch eine Landung auf Phobos, einem Marsmond, von wo aus teleoperiert wird, während gleichzeitig der Mond erkundet wird.[74]
4. **Erdnahe Objekte:** Anstatt auf Planeten und deren Monde zu schauen, ist das Gewinnen von Erkenntnissen über kleinere Objekte wie Asteroiden oder Kometen etwas, das sowohl wissenschaftliches als auch wirtschaftliches Interesse geweckt hat, wie wir später sehen werden. In jedem Fall können auch diese kleineren Objekte dazu beitragen, technologische Expertise zu gewinnen.[74]

Wir können also aus einer Vielzahl von Ansätzen wählen. Dennoch könnten strategische Fragen an Bedeutung verlieren, wenn der Privatsektor in die Diskussion einsteigt und unterschiedliche Interessen auf verschiedene Himmelskörper legt, einschließlich Asteroiden oder direkter Pläne zum Mars. Mehr dazu werden wir in einem späteren Kapitel sehen.

Mensch-Roboter-Interaktion

Sprich mit mir: Die Kommunikation zwischen Maschinen und Menschen hat mit dem Aufkommen der Verarbeitung natürlicher Sprache einen gewaltigen Sprung gemacht. Intuitive Kommunikation ist einfacher, wenn natürliche Sprache als Schnittstelle mit einer Maschine zur Verfügung steht.[75] Kommunikation besteht auch aus nonverbalen Signalen wie Gesichtsausdrücken und Gesten. Herauszufinden, wie diese übersetzt werden können, wird eine Herausforderung sein, insbesondere aufgrund der unterschiedlichen Konnotationen in verschiedenen Kulturen.[76] Es gibt jedoch Bemühungen, Gesichtsausdrucks- und Emotionserkennung sowie Haltungsanalyse in einigen Bereichen zu integrieren, um reibungslosere Schnittstellen zu gewährleisten.[77]

Vertrau mir: Wie in einem guten Team werden wir lernen müssen, der Arbeit autonomer Maschinen zu vertrauen und sie zu überprüfen. Maschinelle Lernalgorithmen sind oft eine Black Box, da sie zwar Eingaben und Ausgaben in Beziehung setzen können, aber nicht unbedingt die Begründung für ihre Entscheidungen liefern. Das macht es für uns schwieriger, einem Algorithmus zu vertrauen, wenn wir nicht wissen, warum er eine bestimmte Entscheidung getroffen hat.[43] Leider sind Roboter in sozialen Umgebungen nicht immer besonders beliebt, und es kann auch Nachteile in der Zusammenarbeit geben.[76;78] Vertrauen aufzubauen ist auch notwendig, um tatsächlich alle angestrebten Vorteile zu erreichen und nicht zu riskieren, dass Wissenschaftler*innen von Robotern vorgeschlagene Entscheidungen ablehnen.[79] Es wurde außerdem festgestellt, dass Menschen Robotern mehr vertrauen, wenn diese zugeben, Fehler gemacht zu haben.[76] Interessanterweise tolerieren Menschen Roboter in rauen Umgebungen eher als im Haushalt, möglicherweise weil diese Umgebungen als das genaue Gegenteil des Alltags wahrgenommen werden: fern und abstrakt.[80] Zu untersuchen, wie, wann und warum wir Nansobot vertrauen, kann ein Schritt sein, um zu verstehen, wie Roboter in unser Leben auf der Erde integriert werden können.

Das Beste aus allen Welten

Mit all ihren Stärken und Schwächen haben wir gesehen, dass es derzeit keine Entweder-Oder-Lösung gibt und dass wir bei der Erforschung am effizientesten und erfolgreichsten sind, wenn wir die Stärken kombinieren. Hier sind einige Szenarien, von denen wir einige bereits heute haben, bis hin zu zukünftigen Spekulationen.

Menschenbasis mit robotischer Erweiterung der Reichweite

Vision: Luke Skywalker und R2-D2 in *Star Wars.*[31]

Unsere Reichweite kann hier aus drei Modi bestehen: Teleoperation, Über-den-Horizont- und Vor-Ort-Zusammenarbeit.[48] Das bedeutet, dass wir Nansobot entweder von der Erde aus, auf dem Planeten ohne Sichtkontakt oder auf dem Planeten an unserer Seite betreiben können.

Teleoperation kann aus dem Orbit erfolgen, um Sonden zu senden, Rover fernzusteuern und für Probenrückführung bereitzustehen.[74] *Perseverance* ist ein großartiges Beispiel für einen halbteleoperierten Rover. Die *Lunar-Gateway*-Mission, eine geplante Raumstation im Mondorbit, hat unter anderem die Fähigkeit, Missionsziele zu setzen, zu navigieren und Rover auf dem Mond zu teleoperieren. Pionierarbeit zur Demonstration ähnlicher Fähigkeiten wurde durch die Steuerung eines robotischen Avatars auf der Erde mit haptischem Feedback von der ISS aus gezeigt.[81] Teleoperationen können in vielen Formen erfolgen, etwa als klassischer datenbasierter Ansatz, als Ansatz mit Virtual Reality (VR) oder sogar durch die freie Bewegungsverfolgung. Anstatt nur das zu sehen, was Nansobot durch die Kamera sieht, könntest du in ein VR-Szenario eintauchen, Enceladus sehen, Vibrationsfeedback spüren, wenn ein Interessensgebiet deine Aufmerksamkeit erfordert. Oder du könntest deine Augen- und Kopfbewegungen zur Steuerung nutzen, während du mit ihm verbal kommunizierst und Befehle gibst. Wir: „Ich sehe eine interessante Farbe im Eis: Ist es vielleicht sinnvoll, eine Probe zu nehmen?" – Nansobot: „Meine Analyse hat sie mit der Datenbank verglichen und mit 86%iger Sicherheit festgestellt, dass diese Verfärbung auf einen Riss im Eis hinweist. Ich brauche 20 Minuten, um dorthin zu fahren. Soll ich das untersuchen?"

Wir müssen nicht bis ins All schauen, um zu sehen, wie robotische Agenten uns helfen, unsere Datensammelfähigkeiten zu erweitern: Über-den-Horizont-Daten zur Beobachtung der Ozeane werden derzeit von Segeldrohnen, Bojen, Gleitern und Unterwasserfahrzeugen gesammelt. Diese erfassen Gesundheitsparameter der Ozeane wie Temperatur, kartieren Strömungen, geben uns Einblicke in Ökosysteme, etwa durch die Erkennung von Zooplankton und Fischen[82], und hören schmelzenden Gletschern zu[83], oder gehen auf eigene Erkundungsmissionen, um Schiffswracks in der Tiefe zu finden.[30] Die Beherrschung der Erforschung unserer Ozeane auf der Erde ist auch der erste Schritt zum Verständnis außerirdischer Ozeane auf anderen Welten.

Das andere Ende des Operationsspektrums ist die Zusammenarbeit vor Ort. Die gute Nachricht ist, dass es kaum Kommunikationsverzögerungen gibt und Menschen vor Ort sind, um die Ausrüstung zu reparieren.[48] Roboter vor Ort können Aufgaben wie Entscheidungsunterstützung oder die Entlastung der mentalen Arbeitsbelastung übernehmen.[84] Umgekehrt ist es auch schädlich, dem menschlichen Bediener zu wenig Arbeitsbelastung zu geben: Aufgaben mit geringer Beanspruchung führen zu Schläfrigkeit und Ermüdung.[85] Dazu gehören passive Aufgaben wie die Überwachung von Robotern ohne Eingreifen, was oft als zukünftige Tätigkeit angesehen wird, wenn die robotischen Fähigkeiten zunehmen. Das bedeutet im Grunde: Wir sollten Menschen nur dann als Teammitglieder entsenden, wenn wir sie tatsächlich brauchen.

Robotische Vorläufer menschlicher Unternehmungen

Vision: Die drei Roboteremissäre in *Victory Unintentional*, Isaac Asimov.[86]

Die meisten Agenturen nutzen heute robotische Missionen als Zwischenschritt für die spätere menschliche (oder weiterführende robotische) Erforschung. Die Rover *Curiosity* und *Perseverance* sind ebenfalls teilweise Beispiele für Vorläufermissionen, die die Proben im Feld für eine spätere Sammlung vorbereitet haben.[87] Ein weiteres Beispiel ist das *Artemis*-Programm, das darauf abzielt, Menschen zum Mond zurückzubringen. Dieses Mal werden die Landeplätze sich erheblich von den *Apollo*-Landeplätzen unterscheiden; und das ist all der Arbeit zu verdanken, die geleistet wurde, um herauszufinden, ob und wo Wasser auf dem Mond existiert, wie wir zuvor gesehen haben. Das Zielgebiet für Artemis ist der lunare Südpol, aufgrund von Hinweisen auf gefrorenes Wasser. Die NASA hat die Landeplätze mit ihrem *Lunar Reconnaissance Orbiter* identifiziert, einem Satelliten, der Bilder von allen Regionen des Mondes gemacht hat.[54]

Abgesehen von den hybriden Ansätzen gibt es Missionskonzepte, die rein robotisch sind, wie zum Beispiel die *Europa-Clipper*-Mission. Diese Mission soll hochauflösende Bilder vom eisigen Mond Europa zur Erde senden, wobei aktuelle Arbeiten im Bereich Autonomie eine Schmelzsonde vorbereiten, die die unter dem Eis liegenden Ozeane erforschen kann.[88]

Roboter können auch Fracht, Baumaterialien und andere Ausrüstung für spätere menschliche Missionen im Voraus deponieren[73] oder im besten Fall sogar Wohnraum für Menschen errichten.[89]

Roboter helfen Robotern

Vision: Wall-E und EVE[90]

Mit zunehmender Leistungsfähigkeit der Roboter werden wir vielleicht nicht mehr nur eine einzelne Maschine ins Unbekannte schicken, sondern ein ganzes Team. Diese Teams können in zwei Formen auftreten: Netzwerke verschiedener Roboter, die sich gegenseitig in ihren Fähigkeiten ergänzen, oder Schwärme desselben Typs.[91] Das zuvor erwähnte Over-the-Horizon-Netzwerk ist ein Beispiel für Roboter mit unterschiedlichen Talenten, die sich gegenseitig unterstützen. Verschiedene Arten von sensorgestützten Robotern können unterschiedliche Skalen in Raum und Zeit beobachten: Ein Satellit kann über Jahre hinweg größere Flächen abdecken, ist jedoch nicht in der Lage, plötzliche Veränderungen des Phytoplanktons zu erfassen, wie es eine Unterwasserkamera könnte. Gleichzeitig kann die Vielzahl unterschiedlicher Blickwinkel und Sensoren die Schwächen der anderen ausgleichen, etwa wenn Satellitenbilder durch Wolken beeinträchtigt werden, jedoch nicht von großen Wellen auf dem Ozean, mit denen ein Roboterboot zu kämpfen hat.[30] In diesem Bereich gibt es noch viele offene Herausforderungen, wie zum Beispiel die Koordination von Aufgaben zwischen Robotern, die Ermöglichung der Zusammenarbeit auf ein gemeinsames Ziel hin, die Kommunikation und eine angemessene Organisation. Genau das müssen wir auch für menschliche Teams herausfinden.

Im Hinblick auf Schwärme besteht die Idee darin, das Schwarmverhalten beispielsweise von Insektenschwärmen nachzuahmen. Anstatt größere, teure Einheiten einzusetzen, besteht die Erkundungstruppe aus vielen kleinen, günstigen Agenten, sodass der Verlust eines einzelnen Roboters die Mission als Ganzes nicht gefährdet. Wenn wir in den Bereich der Science-Fiction-Konzepte eintreten wollen, sind Von-Neumann-Sonden (vgl. Infobox) ein Konzept selbstreplizierender Roboter, die die Tiefen des Universums erforschen, von Stern zu Stern reisen und unterwegs neue Versionen ihrer selbst bauen.

Von-Neumann-Sonden

Im Moment gehen wir hinaus und erforschen mit Robotern, die wir auf der Erde gebaut haben. Wir schicken sie los und betreiben sie, bis sie kaputtgehen oder ihnen der Strom ausgeht. Selbst wenn wir annehmen, dass dieser Roboter unzerstörbar und unsterblich ist, bleibt er doch nur ein einzelner Entdecker. Aber stell dir vor, es gäbe einen Roboter, der sich selbst reparieren und einen weiteren Roboter bauen kann, der wiederum einen weiteren Roboter baut, der wiederum einen weiteren Roboter baut, der wiederum noch einen weiteren Roboter baut ... du verstehst das Prinzip. Wir hätten unser Sonnensystem und Umgebung im Handumdrehen erforscht! Dieses Konzept nennt man eine Von-Neumann-Sonde, benannt nach ihrem Erfinder und einem der Väter moderner Computerarchitekturen, John von Neumann. Die Idee ist, einen autarken Roboter zu haben, der ausgesandt werden kann und mit den Ressourcen, die er unterwegs findet, in der Lage ist, eine Kopie von sich selbst zu bauen. Es gibt noch viele Fragen zu klären, um diese Idee Wirklichkeit werden zu lassen, wie zum Beispiel die Miniaturisierung von Fertigungskapazitäten, die Replikation von Energiestrukturen und die Übertragung von Intelligenz. Da Metall-3D-Druck jedoch kürzlich auf der ISS demonstriert wurde, sind wir vielleicht einen kleinen Schritt näher dran.[92]

Menschen und Roboter verschmelzen

Vision: Die Replikanten in *Blade Runner*[93]

Während wir uns bisher in einem recht etablierten Bereich mit viel aktiver Forschung bewegt haben, gehört dieser kleine Absatz in das Reich der erdachten Science-Fiction. Dennoch gibt es Forschende und Unternehmen, die an dieser Idee arbeiten, auch wenn sie noch weit entfernt ist. Die Idee ist folgende: Anstatt Menschen und Roboter als getrennte Individuen zu betrachten, können wir uns fragen, was passiert, wenn wir sie verschmelzen. Das kann in beide Richtungen gehen: Den menschlichen Körper so zu verändern, dass er robotische Fähigkeiten erhält, oder umgekehrt einen Roboterkörper so zu verändern, dass er menschliche kognitive Fähigkeiten besitzt. Die Autoren eines *Smithsonian*-Artikels[72] bringen es auf den Punkt: „Ein so entsandter Roboter müsste die kognitiven Fähigkeiten eines gut ausgebildeten Menschen besitzen. Eine menschliche Besatzung, die zu einem anderen Sonnensystem geschickt wird, müsste die Ausdauer von Maschinen haben." Der Vorschlag hier ist sogar, dass menschliche und robotische Erforschung langfristig verschmelzen. Populäre Fiktionen, die solche Verschmelzungen zeigen, sind Androiden, Bewusstseinsuploads, Cyborgs und Chipimplantate. Was hingegen keine Fiktion ist: Wir erweitern menschliche Fähigkeiten bereits mit meist nichtinvasiven Maßnahmen, wie Prothesen, Exoskeletten[94], tragbaren Sensoren, und es entstehen neue Interessengebiete wie Gehirn-Computer-Schnittstellen[95] oder Implantate zur Verbesserung der Sensorik, etwa für das Sehen.[96] Auch wenn diese Konzepte noch im mythischen Stadium oder in den Kinderschuhen stecken, werden sie neue moralische Fragen aufwerfen: Verdient ein Roboter, der nicht von einem Menschen zu unterscheiden ist, Bürgerrechte? Wie schützen wir unsere Identität, wenn sie auf einen Chip kopiert werden kann? Diese und viele weitere Fragen, an die wir heute noch gar nicht denken, werden wir als Gesellschaft beantworten müssen, um mit der Zukunft umzugehen. Wir sind vielleicht aus einer Perspektive der Erforschung hierhergekommen, aber diese Fragen sind auch für das Leben auf der Erde relevant.

Fazit

Wir haben den alten Gegensatz hinter uns gelassen und blicken auf eine gemeinsame Zukunft. Menschen sind die Wegbereiter für Roboter, und Roboter erweitern die Möglichkeiten der Menschen. Genau deshalb ist die Zusammenarbeit über Disziplinen hinweg so wichtig, und Bereiche wie die soziale Robotik werden wachsen. Nansobot wurde nicht entwickelt, um uns zu ersetzen, sondern um uns zu erweitern. Eines Tages könnten entweder perfekte Roboter oder perfekte Menschen das Weltall erkunden, aber vielleicht ist es eher eine Verbindung aus beidem. Der Drang, ferne Welten zu besiedeln, bleibt dabei zutiefst menschlich. Bleiben wir offen für alle Möglichkeiten und lernen wir so viel wie möglich über beide Seiten.

2

Das Jetzt: Eine Reise in den Weltraum

In diesem Kapitel nehme ich dich von Meeresgischt und Schneewüsten bis in die Schwerelosigkeit über der Erde mit

Wir haben nun viel über menschliche und robotische Entdecker gelernt. Dieses Kapitel illustriert eine Mischung: den allerersten astronautischen Raumflug über beide Polarregionen der Erde, *Fram2*. Ermöglicht durch ein selbstfliegendes Raumfahrzeug ist die Technologie vertreten; jedoch wird sie hauptsächlich aus meiner Perspektive, einer menschlichen Perspektive, erzählt. Komm mit auf die Erfahrungsreise, das Staunen und die gleichzeitige Ruhe und Unruhe, weit weg von zu Hause zu sein. All das vor dem Hintergrund einer der aufregendsten Zeiten der Raumfahrt, in der sich die Regeln rasant ändern. Begleite mich zu meinen Erlebnissen und Gedanken darüber, was es bedeutet, in diesen sich wandelnden Zeiten Astronautin zu sein.

2.1 Die Vorgeschichte

Ich bin keine Flugzeugpilotin. Aber ich wurde Raumfahrzeugpilotin.

Was braucht es, um Astronautin zu werden? Über die traditionelle Laufbahn kann ich nichts sagen. Ich kann jedoch berichten, was mir im eigentlichen Training am meisten geholfen hat. Es war definitiv kein geradliniger Weg und anfangs auch nicht auf das All ausgerichtet. Anstatt meinen Hintergrund in allen Details zu schildern, habe ich einige Momentaufnahmen ausgewählt, die

© Der/die Autor(en), exklusiv lizenziert an Springer-Verlag GmbH, DE, ein Teil von Springer Nature 2026
R. Rogge, *Ein (bisschen) Weltraum für Alle*, https://doi.org/10.1007/978-3-662-72822-2_2

mich meiner Meinung nach am meisten auf die Reise ins Weltall vorbereitet haben.

2.1.1 Die Studien: Von grauer Theorie zur echten Forschung

> Regnerische Tage, über mathematische Abstraktionen gebeugt, die niemand braucht. Dachte ich. Aber da lag ich falsch.

So. Viel. Theorie. Ich brauche keinem Studierenden zu erzählen, wie viele Hausaufgaben es gibt und wie lang die Vorlesungen sein können. Muss ich das für die Prüfung wissen? Nein? Wie schade. Ich habe an der Eidgenössischen Technischen Hochschule, kurz ETH, in Zürich studiert (Abb. 2.1), mit Auslandssemestern in Berlin und Stockholm.

Abb. 2.1 Das inoffizielle Motto der ETH, wie es auf einer temporären Baustelle vor dem Hauptgebäude geschrieben steht, Graffitikünstler*in unbekannt. Dies und einige der folgenden Bilder sind mit meiner analogen Kamera, einer Minolta X-300, aufgenommen, die mich von Äquatornähe bis zum hohen Norden und sogar ins Weltall begleitet hat

Meine Einstellung zum Lernen hat sich an der ETH deutlich verändert. Anstatt noch mehr aus Lehrbüchern zu lernen, habe ich schnell gemerkt, dass man an dieser Universität nur überlebt, wenn man sich wirklich durch das Dickicht des Mathematik-, Physik- und Programmierdschungels kämpft. Der Vorteil: Unter den klügsten Köpfen der Welt zu sein, ist wirklich belebend. Die Zukunft liegt direkt vor den Fingerspitzen. Der Nachteil: Vier Jahre meines Bachelors an dieser Hochleistungsuniversität haben mein Selbstvertrauen fast vollständig ausgelöscht. Ich habe vertieft, wie Siliziumchips funktionieren, wie man Compiler programmiert und wie man die Aufmerksamkeit bei schizophrenen Patienten modelliert. Bei manchen Fächern habe ich wirklich mein Herzblut in das Verständnis der zugrunde liegenden Theorie gesteckt. Allerdings spiegelte sich das nicht in meinen Noten wider, und ich erreichte einen Tiefpunkt, als ich eine Prüfung in Kommunikationstheorie (wie man Informationen auf Radiowellen kodiert) an meinem Geburtstag nicht bestand. Es fühlte sich sehr nach unerwiderter Liebe an, und nach dem zweiten Jahr habe ich meinen „I love maths"-Pin abgenommen (die Mathematik hat mich nicht zurückgeliebt). Als ich fragte, ob meine Noten gut genug seien, um das nächste Jahr ins Ausland zu gehen, bekam ich zu hören: „Nun, sie sind unterdurchschnittlich, aber der Trend zeigt nach oben." Na gut, dann nehme ich meine Durchschnittlichkeit mit nach Schweden, um dort noch mehr Durchschnitt zu produzieren.

Wie durch Zauberhand geschah das Gegenteil: Mit der Freiheit, Projekte selbst zu wählen, fand ich meine Liebe zur Forschung, und durch den COVID-Lockdown sowie das Auslandssemester, in dem ich ganz auf mich allein gestellt war, fand ich mein Selbstvertrauen. Ein Wendepunkt für mich waren Projekte, bei denen wir das Thema selbst wählen konnten. Wir rückten näher an die echte Forschung ran und betraten mit diesen Projekten tatsächlich Neuland.

Schon immer an der Polarforschung interessiert, suchte ich an der ETH noch vor meinem Auslandssemester nach Forschungsarbeiten zu diesem Thema, und das Nächste, was ich fand, war ein Projekt zu Sensoren für Felssturzexperimente: Dabei handelte es sich buchstäblich um Betonblöcke, die von Hubschraubern einen Berghang hinuntergeworfen wurden, um zu verstehen, wie Erdrutsche ablaufen. Nicht ganz im gleichen Temperaturbereich wie die Polarforschung, aber es war definitiv Umweltsensorik und ziemlich dramatisch noch dazu.

In Schweden schrieb ich dann eine Arbeit zu einem eher mathematischen Thema im Bereich des verteilten maschinellen Lernens, was mein Vertrauen darin stärkte, dass die Mathematik mich vielleicht doch liebte. Ich verbrachte Stunden damit, meine mathematische Formulierung zu entwerfen, und brachte mir selbst konvexe Optimierung bei, um sie sicher anwenden zu können. Die gesamte harte Grundlagenarbeit der ersten Studienjahre fügte sich auf sinnvolle Weise zusammen, wie ein Werkzeugkasten, der aufgebaut wurde und nun zum Erfinden neuer Dinge genutzt werden kann. Forschung fühlt sich oft wie ein zielloses Schwimmen an, aber neben dem Wissen baut man auch Intuition für Themen auf. Die magische Formel, um voranzukommen, bestand für mich aus dem Grundwissen, Selbstvertrauen und der Freiheit zur Entfaltung, alles zusammen. Keines davon hat für mich allein funktioniert.

Es war auch eine beeindruckende Zeit für die Raumfahrt: Der Marsrover *Perseverance* war gerade auf dem roten Planeten gelandet. Was für ein Erfolg! Ich werde das Gefühl der geteilten Freude nicht vergessen, das vom Livestream des jubelnden Kontrollraums der NASA bei der Landung ausging. Die Menschen hinter der Mission hatten das Unmögliche geschafft, aber sie hatten es im Namen aller Menschen erreicht. In Europa veröffentlichte die ESA zeitgleich ihren Aufruf für eine neue Astronautenkohorte. Damals wusste ich, dass ich mich noch nicht qualifizieren konnte, da ich keine drei Jahre Berufserfahrung hatte und mitten im Masterstudium steckte. In dieser Zeit fuhr ich mit Freunden nach Kiruna in Schweden und sah die riesigen Satellitenschüsseln in der Ferne, als wir mit Schneescootern durch den Wald fuhren. Ich war beeindruckt, dass wir solche gigantischen Strukturen mit Präzision bauen können, um mit Objekten weit draußen im All zu kommunizieren. Alle meine Freunde schienen im neuen Weltraumfieber zu sein, und ich war angesteckt. Mit meinem neu gewonnenen Selbstvertrauen sah ich eines Abends *Interstellar* und dachte: Ich kann an diesem Traum mitarbeiten. Ich kann heute an der Zukunft arbeiten! Die ganze Arbeit der letzten Jahre schien in diesem Moment zusammenzufließen. Ich wusste: Meine Masterarbeit muss der Bau eines Satelliten sein. Und eines Tages wollte ich mich als Astronautin bewerben.

Fähigkeiten: Lernen zu lernen, mit Frustration umgehen, Resilienz

2.1.2 Das Satellitenteam: Ein Blick in den Weltraummikrokosmos

> Das kleine Flugzeug hebt ab und trägt all unsere Mühen des letzten Jahres, zwei Prototypen unserer Satelliten. Noch nicht im All, aber so nah war der Nanosatellit dem Weltraum, und wir unseren Zielen, noch nie.

Ich habe keine Masterarbeit über Satelliten gefunden oder zumindest keine, die mich angesprochen hätte. Nach einigen Diskussionen habe ich ein völlig anderes Thema gewählt: Signalübertragung über den menschlichen Körper.

Die ETH war damals noch kein starker Akteur im Raumfahrtsektor (ein Umstand, der sich gerade ändert). Aber Moment: Es gab ein Studierendenteam in Zürich, das gerade dabei war, einen Satelliten zu bauen! Ich war begeistert, als ich bei einem ersten Brainstorming zu möglichen Missionen zuhörte. Darunter künstliche Schwerkraft durch Rotation. Ein Sci-Fi-Traum, der Wirklichkeit zu werden schien. Im Einstellungsgespräch teilte ich dem Projektleiter mit, dass ich nicht mehr als fünf Stunden pro Woche investieren würde. Das eskalierte dann doch recht schnell zu einem Tag-und-Nacht-Job in den ersten Monaten. Wir starteten als kleines Team von Ingenieurstudierenden ohne jegliches Weltraumwissen, aber wir hatten den festen Willen, einen Satelliten zu bauen und sicherzustellen, dass er eine außergewöhnliche Neuheit an Bord hat.

In der Raumfahrtindustrie werden Projekte in Phasen unterteilt. Am Ende jeder Phase gibt es in der Regel eine Review, die entscheidet, ob es in die nächste Phase geht. Die erste Review, die wir hatten, war eine sogenannte Mission Objective Review, bei der die Ziele der Mission definiert wurden. Danach beginnt man mit dem Systemdesign, wählt die Komponenten aus, testet und iteriert das Design. Das Interessante ist, dass hier alte und neue Philosophien aufeinandertreffen: Der „alte" Weg besteht darin, von oben nach unten zu gehen, von den Zielen zu den Anforderungen, zum Design, zu den genauen Komponenten, und dann mit dem Testen zu beginnen. Ein neuer Ansatz besteht darin, rasch zu iterieren, also häufiger und schneller zu testen, damit Designfehler möglichst früh erkannt und behoben werden. Wir wussten nichts von diesen Ansätzen und haben einfach angefangen. Natürlich stand unser Mission Definition Review ein paar Monate nach Projektbeginn an, und wir sind kläglich gescheitert.

Ein starker Punkt im Projekt war, wie wir gecoacht wurden, Feedback anzunehmen. Zwei Hauptpunkte sind mir besonders in Erinnerung geblieben, und ich habe in anderen Lebensbereichen auch sehr davon profitiert:

1. Sei so spezifisch wie möglich in deiner Beschreibung und sprich besonders Themen an, bei denen man unsicher ist. Das liefert das wertvollste Feedback, weil die Leute direkt auf konkrete Probleme eingehen können und man frühzeitig Input erhält. In einer Kultur, in der wir niemals als schwach erscheinen wollen, weil wir etwas nicht wissen, war das am Anfang schwierig.
2. Nimm das Feedback an, ohne es zu verteidigen. Bedanke dich dafür und denke darüber nach. Die Expert*innen interessiert es nicht, ob man es verteidigen kann oder nicht. Wenn es ein Problem ist, dann ist es ein Problem.

Reviews dauern etwa sechs Stunden oder länger, daher war die Motivation, nicht zu diskutieren, sehr groß: Niemand wollte noch länger dort bleiben.

Genau das haben wir im ersten Review gemacht, was großartig war, weil die Expert*innen viel kritisieren konnten. Warum hatten wir schon eine Vorstellung von der Masse des Satelliten, wenn wir die Bauteile noch gar nicht ausgewählt hatten? Woher kommen die Zahlen für die Energieversorgung, wenn wir noch nicht einmal wissen, wie viele Solarpanels wir haben werden? Kurz gesagt, wir hatten den Sinn des Reviews komplett verfehlt, nämlich nur zu identifizieren, was wir erreichen wollen, und hatten stattdessen ein wackeliges Design vorgestellt. Nach dem Feedback waren wir niedergeschlagen, und die Moral war im Keller. Einige Schlüsselpersonen verließen das Projekt, sodass es am einfachsten schien, das Vorhaben einfach aufzulösen.

Ich hatte ursprünglich als Radioingenieurin angefangen und mit dem Gedanken gespielt, die Rolle des Systemingenieurs zu übernehmen. Mit meiner Masterarbeit zu einem herausfordernden Thema war ich mir nicht sicher, ob ich einen Managementjob und eine Forschungsposition gleichzeitig stemmen könnte. Aber an diesem Punkt dachte ich: Jetzt ist der Moment, entweder auszusteigen oder Verantwortung zu übernehmen. Nachdem ich die Idee zuvor zweimal abgelehnt hatte, entschied ich mich, die Rolle zu übernehmen. Es war eine der lohnendsten Entscheidungen meines Lebens bisher. Ich erinnere mich, wie ich auf der Zugfahrt nach Hause nach Berlin kurz vor Weihnachten Bücher über Systemtechnik las und dachte: Das ist der coolste Job überhaupt. Aber wow, es gibt so viel zu lernen. Wir hatten das Glück, großartige Mentoren aus der Industrie zu haben, die sich Zeit für uns nahmen, auch im Einzelgespräch. Und wir hatten ein unglaublich ambitioniertes Team: Wir waren alle die Sorte Mensch, die entweder unmögliche Ziele oder gar keine haben wollte.

Die Systemingenieurinnen und Systemingenieure haben in den meisten Raumfahrtprojekten den technologischen Überblick über das gesamte System. Während alle Subsysteme wie Bordcomputer, Struktur, Nutzlast (das Experiment an Bord), Energieversorgung, Steuerung und Navigation ihre eigenen Fachgebiete haben, bleibt die Frage, wie alles zusammenpasst. Bei einem Miniatursatelliten besteht die Herausforderung darin, Gewicht, Energieverbrauch und Größe innerhalb der vorgegebenen Grenzen zu halten und die Kosten zu optimieren. In den frühen Phasen eines Projekts bedeutet das, Design-Trade-offs zu betrachten: Zum Beispiel liefern größere Batterien mehr Energie, bringen aber auch mehr Gewicht mit sich. Das bedeutet weniger Gewicht für die anderen Systeme, wie zum Beispiel die Nutzlast. Das fertige Design ist ein Aushandlungsprozess zwischen allen Subsystemen, der im Hinblick auf die Missionsdefinition am meisten Sinn macht. In unserem Fall gab es einen starken Trade-off zwischen der Steuerung für die künstliche Schwerkrafterzeugung und dem Nutzlastexperiment. Unsere Nutzlast sollte ein Minilabor sein, um menschliche Zellen zu kultivieren. Vom Schwierigkeitsgrad her ist das praktisch nur einen Schritt davon entfernt, einen Menschen ins All zu schicken, da man die Zellen am Leben erhalten muss. Genau wie Menschen müssen sie gefüttert werden und leben nur in einem sehr begrenzten Temperaturbereich.

Ein wiederkehrendes Problem, war, wie man Designentscheidungen auf Basis unvollständiger Informationen trifft: Da alle Subsysteme voneinander abhängen, muss man irgendwann einfach einen ersten Satz an Zahlen festlegen, das gesamte Budget berechnen und dann iterieren. In späteren Projektphasen beschäftigt sich das System Engineering damit, wie das Gesamtsystem am besten getestet und das vollständige Modell integriert wird, das ins All fliegen soll.

Wir nutzten die Zeit nach der gescheiterten Review, um die Teams komplett neu zu strukturieren, von vorn zu starten und diesmal hoffentlich alles richtig zu machen. Wir waren Teil der *Akademischen Raumfahrtinitiative Schweiz (ARIS)*, wobei sich die anderen Teams hauptsächlich auf Raketen konzentrierten. Über die vielen Teams hinweg stellte ich fest, dass die erfolgreichen immer irgendeinen externen Druck hatten. Bei den Raketen waren das vor allem internationale Wettbewerbe. Für den Satelliten gab es zwei Möglichkeiten, die wir nutzten: einen Parabelflug und ein ESA-Programm, bei dem wir gegen andere europäische Teams antreten mussten. Das Herzstück unserer Wettbewerbsbewerbung war unser Konzept, das Mission, Design und Tests voneinander abgeleitet beschrieb, in das wir nicht nur all unser gelerntes seit dem gescheiterten Review einfließen ließen, sondern auch unser Herzblut. Manchmal saß ich nach meiner Nachtschicht auf See in Westafrika um vier Uhr morgens am Entwurf, genauso wie meine Teammitglieder in Zürich.

Unsere harte Arbeit zahlte sich aus: Wir gewannen nicht nur den Wettbewerb, sondern sicherten uns sogar schon vorher eine Parabelflugkampagne. Mein schönster Moment mit dem Team war das Testen eines Prototyps auf diesem Parabelflug. Wir haben viel gelernt und gewonnen, indem wir unser Projekt für den ESA-Wettbewerb organisiert haben, aber mindestens genauso viel Erfahrung gesammelt, indem wir gezwungen waren, unser Design so weit zu fixieren, dass wir es bauen konnten. Es war harte Arbeit, die Idee im Team durchzusetzen, gerade in einer Phase mit wenig Selbstvertrauen, dass wir auch ohne fertiges Design innerhalb weniger Monate einen Prototyp testen könnten. Zum Flug selbst kam ich gerade rechtzeitig aus Afrika zurück. Am Tag, an dem mein Flugzeug aus Liberia landete, ging es direkt weiter zum nächsten Flughafen: einem viel kleineren, von dem das kleine Flugzeug mit unseren Experimenten an Bord abhob (Abb. 2.2). Am Ende hatten wir nicht nur einen, sondern zwei verschiedene Prototypen, um sowohl die Rotationskontrolle als auch das biologische Experiment zu testen. Der Flug und der Wettbewerb waren nicht nur wegen der Daten und des Zugangs zu Expert*innen wichtig, sondern auch als Meilensteine, um Energie für die kommende Zeit zu gewinnen. Es gibt selten Gelegenheiten im Leben, Erfolg zu feiern oder innezuhalten und bewusst zu sehen, was man erreicht hat. Etwas im Team zu erreichen, hat seinen ganz eigenen Zauber und übertrifft, wie ich finde, persönliche Erfolge. Das Flugzeug abheben zu sehen, war ein so bedeutender Moment für mich, und noch mehr, die Teammitglieder nach der Landung mit dem größten Lächeln zu umarmen.

Die Führungsrolle war neu für mich, aber sie hat mir zwei Dinge beigebracht: Erstens ist man ohne ein Team nichts. Selbst wenn man das Gesicht des Teams ist, sollte das gesamte Lob an das Team gehen, während man die Schuld für Fehler auf sich nimmt. Das fiel mir in dieser Position leicht, da wir niemanden außer uns selbst hatten, der Entscheidungskraft über das Projekt und dessen Ausgang hatte. Fehler auf sich zu nehmen, kostete uns in den Führungspositionen nichts und stärkte die Moral. Zweitens waren wir alle ziemlich gut darin, Job- und Privatgespräche zu trennen. Feedback war immer offen und direkt, aber wir trafen uns trotzdem danach als Freund*innen zu Gruppenaktivitäten.

Fähigkeiten: Führung, Teamdynamik, Raumfahrtprojekte und -systeme, Systemperspektive, Risikobewertung, Scheitern

2.1.3 Das Leben auf See: Wie Vision vereint

> Hier ein totes Meer, keine Wale, keine Vögel, nichts. Dort das Aufblühen des Lebens, Delfine, fliegende Fische, Schildkröten. Das eine war ein verwüstetes Gebiet, das andere ein wiederbelebtes.

Das Ähnlichste, was ich an Weltraumaktivitäten erlebt habe, waren Einsätze auf See. Alles begann damit, als ich meinen Tauchschein machte. Das Tauchen eröffnete mir eine ganz neue Welt: Beim Betrachten all des bunten Lebens unten im Ozean schien eine neue Dimension hinzugekommen zu sein, bunte Fischschwärme zogen vorbei, und die Bewegung konnte allein durch Ein- oder Ausatmen beeinflusst werden. Gleichzeitig sah ich aber auch die Plastiktüten und exotischen Fische auf den Speisekarten an Land. Dieser Gegensatz passte für mich nicht zusammen, also beschloss ich, aktiv zu werden und etwas zu verändern. Ich bewarb mich bei Sea Shepherd (siehe Infobox), was mir damals

Abb. 2.2 Das Satellitenteam: (**a**) Ein Teil des Teams beim Zusammenbauen des Cubesats am Tag des Parabelflugs. (b) Der fertige Cubesat: Bei diesem Prototyp bestanden die Antennen noch aus Maßband

als der direkteste Weg erschien, aktiv zu werden, und schlug vor, mein Wissen dafür einzusetzen, die Ausrüstung an Bord instand zu halten. In meinem Kopf bereitete ich mich auf zwei Wochen im Mittelmeer vor, bekam aber das Angebot für drei Monate in Afrika. Das war viel weiter weg und schien gefährlicher, als mir lieb war. Und es ging bald los! Aber der Zeitpunkt war gut, ich war gerade mit meiner Masterarbeit fertig. Also dachte ich mir, ich sage erst mal ja und kläre die Details später. Ich erinnere mich, wie die Kapitänin mir schrieb, ich solle mir bewusst sein, dass es die aktivste Region für Piraterie weltweit sei. Großartig. Ich holte mir alle nötigen Impfungen, eine Menge Malariaprophylaxe und los ging's. Grundlegende Fragen waren für mich am anstrengendsten: Was zieht man auf einem Schiff an? Und das für drei Monate? Wir bekamen eine Menge Vorbereitungsmaterial, das uns etwas Orientierung gab. Ich wurde als Kommunikationsbeauftragte eingeteilt, ein Job mit zwei Aufgaben: Erstens war ich für alle Navigations- und Kommunikationsgeräte verantwortlich und musste diese warten und reparieren. Zweitens war ich acht Stunden am Tag, jeden Tag, mit der Offizierin auf der Brücke auf Wache.

Sea Shepherd

Sea Shepherd ist eine Nichtregierungsorganisation mit dem Ziel, unsere Ozeane vor schädlichen Einflüssen zu schützen. Ursprünglich als Antiwalfangorganisation gegründet, ist das Aktionsportfolio heute vielfältiger: Es gibt Kampagnen gegen den Krillfang in der Antarktis, Mittelmeerkampagnen, die Oktopusse aus Fallen retten, und größere Kampagnen wie die, an der ich beteiligt war, die sich gegen illegale, nichtdokumentierte und nichtgemeldete Fischerei richten. In diesen Fällen arbeitet Sea Shepherd mit den lokalen Regierungen zusammen, um illegale Fischereifahrzeuge ausfindig zu machen, zu inspizieren und im Falle eines Verstoßes Maßnahmen anzuordnen.[97]

Ich erinnere mich, wie ich beim Flug nach Benin über die endlosen Sandflächen der Sahara staunte und das erste Mal die *Age of Union* (Abb. 2.3), das Schiff, in einer schwülen Nacht im Hafen sah. Ich kam während einer seltenen Woche im Leerlauf an. Ich fragte die Crew an Bord: Was macht ihr normalerweise in eurer Freizeit? Alle sagten das Gleiche: Schlafen. Bald fand ich heraus, warum. Die Arbeit an Bord war erfüllend, aber hart. Meine Schichten waren von 12:00 bis 16:00 Uhr und von 0:00 bis 4:00 Uhr täglich. Ich schlief meist morgens, bekam etwa sechs Stunden Schlaf und stand kurz vor meiner Schicht um 12:00 Uhr mittags wieder auf. Es war eine der herzlichsten Gruppen von Menschen, mit denen ich je Zeit verbracht habe, und ich bin immer noch beeindruckt von der Leidenschaft, der Arbeitsmoral, der Professionalität und dem Zusammenhalt der Crew. Es hat mir gezeigt, dass eine einzige, einfache,

Abb. 2.3 Das Leben auf See: Die *Age of Union* vom Motorboot aus gesehen

starke Vision Menschen wirklich vereinen und über sich hinauswachsen lassen kann. Besonders gefallen hat mir, dass immer, wenn jemand Zeit hatte, ein Workshop zu einem Thema organisiert wurde, für das die Person brannte. Mit all den unterschiedlichen Hintergründen hatten wir schließlich Workshops zu Wundnähen, emotionaler Intelligenz, Nähen, Meditation, Eisnavigation und vielem mehr.

Ganz ähnlich wie in der Raumfahrt gab es viele Abläufe, die im Ernstfall sitzen mussten. Ein großer Teil davon waren Notfallprozeduren: Was ist zu tun bei Feuer, Piraterie, Person über Bord, medizinischen Notfällen? Wir bekamen ausführliches Training und noch intensiver waren die Drills dazu. Diese konnten jederzeit und unangekündigt stattfinden und wurden entsprechend nachbesprochen. Die Feueralarmübungen waren am stressigsten: Die Kapitänin versteckte irgendwo eine Nebelmaschine, und besonders einmal, als ich tief schlief und von panischen „Feuer, Feuer!"-Rufen geweckt wurde, war ich mir nicht sicher, ob es echt war oder nicht. Mein Platz war auf der Brücke, um die Situation nach außen zu kommunizieren (oder den Mayday-Ruf abzusetzen).

Und wie im Weltraum hatten wir unsere normalen Aktivitäten: Das Aussetzen der beiden kleinen Motorboote und die Inspektion eines anderen Schiffs. Je nach Position hatte man einen größeren oder einen kleineren Anteil daran.

Ich war manchmal beim Aussetzen der kleinen Boote dabei und lernte, mit Tauen und Seilen umzugehen. Wenn ich auf der Brücke arbeitete, fand ich es am spannendsten, Hinweise auf mögliche illegale Aktivitäten in der Umgebung zu geben. Heute hoffe ich sehr, dass automatisierte Software mithilfe von Satellitendaten nach verdächtigen Mustern Ausschau halten kann. Das wäre viel effizienter und eine großartige Anwendung von künstlicher Intelligenz. In meiner Hauptbeschäftigung kümmerte ich mich um die IT-Systeme und die elektronischen Systeme. Einmal machte das Hauptradar Probleme. Als zentrales Navigationsinstrument ist es gewissermaßen das Auge des Schiffes, vor allem nachts. Ohne das Radar konnte man nicht in See stechen, aber glücklicherweise hatte es den Anstand, genau in einer Woche im Hafen Probleme zu bereiten. Nach dem Aufschrauben mehrerer Komponenten stellte sich heraus, dass das Problem durch Wasser entstanden war, das beim Einschalten der Klimaanlage in tropischer Hitze kondensiert war. Zum Glück funktionierten die Platinen nach dem Reinigen wieder, und wir konnten die Kampagne wie geplant auf See fortführen. Andere kleinere Arbeiten umfassten das Telefonsystem, das verrückt spielte und zufällig in verschiedenen Kajüten anrief, sowie eine instabile Internetverbindung auf See. Je nach zugewiesenem Satelliten und Auslastung kam es zeitweise zu kompletten Ausfällen. Langweilig wurde es also nie.

Ein Crewmitglied sagte einmal zu mir: Nach vielen Monaten Isolation fixiert sich jeder auf etwas. Das kann Essen sein, das man vermisst, eine bestimmte Sportart, Menschen. Bei mir war es das Laufen. Einmal durften wir im Hafen an Land gehen, das war nach 1,5 Monaten, und ich erinnere mich an die pure Freude, einfach zu rennen. Selbst nach meiner Rückkehr in die Schweiz bin ich manchmal einfach die Straße entlang gerannt, einfach weil ich es konnte.

Wenn man sehr wenig persönlichen Freiraum hat und im Team arbeiten muss, ist gute Kommunikation ein Muss. Selbst auf einem kleinen Schiff wie unserem kam es manchmal vor, dass Leute den Kontakt zueinander verloren. Es gab natürlich zwei Ansätze: Entweder der Kapitän spricht das Problem von oben an, aber viel effizienter ist das Gespräch auf Augenhöhe, vielleicht mit einem Vermittler. Da ich durch meine beiden Jobs sowohl mit den Offizieren als auch mit der Deckcrew zu tun hatte, habe ich oft versucht, die beiden richtigen Menschen dazu zu bringen, sich direkt auszutauschen. Das ist ähnlich wie beim Satellitenprojekt, bei dem die Aufgabe des Systemingenieurs darin bestand, zu verstehen, welche Schnittstellen zwischen den Teams repariert werden mussten. Was im Grunde genommen nur heißt: Finde die zwei Menschen, die sich zusammensetzen und reden müssen. Insgesamt waren die Crews, mit denen ich auf dem Schiff gedient habe, emotional intelligent und gute Kommunikatoren, sodass Konflikte geklärt wurden, bevor sie eskalierten. Und wenn es dann doch einmal eskalierte, gab es strenge Worte vom Kapitän.

Essen war ein weiterer großer Faktor für die Moral. Ich habe großen Respekt vor dem Job des Kochs und denke, dass es der schwierigste Job an Bord ist. Jeden Tag müssen von früh bis spät vier Mahlzeiten plus Nachmittags- und Mitternachtssnack geliefert werden. Und das Essen spiegelte sich manchmal direkt im Verhalten der Crew wider. Wenn Burger auf dem Speiseplan standen, stieg die allgemeine Stimmung. Andererseits erinnere ich mich an ein paar Wochen, in denen Kartoffeln in jeder Mahlzeit auftauchten. Ich fand das wunderbar, da ich Kartoffeln liebe, aber ich habe gemerkt, dass ich mit meiner Meinung ziemlich allein war. Zu dem Zeitpunkt waren wir außerdem in einer ruhigen Phase der Kampagne, mit viel Warten im Hafen; das Wetter wurde schlechter und Nebel unser täglicher Begleiter. All diese Faktoren standen im starken Gegensatz zu den sonnigen, bewegten Tagen in den Wochen davor. Der Tempowechsel war schwierig. Mehr Zeit im Leerlauf und schlechter Stimmung bedeutete mehr Reizbarkeit. Wir starteten einige Diskussionsrunden darüber, wie man die Ziele des direkten Aktivismus effektiv erreichen kann. In diesem Fall bedeutete Handeln: Warten und sich auf das Handeln vorbereiten, was weniger aufregend, aber ebenso wichtig war. Schließlich füllten wir die Zeit mit Schiffsreparaturen, Motorbootfahren üben, Seeregeln lernen, Kochworkshops und Übungen für Notfälle.

Das Schönste an der Arbeit auf See war der Nachthimmel. Ich habe meinem Vorgänger nicht geglaubt, dass die Mitternachtsschicht die beste ist, aber die Schönheit der absoluten Dunkelheit, übersät mit unzähligen Sternen und der Milchstraße als Kulisse, ist etwas, das ich nicht vergessen möchte. Biolumineszente Algen im Wasser spiegelten die Sterne über uns bei jeder brechenden Welle in einem Funkeln wider. Ich habe es mir zur Gewohnheit gemacht, alle paar Tage ein neues Sternbild zu suchen. Was mich fasziniert, ist, dass man am Nachthimmel den gesamten Lebenszyklus eines Sterns sehen kann: von schwach leuchtenden Nebeln, in denen Sterne wie in den Plejaden entstehen, über helle, bläuliche Sterne in der Blüte ihres Lebens bis hin zu alternden, rötlicheren Sternen wie Antares. Alles ist vor einem ausgebreitet. In gewisser Weise denke ich, dass dies die Gegenperspektive zum Blick auf die Erde aus dem All ist, aber sie gibt einem eine ebenso große Perspektive.

Mir ist besonders im Gedächtnis geblieben, dass ich nie wieder in einem Bereich arbeiten wollte, hinter dem ich nicht stehen konnte. Besonders eindrücklich war für mich die erste Festnahme während dieser Kampagne. Es handelte sich um einen Garnelentrawler, der ein gigantisches Netz über den Meeresboden schleppte, alle Fische einfing und nur eine bestimmte Garnelenart herauspickte. Das machte nur etwa 10 % des Fangs aus, der Rest wurde tot über Bord geworfen. Da war dieses winzige Schiff, umgeben von Massen an der Oberfläche treibender Fische, wunderschönen Arten, die ich noch nie zuvor gesehen hatte, alle verschwendet. Das war im ersten Land, in dem wir gearbeitet haben, das so überfischt war, dass wir 1,5 Monate lang keine Tiere sahen, nicht einmal Vögel. Der zweite Teil dieser Kampagne fand in einem zweiten Land statt, Liberia. Sea Shepherd war dort bereits seit sechs Jahren aktiv, und man konnte die Veränderung sehen: Das Meer war voller Leben. Eine Geschichte der Hoffnung.

Mein Fazit war, dass es zwar eine extrem wertvolle Lernerfahrung war, ich jedoch Teil eines umfassenderen, systematischen Wandels in der Branche sein wollte. Veränderung von innen heraus vorantreiben, nicht von außen die Konsequenzen flicken. So habe ich meine Doktorandenstelle gefunden, und heute arbeite ich daran, Werkzeuge zu entwickeln, um die Gesundheit der Ozeane umfassender zu verstehen.

Fähigkeiten: Umgang mit persönlichem Raum, Teamkommunikation, Dynamik in Isolation

2.1.4 Die Expeditionen: Arktischer Glanz

> Der glitzernde Schnee, unbeeindruckte Berge, großartige Kameradschaft. Hin und wieder wird ein Lied vom Wind davongetragen.

Was ich am Expeditionsleben liebe, ist, wie viel einfacher die Welt in gewisser Weise wird. Man ist von allem entfernt und konzentriert sich nur auf eine einzige Aufgabe: das Überleben. Ein einfaches Ziel, das in der Kälte schwer zu erreichen ist. Ich habe zwei Expeditionen bisher abgeschlossen, beide auf Spitzbergen. Trotzdem bin ich ein Neuling in dieser Welt und habe meine Reise gerade erst begonnen.

Alle meine Abenteuer, vom Schneemobilfahren in Kiruna bis zum Erwerb des Tauchscheins, habe ich gemeinsam mit meiner Unifreundin Anja geplant und umgesetzt. Eines Nachts in Kiruna, vereint in unserer Liebe für die großen Polarabenteuer, schmiedeten wir den Plan, Grönland zu überqueren. Uns wurde klar, dass es gar nicht so einfach ist, einfach zu einer 30-tägigen Skiexpedition aufzubrechen. So beschlossen wir, daraus einen Dreijahresplan zu machen und unser Leben darauf auszurichten. Im ersten Jahr ein fünftägiges Expeditionstraining. Im zweiten Jahr eine neuntägige Expedition. Im dritten Jahr Grönland. Die Vorbereitung auf eine so große Expedition bedeutete, dass ein erheblicher Teil unserer Ressourcen, sowohl Zeit als auch Geld, in die Vorbereitung floss. Ich erinnere mich, wie wir die Anzahl unserer Jeans diskutierten:

Hey, ich habe noch eine normale Jeans, der Rest meiner Kleidung sind Outdoorsachen. Ich habe meine Merinounterwäsche, lange Merinounterwäsche, Fleecehose, Daunenhose, einen Rock und Hardshellhosen. Sie konterte, dass sie erstaunlicherweise noch zwei normale Jeans besaß. Immer wenn Freunde neue Kleidung kauften, ging ich in einen Outdoorladen, um genau das eine spezielle Teil zu besorgen, das irgendwie immer noch fehlte. Es hat fast ein Jahr gedauert, bis ich alle Gegenstände auf unserer fünfseitigen Ausrüstungsliste beisammen hatte. Ich lebte zu der Zeit in einem 8-Quadratmeter-Zimmer in einem Wohnheim in Zürich und beendete noch meinen Master. Das Zimmer füllte sich mit Ausrüstung, Gesichtsmasken, Handschuhen und Jacken und sah bestimmt aus wie die Höhle eines überambitionierten Möchtegernabenteurers, was mich zu der Zeit ziemlich gut beschrieb. Ich dachte kurz daran, dass es durchaus sein könnte, dass mir Wintercamping gar nicht gefällt und diese Investition umsonst war, aber die Aufregung, meinem Traum von Polarforschung näher zu kommen, überwog diese Zweifel.

Jedenfalls waren wir dann auf Spitzbergen, einer der beeindruckendsten Landschaften, die ich je gesehen habe. Dass ich hier einmal arbeiten würde, hätte ich nicht gedacht, als ich aus dem Fenster schaute und die überirdischen, schneebedeckten Gipfel sah, die wie die Zähne eines fremden Tieres in den Himmel ragten. Spitzbergen zeigt seine zwei Gesichter sehr deutlich, sowohl faszinierend als auch gefährlich zugleich. Die fünf Tage, an denen wir Gletscher in der arktischen Sonne überquerten, in Eishöhlen krochen und herausfinden mussten, wie man am besten aufs Klo geht, ohne dass alles festfriert, waren definitiv eine wilde und unerwartete Mischung. Wir packten unsere Schlitten sorgfältig und zogen los, um nachts im Zelt zu schlafen.

Es war der April 2023. Da war Eric, der Archetyp eines abgehärteten Polarabenteurers, der die Expedition zusammen mit seiner Tochter, einer ebenso entschlossenen Expeditionsleiterin, als Powerteam leitete. Die Expedition war geprägt von ihrer fröhlichen Gesellschaft, spontanem Gesang und viel Lachen. Wir waren beeindruckt von ihrem Blick für Details. Zum Beispiel hatten die Deckel unserer Wassertöpfe eine eigene kleine Vorrichtung, die ihre Verformung verhinderte. Denn wenn sie sich verformt, entweicht Dampf im Zelt, sammelt sich und friert dann über Nacht am Zeltdach fest. Erics sehr technischer und neugieriger Geist machte Gespräche über zukünftige Entwicklungen in KI und Wissenschaft sehr unterhaltsam. Und dann war da noch Chun: Ruhig und direkt sprach er über Technologie und Weltraummissionen. Ich leitete zu der Zeit das Satellitenteam und hörte nicht auf, davon zu erzählen, ob die Leute es hören wollten oder nicht. Also drehte sich das Gespräch beim Mittagessen zwischen ein paar vereisten Felsen natürlich irgendwann um das Thema Weltraum. Chun erwähnte beiläufig, dass er seine eigene Mission plante, aber das war nur ein kurzer Moment, in dem wir davon hörten. Wir waren alle mehr begeistert von großen Veränderungen, aktuellen Entwicklungen und wie sich der Mensch mit der Technologie weiterentwickeln würde. Die Stunden auf Skiern vergingen beim Reden schneller, auch wenn wir alle die ruhigen Momente genossen, in denen wir einfach die unnachgiebigen, verschneiten Gipfel um uns herum in absoluter Stille bewunderten.

Auf Kleinigkeiten zu achten, geht so weit, dass sogar die richtige Technik beim Skifahren entscheidend ist. Das Polarwetter ist launisch und kann sich schnell und unerwartet ändern. Wenn man zu sehr schwitzt, kann die Kleidung gefrieren und bietet am nächsten Tag nicht mehr den nötigen Schutz vor der Kälte. Es ist also ein ständiges Öffnen und Schließen von Reißverschlüssen, je nach Schwierigkeitsgrad des Geländes, Wetter und eigenem Zustand. Nimm zum Beispiel Handschuhe: Wenn sie durchgeschwitzt sind, wacht man morgens auf, will rausgehen, um das Zelt abzubauen, und sie sind gefroren. Wir haben in jedem Fall von allen kritischen Ausrüstungsgegenständen einen Ersatz dabei. Ein weiteres Beispiel sind die Innenschuhe unserer Stiefel: Sie waren mein größter täglicher Kampf, weil ich sie aus dem Stiefel bekommen musste und sie das nie wollten. Auf unserer zweiten Expedition habe ich herausgefunden, das ich sie erst im Schuh leicht drehen muss, um sie zu lockern, und mir das viele Minuten des Herumfluchens erspart. Man muss herausfinden, wie und welche Techniken und Ausrüstung für einen am besten funktionieren. Eine Erkenntnis für die zweite Expedition war auch die Ergänzung eines Skirocks (Abb. 2.4), um einem Phänomen namens „Polar Thigh“ entgegenzuwirken. Es handelt sich dabei um ein wenig verstandenes Phänomen der Gewebenekrose, das zunächst wie Mückenstiche aussieht und sich dann möglicherweise zu schwerwiegenderem Absterben von Gewebe an den Oberschenkeln ausweiten kann. Aktuelle Hypothesen besagen, dass starke Windexposition und Merinowollunterwäsche es verschlimmern können. Und genau, all meine Unterwäsche war aus Merinowolle. Super. Bei der zweiten Expedition merkte ich, dass meine Beine juckten, trotz Skirock, und ich hatte eine sehr leichte erste Form von Polar Thigh, also weiß ich, dass ich beim nächsten Mal auf synthetische Kleidung umsteigen werde. Diese kleinen Details können den Unterschied machen, ob man eine Expedition erfolgreich beendet oder sie mittendrin abbrechen musst. Oder in diesem Fall den Unterschied, ob man sein Bein verliert oder nicht.

Aufmerksamkeit für die Umgebung ist ebenso unerlässlich, denn Spitzbergen ist die Heimat der Eisbären. Nachts hatten wir eine doppelte Stolperdrahtsicherung mit Leuchtraketen, die das Lager laut warnen würde, falls ein Bär neugierig wird. In Gebieten, in denen Bären häufiger vorkommen, wie an der

Abb. 2.4 Spitzbergen-Expedition: (*oben*) Anja und ich auf einem Gletscher an einem warmen und sonnigen Tag. (*unten*) Ich in meiner Schlechtwetterkonfiguration, inklusive Skirock auf einem kälteren Abschnitt. Bild © David Contreras Magaña, alle Rechte vorbehalten

Abb. 2.5 Spitzbergen-Expedition: (*oben*) Spitzbergen in seiner Schönheit, wie von der Erde aus gesehen. (*unten*) Der Schneesturm am Morgen unserer zweiten Expedition

Küste, ist sogar eine Nachtwache nötig. Wir haben nie einen Eisbären gesehen, worüber ich ziemlich froh bin.

Die vielen Gesichter der Arktis werden mich für immer faszinieren: Wir sind durch weite, stille Täler gefahren, hinauf auf beeindruckende Gletscher, hinab in dunkle, verlassene Eishöhlen, haben die Abendsonne auf dem glitzernden Schnee reflektieren sehen und massive, mehrschichtige Eisblöcke, die aussahen, als hätte ein vorbeiziehender Riese sie in geheime Gebirgspässe geworfen (Abb. 2.5). In der Ferne das zugefrorene Meer mit Rissen im Packeis. Von Zeit zu Zeit sieht man kleine, flauschige Rentiere, ebenso wie elegante Vögel. Einer davon, die Küstenseeschwalbe, kam mir bekannt vor, und ich fragte mich, wo ich sie schon einmal gesehen hatte. Ich erinnerte mich, eine in Westafrika, nahe dem Äquator, gesehen zu haben. Und nun ganz oben auf Spitzbergen. Beim Nachlesen stellte sich heraus, dass dieser kleine, stromlinienförmige Vogel mit seiner glatten, schwarz-weißen Gestalt jährlich eine unglaubliche Route von der Arktis bis in die Antarktis zurücklegt, genau vorbei an Westafrika.

Auf Details zu achten, ist das Herzstück der Forschung. Aber auf diesen Expeditionen habe ich gelernt, dass Details auch für die praktische Seite der Unternehmungen genauso wichtig sind. Sowohl meine Arbeit auf See als auch diese Expeditionen haben mir gezeigt, dass man umso weniger auf Glück angewiesen ist, je besser man vorbereitet ist. Ein weiterer Aspekt, der mich überrascht hat, war, wie viel Zeit wir zum Ausruhen hatten, und zwar vier Stunden am Abend und zwei am Morgen. Das bedeutete ein frühes Aufstehen um 6:00 Uhr, aber es bedeutete auch Zeit zur Erholung, zum Auftanken und um Energie für die kommenden Tage zu haben.

Fähigkeiten: Ruhe bei Einsätzen, Situationsbewusstsein, Krafteinteilung, Sorgfalt für Ausrüstung und Packen

2.2 Das Training

All diese Erfahrungen haben mich auf ihre Weise auf den Weltraum vorbereitet, doch das Astronautentraining ist eine Klasse für sich. Ins All zu fliegen ist ein riesiges Privileg und das Training ist es ebenso. Einen Einblick zu bekommen, was es braucht, um ins All zu reisen, und wie sich die Anforderungen an Astronaut*innen verändern, fühlte sich an wie ein Blick hinter den Vorhang. Die Denkweise, die wir in den nächsten Abschnitten sehen werden, ist nicht: Wie kann man das Training so schwer wie möglich machen? Sondern: Wie kann man das Training so einfach wie möglich gestalten, damit mehr Menschen schneller ins All gelangen können?

2.2.1 Die Begrüßung: Erste Checks und Eindrücke

> Unmengen an Regen; es war mein allererster Flug in die USA. Ich hatte das starke Gefühl, dass ich nicht zurückkommen würde. Und in gewisser Weise stimmte das auch.

Ich hatte das Angebot von Chun Anfang Dezember 2023 erhalten. Nur wenige Tage später waren wir schon in einem Videocall mit SpaceX. Es schien das Unwirklichste auf der Welt zu sein: Hier waren wir, eine Gruppe ganz normaler Leute, und uns wurde ganz nebenbei in einem Videocall gesagt, dass wir ins All fliegen würden. Es war das erste Mal, dass die Crew digital zusammenkam, und SpaceX meinte, wie beeindruckend es sei, dass Chun uns in nur fünf Tagen gefunden hatte. Woraufhin er sagte, er habe ein halbes Jahr lang nach den bestmöglichen Personen gesucht. Ich dachte, dass ich unglaubliches Glück hatte, dass wir uns in diesem halben Jahr auf den Gletschern von Spitzbergen getroffen hatten.

Ohne Zeit zu verlieren, wurden wir im Februar zu SpaceX eingeladen, nur Weihnachten und der Januar lagen dazwischen. Mein erster Eindruck von Los Angeles war ein selbstfahrendes Auto, das mein Taxi vom Flughafen überholte, kleine Lieferroboter, die an mir auf dem Gehweg vorbeisausten, kurz: Hier schien die Zukunft zu leben. Die Menschen sprachen über die Zukunft, als wäre sie ein ganz reales Wesen am Horizont. Ich war fasziniert. Ich notierte in mein Tagebuch: die Intensität der hoch aufragenden Wolkenkratzer und die allgegenwärtige Technologie. Ein anderes Leben, aber kein schlechteres.

Während draußen der Regen prasselte, wurden wir bei SpaceX empfangen. Eines der Hauptgebäude in Hawthorne zu betreten, ist wie der wahr gewordene Traum eines Kindes von einer Raketenfabrik. Neben riesigen Serverräumen und Elektrolaboren befand sich die sehr prominente Halle, in der Ingenieure an Raketentriebwerken arbeiteten. Jedes Triebwerk sah aus wie ein kreatives Durcheinander aus Rohren, Kabeln, Metallabgasen, und die Ingenieure wie ihre fürsorglichen Betreuer. Davor der Star der Halle: das erste *Dragon*-Raumschiff, welches an der Internationalen Raumstation andockte. Dieser *Dragon* war das erste private Raumschiff der Geschichte, das die Raumstation besuchte. Man kann immer noch die Brandspuren vom Wiedereintritt in die Atmosphäre sehen. Ich liebte den Kontrast zwischen tatsächlich geflogener Hardware und neugeborenen Raketen. Ich erinnere mich, wie beeindruckt ich von der vertikalen Integration war. Wenn alle Hardwaredesigner*innen und Softwareingenieur*innen direkt sehen können, wofür ihre Arbeit gebraucht wird, muss das eine riesige Inspirationsquelle sein: Mittagessen, während echte Raketen gebaut werden. Sobald eine Raketenstufe fertig ist, verlässt sie die

Fabrik und fährt nach Texas zum Testen, bevor sie ihren endgültigen Bestimmungsort in Florida oder Kalifornien erreicht, wo die *Falcon 9* von einem der SpaceX-Startplätze abhebt. Also verlässt dieses unscheinbare Gebäude immer mal wieder eine Rakete.

Falcon-9-Rakete und *Dragon*-Raumschiff

Die Fahrzeuge für die *Fram2*-Mission sind zwei der Arbeitspferde von SpaceX: die zweistufige *Falcon-9*-Rakete und darauf sitzend das *Dragon*-Raumschiff. Die Aufgabe der Rakete ist es, das Raumschiff bis ins All zu bringen. Die Raketenstufe hat zwei Stufen, die sich vom eigentlichen Raumschiff abtrennen. Zuerst kehrt die erste Stufe der *Falcon 9* (auch „Booster" genannt) zur Erde zurück, wo SpaceX-Teams den Booster überholen und für die nächste Mission vorbereiten. Die zweite Stufe setzt ihren Flug fort, bis sie bereit ist, ihre Nutzlast (in unserem Fall das *Dragon*-Raumschiff) in die gewünschte Umlaufbahn auszusetzen. Das *Dragon*-Raumschiff bleibt mit Menschen oder Fracht an Bord im Orbit und kehrt nach Abschluss der Mission zur Erde zurück, wo es vor der Küste Kaliforniens im Ozean landet. *Dragon* ist ebenfalls ein wiederverwendbares Fahrzeug, mit insgesamt acht Exemplaren in der Flotte: fünf für astronautische Raumflüge und drei für Frachtmissionen. Allein im Jahr 2024 absolvierte die *Falcon 9* ganze 134 Missionen, davon vier mit Menschen an Bord. Das ist im Schnitt ein Start alle zwei bis drei Tage!

Wir starteten unser Abenteuer mit einer ganzen Reihe medizinischer Untersuchungen. Die Einstellung dazu war bereits ein Hinweis auf die sich ändernden Anforderungen an das Training von Raumfahrer*innen. Uns wurde erklärt, dass es *nicht* darum geht, Leute auszusortieren, sondern Risiken zu verstehen und zu managen. Das ergibt Sinn für mich: Wenn man ein Risiko kennt, kann man viel besser damit umgehen. Das passt wirklich dazu, alle menschlichen Körper im All zu verstehen, nicht nur die perfekten. Wir verbrachten zwei volle Tage damit, alle möglichen medizinischen Instrumente und Geräte zu sehen, von denen ich nicht einmal wusste, dass sie in Krankenhäusern existieren. Hast du schon mal ein Gerät benutzt, welches das Lungenvolumen misst? Ich nicht. Röntgen, Belastungs-EKGs und MRTs kamen mir dagegen vertrauter vor. Wir hatten auch eine Sitzung mit einer Psychiaterin, hauptsächlich darüber, wie wir mit Stresssituationen umgehen. Meine Einstellung am Anfang war immer, dass das noch kein echtes Abenteuer ist. Ich war sicher, dass noch etwas dazwischen kommt. Vielleicht das Aussortieren bei den medizinischen Checks? Aber ich hatte bestanden, und die Reise ging weiter. Nach den ersten Tests nutzten wir den Großteil der ersten Monate, um die Mission und die Projekte, die wir an Bord nehmen wollten, wirklich zu definieren. Was war der Zweck der Mission, welche Werte sollten wir vertreten, wie sollte das Missionsabzeichen aussehen, und welche Arten von Outreach- und Forschungsprojekten könnten unsere Missionsziele unterstützen?

Chun sagte einmal, dass der Sinn dieser Mission darin bestand, zu zeigen, dass vier Privatpersonen eine Mission entwerfen und mit Bedeutung füllen können, ohne dass eine Agentur dahintersteht, die alles vorgibt. Ich glaube, für uns alle bedeutete es jeweils etwas anderes, was auch ein Teil dessen war, was das Projekt so bunt und spannend machte. Wir diskutierten viel und kristallisierten diese gemeinsamen Ziele heraus:

Pioniergeist und Entdeckung: Wie kann aktuelle Technologie auf neue Weise genutzt werden? So entstand die Idee des polaren Orbits. Und wie bringen wir neues Wissen für zukünftige Raumfahrt zurück? Hier kamen die Experimente ins Spiel.

Alltägliche Menschen: Wir wollten so authentisch und ehrlich wie möglich sein. Wir waren private, ganz normale Menschen, die ins All flogen. Keine Übermenschen. Keine Helden. Wir wollten die Reise nachvollziehbar machen, und das bedeutete, so viel und so ungefiltert wie möglich zu teilen. Und zu verstehen, wie man es für Menschen wie uns in Zukunft einfacher machen kann.

Ich liebe unser Missionsabzeichen (Abb. 2.6), vor allem, weil es so viele bedeutungsvolle Elemente vereint. Es war Chuns Idee, ein historisches Foto von Roald Amundsen und seinem Team am Südpol nachzustellen, wie sie vor einem Zelt mit einer Flagge stehen, auf der *Fram* steht. Es enthält auch die Nord- oder Südlichter, die ein Phänomen darstellen, das beiden Polarregionen eigen ist, und für mich die Neugierde und den wissenschaftlichen Aspekt symbolisieren. Das *Dragon*-Raumschiff, das den technologischen Aspekt repräsentiert, ist durch die Form des Abzeichens dargestellt, und wenn du genau hinschaust, findest du noch einen weiteren Hinweis darauf. Für mich ist es die perfekte Mischung aus Pioniergeist, Wunder und Technologie, während es gleichzeitig Pioniere vor uns und Teams, die mit uns an der Mission arbeiten, ehrt. In Zusammenarbeit mit SpaceX entworfen, haben wir auch ihr traditionelles Kleeblatt für Glück in das Abzeichen integriert.

Ein Herzensprojekt von mir war auch der Amateurfunkwettbewerb. Es war die perfekte Gelegenheit für ein Outreachprojekt. Das Faszinierende an einem Funkkontakt ist für mich, dass es die direkteste Form der Interaktion ist: Man muss seine Antenne auf das Raumschiff ausrichten, während wir direkt über einen Amateurfunker oder eine Amateurfunkerin auf der Erde hinwegfliegen. Ich bat das SpaceX-Team, ein handelsübliches Funkgerät auf dem Raumschiff zu installieren, und zum Glück schienen die Ingenieure genauso begeistert zu

Abb. 2.6 Das *Fram2*-Missionsabzeichen, basierend auf einer historischen Referenz von Roald Amundsen und seiner Crew am Südpol. Illustration © SpaceX/Fram2, alle Rechte vorbehalten

sein wie ich! Oh Freude! Mithilfe eines Freundes aus dem Satellitenprojekt sammelte ich Ideen, und wir begannen im März 2024 mit dem ersten Vorschlag. Es war ein langer Weg, bis wir das Projekt schließlich im Februar 2025 ankündigen konnten. Ein weiterer Aspekt der Amateurfunkcommunity, den ich liebe, ist, wie kompetent und hilfsbereit alle sind. Wir hatten das Glück, dass die Gruppe *Amateur Radio on the ISS (ARISS)*, die normalerweise Kontakte mit der Internationalen Raumstation organisiert, sich bereit erklärte, uns großzügig zu unterstützen. Wir arbeiteten am Wettbewerbsformat, an Organisation und Verbreitung, während wir auf der anderen Seite herausfinden mussten, welches die beste Hardware- und Softwarelösung wäre.

Segen und Herausforderung zugleich war, dass die ersten neun Monate davon geprägt waren, die Mission für uns zu behalten, sodass wir uns auf die Mission vorbereiten konnten, bevor wir sie ankündigten und das Training bei SpaceX begannen. Ich erzählte den Leuten geheimnisvoll, dass ich für „ein anderes Projekt" von der Arbeit weg sein würde. „Ach, es ist nur mehr Arbeit", sagte ich meistens, und wie beabsichtigt wollte danach auch niemand mehr etwas Genaueres wissen. Ich trainierte, um ins All zu fliegen, und musste so tun, als wäre es das Langweiligste überhaupt. Gleichzeitig war es aber auch hilfreich, weil ich so Zeit hatte, mich an den Gedanken zu gewöhnen.

2.2.2 Die Zentrifuge: Hochbeschleunigungstraining

> Der erste echte Schritt in unserem Trainingsplan, und ich war sowohl aufgeregt, dass es losging, als auch nervös, ob ich es schaffen oder ohnmächtig werden würde.

Trainingsziel: Vertrautmachen mit Start- und Wiedereintrittsprofilen und Verstehen, wie sich der menschliche Körper in Hoch-*g*-Umgebungen verhält

Wenn es *den* einen Trainingsaspekt der Astronautenausbildung gibt, dann ist es wohl die Zentrifuge. Man wird in einem beweglichen Cockpit herumgewirbelt, um die Beschleunigung und damit die auf einen wirkende Schwerkraft zu erhöhen. Schwerkraft ist nur eine bestimmte Form von Beschleunigung, und wenn man schneller beschleunigt als die üblichen 9,81 m/s^2 (oder 1*g*) der Erde, fühlt es sich an, als würde zusätzliches Gewicht auf einen drücken. Ich war vor diesem Training etwas nervös, weil ich dachte, ich würde mich übergeben, ohnmächtig werden oder beides, wie man es von Kampfpiloten kennt. Es stellte sich heraus, dass die maximalen Gravitationskräfte, die beim Start und Wiedereintritt auftreten, gar nicht so schlimm sind: Wir erleben höchstens 4 bis 5*g*, im Gegensatz zu bis zu 11*g*, wie sie in einem Kampfjet auftreten. Während der Beschleunigungsphasen mussten wir verschiedene Aufgaben erledigen, imaginäre Knöpfe drücken oder auf Notfälle reagieren. Die Arme bei zunehmender Beschleunigung zu heben, wird immer schwieriger, als würde man sich plötzlich durch etwas Zähes wie dicken Honig bewegen. Ich habe auch versucht, meinen Kopf ein wenig zu bewegen, was ich schnell als schlechte Idee abgetan habe. Nein danke, Übelkeit, heute nicht. Währenddessen beobachtete ein aufmerksames Ärzteteam uns auf dem Bildschirm, um Herzfrequenz und andere Werte zu überwachen. Zu meiner Überraschung und Freude hatte ich am Ende keine der befürchteten Symptome, und es war eine wirklich angenehme und einfache Erfahrung. Alles in allem war es eine großartige Achterbahnfahrt mit cooler Flugsimulation, und ich bekam definitiv Gänsehaut und ein breites Grinsen, als die ruhige Computerstimme herunterzählte: „Drei, zwei, eins, … Start" (Abb. 2.7). Das Zentrifugentrainingszentrum selbst war ein Highlight, eine exzentrische Sammlung hochspezialisierter Ausrüstung: zum Beispiel eine Höhenkammer, die einen reduzierten Luftdruck simulieren kann, oder ein Schleudersitz, auf dem die *Top-Gun*-Schauspieler für den ersten Film geübt haben. Episch! Um

Abb. 2.7 Training: (*oben*) In der Zentrifuge. (*unten*) Die gesamte Crew in Anzügen an unserem letzten Trainingstag in Hawthorne. Bilder © SpaceX, alle Rechte vorbehalten

diese Einheit mit Theorie abzurunden, lernten wir alles über die Auswirkungen der Beschleunigung auf den Körper und auf welche Symptome wir achten sollten. Am Ende war es, obwohl es das prominenteste Training war, spaßig und nützlich, aber nicht unbedingt notwendig. Wir haben sogar diskutiert, ob man diese Trainingseinheit in Zukunft weglassen kann. Es war gut zu wissen, was einen erwartet, aber wir trainieren ja auch niemanden darauf, was beim Start eines Flugzeugs oder bei Turbulenzen passiert.

Beschleunigungskräfte auf den Körper

Es gibt drei Achsen, auf denen Beschleunigung auf unseren Körper wirken kann: längs (Kopf-zu-Fuß), lateral (Schulter-zu-Schulter) und transversal (Brust-zu-Rücken). Interessanterweise haben wir für jede Achse eine unterschiedliche Toleranz gegenüber Beschleunigung. Transversale Kräfte sind für den menschlichen Körper am besten verträglich. Wenn Kräfte längs wirken, kann das entweder zu Blackouts oder Redouts führen, da das Blut entweder zu den Füßen oder zum Kopf strömt. Die laterale Richtung ist ebenfalls ungünstig, da das Herz das Blut gegen wechselnde Druckverhältnisse durch den Körper pumpen muss und der Nacken in dieser Richtung weniger gestützt ist.

Die Sitze im *Dragon*-Raumschiff drehen sich so, dass die meisten Kräfte transversal auf die Körper der Astronaut*innen wirken. Beim Start liegen wir im Prinzip auf dem Rücken, wobei die Kräfte hauptsächlich von Rücken zur Brust wirken.

2.2.3 Die Expedition: Wie ein Team entsteht

Von Weisskopfseeadlern, nebelverhangenen Kieselstränden und gemeinsamem Paddeln in Kajaks zu Lektionen in Kommunikation.

Trainingsziel: Teamdynamik unter Belastung verstehen, Leben mit begrenzten Ressourcen, Führungstraining, Situationsbewusstsein

Die meisten grundlegenden Trainingsprogramme für Astronaut*innen beinhalten eine Einheit in extremer Umgebung. Das kann eine mehrtägige Wanderung sein oder, wie in unserem Fall, eine siebentägige Kajaktour. Manche machen auch ein Winterüberlebenstraining, was uns nicht ganz fremd gewesen wäre! Wir reisten in die absolut atemberaubende Kulisse des Prince William Sound in Alaska. Verborgene Gletscher, springende Lachse und neugierige Otter prägten das Bild der intensiven Natur, die wir dort erlebten. Die Crew: wir, Mitglieder des SpaceX-Teams und zwei erfahrene Outdoorguides. Das Reisen mit Kajaks ist in mancher Hinsicht eine großartige Analogie zur Raumfahrt: Man hat nur begrenzte Ressourcen, muss sehr bewusst packen, vorsichtig mit der Ausrüstung umgehen und es wird definitiv unbequem werden. Die Idee war, zu beobachten, wie wir mit unbekannten und sich verändernden Umgebungen umgehen. Das kam für uns vielleicht etwas zu kurz, da die meisten von uns bereits ziemlich viel Outdoorerfahrung hatten. Wir paddelten jeden Tag etwa fünf bis sieben Stunden, und jeden Tag übernahmen zwei andere Gruppenmitglieder die Führung. Zu den täglichen Aufgaben gehörte es, das Lager rechtzeitig abzubauen und vorzubereiten, mit den Kajaks eine Route in Abhängigkeit vom Wetter zu navigieren und einen geeigneten Lagerplatz zu finden. All diese Situationen erfordern Führungsqualitäten, wie Delegation, das Erkennen, wann die Gruppe Pausen braucht, und Entschlossenheit in kritischen Situationen. Nach jeder dieser Einheiten gab es ein Debriefing darüber, was gut lief und was nicht, um die Kommunikation im Team zu verbessern (Abb. 2.8).

Unsere Route führte uns entlang steiniger Strände, durch Massen von Mücken und stechenden Fliegen und an nebelverhangenen, von Kiefern gesäumten Küsten der Wildnis Alaskas vorbei. Wir hatten gleichzeitig Glück und Pech, dass das Wetter an den meisten Tagen sehr ruhig war und es nicht allzu viele Situationen gab, in denen wir wirklich gefordert wurden. Unser Ziel war ein Gletscher, der in einer kleinen Bucht verborgen lag. Am vorletzten Tag sank die Temperatur auf dem Wasser deutlich, und Eisschollen begannen um uns herum aus dem Wasser zu ragen. Wir kamen unserem Ziel also näher. Der letzte Lagerplatz war der schönste der ganzen Reise, direkt vor der Gletscherbucht (Abb. 2.9), und als sich die Gezeiten zurückzogen, standen wir vor einem Skulpturengarten aus Eisformationen zwischen dem Schilf. Am letzten Morgen paddelten wir in die Bucht, und der Gletscher ragte beeindruckend über uns auf. Einige Robben lagen träge auf den nebligen Sandbänken direkt unterhalb der imposanten Front, unbeeindruckt von der Kälte oder der potenziellen Gefahr abbrechender Teile. Wir blieben nicht lange, um nicht den Launen des Eises ausgesetzt zu sein, aber es war ein würdiges Ziel für dieses Wildnisabenteuer.

Auf dem Rückweg aus der Bucht standen wir jedoch plötzlich auf offener See einem starken Gegenwind gegenüber. Auf dem Wasser kann es schwierig sein, effizient zu kommunizieren. Der Wind verzerrte unsere Stimmen, so wie manchmal rauschende Funkverbindungen auf einem Raumschiff. Also waren wir da: Zwei Personen pro Kajak, wir verließen den Gletscher und fuhren direkt in den aufkommenden Wind. Und plötzlich änderte sich alles: Wir hörten Rufe, einfach auf Kurs zu bleiben, und ich erinnere mich, wie ich zu meiner damaligen Kajakpartnerin Jannicke sagte: „Lass uns einfach so stark paddeln, wie wir können!" Tatsächlich hatte ich meine Wachsamkeit etwas verloren und rechnete nicht mit plötzlichen Veränderungen, da die Reise bisher so entspannt verlaufen war. Es hatte eine Weile gedauert, bis mir klar wurde, dass die Situation plötzlich ernst war. Als wir es dann realisiert hatten, stellten Jannicke und ich fest, dass wir ziemlich schnell vom lässigen Paddeln zu fokussierter und effizienter Teamarbeit im Kajak übergehen sollten. Ich

Abb. 2.8 (*oben*) Unsere Kochzelte inklusive einer Nachbildung der originalen Fram-Flagge. (*unten*) Die tägliche Routenplanung war eine der Führungsaufgaben. Bilder © SpaceX, alle Rechte vorbehalten

Abb. 2.9 Expeditionstraining: (*oben*) Unser Lagerplatz gegenüber dem Gletscher. (*unten*) Jannicke vor unserem Zweierkajak, auf dem Weg zum Gletscher

saß hinten und war für das Steuern verantwortlich, und Jannicke gab direktes Feedback, wie gut Kurs und Tempo waren. Das Problem war, dass man nicht weiß, wie lange man Kraft aufbringen muss und wann man in Sicherheit ist. Wir beschlossen auch, unsere Kräfte etwas besser einzuteilen und nicht die ganze Zeit im 250%-Gorilla-Modus zu paddeln. Ich erinnere mich, wie das Kajak zwischen den Wellen hin- und hergeworfen wurde und wir versuchten, die Wellen frontal zu nehmen und trotzdem der Küstenlinie zu folgen. Der spaßige Teil war, dass es sich wie in einem Albtraum anfühlte: Man paddelt und paddelt und schaut dann zurück, nur um zu sehen, wie die Steine der Küste gefährlich nahe kommen. Schließlich erreichten wir einen sicheren Ort hinter einer kleinen Insel, die Schutz und einen einladenden Strand als Landeplatz bot. Dieser kleine Sieg über Wind und Wellen fühlte sich wie ein wirklich greifbarer Moment an, in dem Vertrauen im Team gesät wurde. Wir debrieften.

Für mich persönlich habe ich mitgenommen, dass ich schneller auf die Situation hätte reagieren und aufmerksamer auf meine Umgebung hätte achten können. Zu dem Zeitpunkt war der plötzliche Wetterumschwung unerwartet und damit genau der Sinn des Trainings. Ein zweiter Teil effizienter Kommunikation ist ihre Klarheit. Mit unterschiedlichen Kulturen finde ich es immer eine Herausforderung, zu wissen, wie direkt man sein kann, ohne jemanden zu beleidigen. In operativen Situationen ist Klarheit wichtiger als Höflichkeit, und solche Regeln verschwinden. Man kann sich auf das Wesentliche beschränken. Jannicke und ich haben in dieser Hinsicht super zusammengearbeitet, was die Situation deutlich verbesserte. Eine wertvolle Lektion für mich in Stresssituationen ist auch, dass ich festgestellt habe, dass ich frustrierter werde, wenn mir jemand sagt, ich wirke müde oder gestresst. Wenn ich es vorher selbst sage, fällt es mir viel leichter, es zuzugeben und Hilfe anzunehmen.

Ein etwas verstecktes, aber dennoch einflussreiches Element des Teambuildings ist ganz einfach: gemeinsam verbrachte Zeit sinnvoll zu nutzen, um sich kennenzulernen. Beim stundenlangen Paddeln hatten wir reichlich Zeit. Ich ging von der Reise nach Hause mit dem Gefühl, dass ich alle ein bisschen besser kannte, selbst Zeit hatte, mich zu öffnen, und mich sicher fühlen würde, im Team verletzlich zu sein.

Das Abenteuer endete mit den Scheinwerfern des abholenden Schiffs, das in der Ferne auftauchte, während wir am steinigen Strand saßen und zusahen, wie es näher kam.

2.2.4 Das technische Training: Des Pudels Kern

Sitzen und Lernen zu Hause, im Trainingszentrum, im Simulator. Wiederholen. Hier haben wir gelernt, ein Raumschiff zu fliegen!

Trainingsziel: Die Systeme, Prozeduren, Aufgabenverteilung im Team verstehen, Entscheidungen priorisieren, Kommunikation mit dem Boden

Wir stehen am Wendepunkt der Zeit. In Zukunft werden Menschen einfach Passagiere sein können, ohne Training. Aber so weit sind wir noch nicht, und wir haben immer noch das gleiche Training für unser Raumschiff durchlaufen wie NASA- und ESA-Astronaut*innen. Jannicke und ich saßen auf dem Kommandanten- und Pilotensitz, also vor den Displays. Das *Dragon*-Raumschiff hat drei Touchscreendisplays mit zusätzlichen Knöpfen darunter. Ich persönlich war anfangs skeptisch gegenüber den Touchscreens, aber es stellte sich heraus, dass sie tatsächlich sehr nützlich sind. Verschiedene Phasen der Mission erfordern unterschiedliche Funktionen, und der Vorteil der Displays ist, dass sie einen zu den Funktionen und Telemetriedaten führen können, die in dem Moment interessant sind. Das reduziert die Anzahl der physischen Knöpfe dramatisch und ebenso die Notwendigkeit, zu wissen, welcher in welcher Phase relevant ist, und verringert somit die Möglichkeit menschlicher Fehler.

Wie wir bereits gesehen haben, erfordert jede Umkehrung von menschlicher Abhängigkeit zu robotischer Autorität einen Vertrauensvorschuss von menschlicher Seite. Logisch und objektiv ergibt es Sinn, dass der Roboter besser objektiv berechnen kann, was zu tun ist – aber wie baut man subjektiv dieses Vertrauen auf? Bei *Dragon* sehen wir eine Mischung aus Autonomie und Fernsteuerung vom Boden aus. Tatsächlich gibt es eine Frachtversion von SpaceX' *Dragon* mit dem Zweck, Fracht zur ISS zu liefern, es sind also keine Menschen an Bord. Wir können daraus schließen, dass *Dragon* theoretisch auch ohne unser Zutun geflogen werden könnte. Das heißt aber: Wenn man an Bord eines so selbstständigen Fahrzeugs geht, schließt die Vertrauenslücke das Wissen ein, dass man im unwahrscheinlichen Fall, dass etwas schiefgeht, tatsächlich die Kontrolle übernehmen kann. Genau darauf hat uns das technische Training vorbereitet.

Was ich im Folgenden beschreibe, ist nur unser spezifisches Training und mein Eindruck davon. Mit dem Willen, es wo möglich zu verkürzen, kann und wird jedes zukünftige Training anders aussehen. Das ist das Schöne daran.

Wir haben über die Systeme des Fahrzeugs gelernt, viele Szenarien durchgespielt und optimale Wege gefunden, miteinander und mit dem Boden zu kommunizieren. Das sind wirklich Fähigkeiten, die man für jede Expedition aufbaut: Man bereitet sich vor und recherchiert die Ausrüstung, damit man so viele Details wie möglich versteht, denkt verschiedene Szenarien durch und überlegt, ob man ausreichend vorbereitet ist, und schließlich, wie man am besten im Team kommuniziert. Das hat mich sehr daran erinnert, wie ich die Abläufe auf See in Westafrika gelernt habe. Jede freie Minute, in der wir nicht damit beschäftigt waren, ein Schiff zu inspizieren oder unseres zu warten, haben wir verschiedene Drills durchgeführt. Was die Drills am Ende bewirken, ist die Verkürzung der Entscheidungszeit in extremen Ausnahmefällen. Das ist wichtig, da es darauf ankommt, schnell zu sein und nicht erst nachzudenken, was als Nächstes zu tun ist. Jedes Erlernen einer Fähigkeit verschiebt diese Fähigkeit vom Bereich des langsamen, fehlerbehafteten Handelns hin zur sicheren, schnelleren Ausführung.

Neben den Systemen gibt es auch uns und die Art, wie wir am besten mit uns als Menschen umgehen, wenn etwas schiefgeht. Dafür hatten wir medizinisches Training. Eric war der Sanitäter, ich war die Backupsanitäterin, und wir beide erhielten detaillierte Schulungen in verschiedenen medizinischen Verfahren, die von der Behandlung von Weltraumübelkeit über Augenverletzungen bis hin zur Wundversorgung reichten. Für die Erhebung von Forschungsdaten haben wir auch mehrfach geübt, um sicherzustellen, dass wir die Daten so genau wie möglich sammelten, damit die Wissenschaftler nach der Mission damit arbeiten konnten. Aber dazu später mehr.

Theorie und Selbststudium

Wie fängt man überhaupt an, zu lernen, wie man ein Raumschiff fliegt? Ich würde grob sagen, dass es Wissen über zwei Bereiche gibt. Die Technik: das Raumschiff, seine Umgebung; und dann die menschliche Seite: wie man es bedient und wie man als Team zusammenarbeitet. Am Anfang der Reise bekamen wir eine Menge Theorie gebündelt und als Hausaufgabe mitgegeben. Super! Ich würde mich über die Menge beschweren, aber ehrlich gesagt ist das Lernen über Raumschiffe nie langweilig. Schauen wir uns ein Beispiel für jeden der vier Aspekte an.

Raumschiff: Wie jede Technologie hat auch ein Raumschiff verschiedene Teile. Ein besonders wichtiger ist der Antrieb, also wie es sich bewegt. An Bord von Dragon gibt es 16 *Draco*-Triebwerke, die dafür verantwortlich sind, die Kapsel in jede Richtung zu bewegen. Eine wichtige Richtung ist: nach Hause! Wir haben die verschiedenen Typen der *Draco*-Triebwerke und ihre jeweiligen Funktionen kennengelernt, wie man sie überwacht und was schiefgehen könnte. Ein Triebwerk ist ein System, das ein Oxidationsmittel und Treibstoff kombiniert, um in einer chemischen Reaktion eine Miniexplosion zu erzeugen. Das erzeugt einen kleinen Schub, der das Raumschiff in eine bestimmte Richtung bewegt. Das Coole an jeder autonomen Technologie ist, dass die Maschine sich ihrer selbst bewusst sein muss, um ihren Zustand den verantwortlichen Menschen mitteilen oder selbst Entscheidungen treffen zu können. Wenn wir also die Triebwerke als Beispiel nehmen, hat das Raumschiff eine ganze Reihe von Sensoren, die den Zustand überwachen und uns sowie Mission Control benachrichtigen, wenn ein Wert außerhalb der Grenzen liegt. Wir mussten trotzdem verstehen, was ein Triebwerk überhaupt ist, um Situationen einzuordnen. Man würde anders entscheiden, wenn man wüsste, dass man keine Kontrolle mehr über das Raumschiff hat, als bei einem kleinen Fehler an einem redundanten Triebwerk, der die Mission kaum beeinträchtigt.

Weltraum: Der Weltraum ist eine fast endlose Umgebung und man könnte Bücher über Bücher darüber füllen. Wir schauen uns hier eine Lektion über Orbitdynamik an, weil ich sie am spannendsten finde. Ich mag die Tatsache, dass wir nicht schwerelos sind, weil wir weit von der Erde entfernt sind. Die gute alte Erde ist immer noch so nah, dass wir ihrer Anziehungskraft nicht entkommen sind. Tatsächlich spüren wir sie die ganze Zeit in der Umlaufbahn, aber das Raumschiff auch, also fallen wir gemeinsam zurück zur Erde. Das erzeugt das Gefühl der Schwerelosigkeit: Wir befinden uns im freien Fall. Um diesem Fall entgegenzuwirken, müssen wir schnell sein, und zwar ungefähr ganze 27.000 km/h. Wenn man langsamer wäre, würde das Raumschiff in der Umlaufbahn absinken und schließlich zur Erde zurückfallen. Wenn es schneller wäre, könnte es entweder die Umlaufbahn erhöhen oder die Erde ganz verlassen. Warum ist das wichtig zu wissen? Wenn man die Phase der Mission überwacht, können Geschwindigkeit und Höhe ein gutes Situationsbewusstsein darüber geben, ob etwas ernsthaft nicht stimmt. Diese beiden Parameter sagen einem, wo man ist, wohin man unterwegs ist und ob sich das Raumschiff wie erwartet verhält.

Operationen: In jeder Einsatzumgebung will man die Zahl der Entscheidungen so gering wie möglich halten, um Zeit zu sparen. Deshalb hatten wir für jede komplexere Missionsphase wie Start oder Wiedereintritt genaue Prozeduren, also Schritt-für-Schritt-Anleitungen mit klaren Aufgaben.

Jannicke und ich, als Kommandantin und Pilotin, mussten uns besonders tief in *Dragons* Systeme und Abläufe einarbeiten. Zwei Menschen an den Kontrollen zu haben ist wichtig, weil man sich gegenseitig überprüft. Wir haben viel gemeinsam trainiert, aus gutem Grund. Etwas nur zu lesen, ist nicht dasselbe wie wirklich zu verstehen, was man tut und warum.

Ein Beispiel, das durchaus in einer nominalen Mission vorkommen kann, ist der Verlust der Radioverbindung, also unserem Link zu Mission Control. Eine lückenlose Abdeckung der Umlaufbahn ist nicht nötig, daher ist es normal, dass man zeitweise keinen Kontakt zum Kontrollzentrum hat. Wir bekommen vorher eine Warnung, wenn der Kontakt abreißt. Aber es ist ein Unterschied, ob man mit zwei Stunden Funkstille rechnet und dann vier Stunden lang nichts hört. Dann überlegen wir, selbst Maßnahmen zu ergreifen, etwa die Radiosysteme neu zu starten. Zu wissen, wann und wie schnell man das tut, ist genau das, was wir trainieren. Heute kann *Starlink* als Backup dienen, falls die Bodenstationen ausfallen.

Team: *Dragon* hat sich meistens gut selbst um alles gekümmert, aber natürlich gab es immer noch den menschlichen Faktor, also uns und Mission Control. In unseren Gesprächen ging es nicht nur darum, die Prozeduren zu verstehen, sondern auch darum, zu wissen, wie man die Aufgaben in der Crew verteilt. Wenn jeder sofort weiß, was zu tun ist, geht keine Zeit mit Diskussionen verloren. Effizienz ist nicht nur in Ausnahmesituationen wichtig, sondern auch im normalen Ablauf. Zeit ist im All kostbar, und man will nicht merken, dass man 20 Minuten damit verbracht hat, zu entscheiden, wer was einpackt.

Die eigentlichen Stars waren die Leute im Kontrollzentrum. Sie waren unten auf der Erde, haben mehr Systemdaten überwacht als wir, Bahnmanöver gesteuert und standen uns rund um die Uhr für Fragen zur Verfügung. Es war wichtig, dass wir lernten, dieselbe Sprache zu sprechen wie das Bodenteam, auch mit all den speziellen Begriffen und Abkürzungen. Vertrauen geht in beide Richtungen. Wir müssen dem Raumschiff, den Prozeduren, den Operatoren und einander vertrauen. Gleichzeitig muss das Bodenteam uns im All vertrauen. Nur wenn alle Verbindungen stimmen, kann man sich voll auf die Mission konzentrieren, ohne Zeit damit zu verlieren, an einem Teil des Prozesses zu zweifeln.

Mein Hintergrund in Elektrotechnik hat mir wirklich geholfen, aber natürlich gab es viel über mechanische Aspekte und Orbitdynamik, das ich von Grund auf lernen musste. So cool! Ich hätte mir wirklich gewünscht, dass ich früher einen Orbitsimulator wie Kerbal Space Program ausprobiert hätte, aber so habe ich eben direkt mit dem echten Training angefangen. Ich habe vielleicht zwei oder drei volle Tage pro Woche zwischen unseren Trainingseinheiten damit verbracht, alle möglichen Abläufe, Systeme und Fehlerfälle zu studieren. Wir haben viel gemeinsam in Onlinesessions und in virtuellen

Trainings mit den SpaceX-Trainern geübt. Unsere Zeit zwischen den Trainingseinheiten war also genauso ausgefüllt wie die Sessions selbst.

Mein Highlight war, als wir alle ein Thema für die Expedition in Alaska zugeteilt bekamen, und mein Thema war, wie sich der menschliche Körper in Mikrogravitation verhält. Ich versuche immer, das Lernen so spaßig wie möglich zu machen, also habe ich in einer nächtlichen Lernsitzung das Wissen in Memes verpackt, sie ausgedruckt und an einem steinigen Strand in Alaska einen durchweichten Zettel herausgeholt und sie der Gruppe präsentiert. Ich bin mir nicht sicher, ob ich jeden Humor getroffen habe, aber zumindest habe ich mein persönliches Ziel erreicht, Spaß zu haben. Für mich persönlich wirklich wertvoll war auch, dass wir jede einzelne Person kennengelernt haben, die im Betrieb mit uns in Kontakt stehen würde, vom Anzugteam, Bergungsteam, Medizinerteam bis zu den Operatoren in der Missionskontrolle, und sie waren Teil unserer gesamten Reise. Ein Gesicht zu einer Stimme am Funk zu haben, hat geholfen, dieses Vertrauen aufzubauen, und uns versichert, dass wir in den besten Händen waren.

Simulationen

Begleite mich bei einem Übungsszenario!

Mein Lieblingsteil waren die Simulationen (Abb. 2.10). Sie waren immer der ultimative Test dafür, ob wir wirklich alle Details verstanden hatten, als Team zusammenarbeiteten und in kritischen Situationen Aufgaben priorisieren konnten. Es war wirklich der Ort, an dem alles zusammenkam. Unsere längste Simulation dauerte 28 Stunden im Trainingsfahrzeug, was bedeutete, dass wir auch im Raumschiff geschlafen haben. Das Unterhaltsame daran war, dass es wirklich sehr an Dungeons and Dragons erinnerte, nur eben als Weltraumversion: Unser Trainer gab uns vor der Simulation kleine Zettel, auf denen ein Zustand und unser Verhalten beschrieben wurden. Das galt für alle menschlichen Zustände, sowohl medizinische als auch psychologische.

Simulationsstart: Wir ziehen unsere Anzüge an, steigen in das nachgebaute Raumschiff und gehen alle Startprozeduren durch. Der Vorteil: keine langen Wartezeiten. Dann „launchen" wir (immer wieder spaßig), warten, bis die Simulation anzeigt, dass wir im Orbit sind, und bekommen das GO zum Ausziehen der Anzüge. Normalerweise passiert das rund 40 Minuten nach dem Erreichen des Orbits.

Das Ablegen der Anzüge dauert seine Zeit, genauso wie das Verstauen und Einrichten der Kabine. Wir haben gerade damit angefangen, als der erste

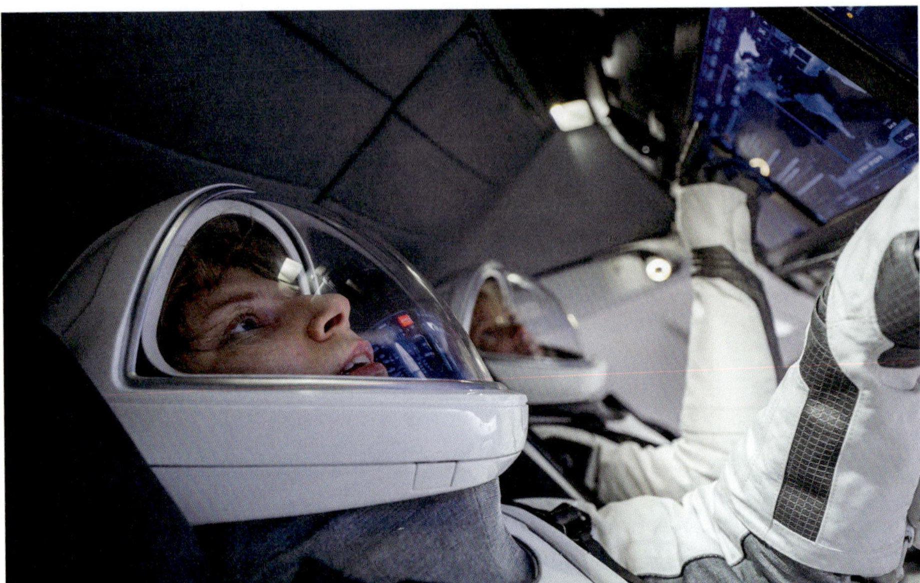

Abb. 2.10 Training: (*oben*) Jannicke und ich in einer Commander-Pilot-Trainingseinheit in der nachgebauten Kapsel. (*unten*) Die Crew am Tag des Startrampentrainings, mit 39A im Hintergrund. Bilder © SpaceX, alle Rechte vorbehalten

simulierte Zwischenfall kommt: Ein Crewmitglied „übergibt" sich plötzlich (schauspielerisch eine tolle Leistung) und überall fliegen imaginäre Tröpfchen herum. Zum Glück ist das auf unserer echten Mission nie passiert. Wir holen das Kontaminationsset raus und tun so, als würden wir die Kabine reinigen. Dann zeigt ein kurzer Fahrzeugcheck, dass alles gut aussieht.

Plötzlich blinzelt jemand häufiger. Wir machen mit der Mission weiter und packen Kamera- und Forschungsequipment aus. Heute steht das Röntgenexperiment auf dem Plan, also bauen wir es auf. Die Person, die blinzelt, meint jetzt, sie habe etwas im Auge und sehe nichts mehr. Zeit für Augentropfen und eine kleine Untersuchung. Zwei von uns kümmern sich darum, während die anderen mit der Forschung weitermachen.

Dann melden wir uns bei Mission Control: Das Equipment will sich nicht richtig verbinden. Gibt es Hilfe? Diese großen Simulationen laufen immer mit allen Teams zusammen. Wir sind oben im Simulator und Mission Control sitzt unten im Kontrollraum. Sie haben auch ihre eigenen Simulationen, aber heute ist es eine gemeinsame Übung, bei der wir Kommunikation und Reaktionszeiten testen.

Während alle beschäftigt sind, ertönt plötzlich ein Alarm. Jannicke und ich springen zu den Sitzen: Rauchalarm! Sofort lässt jeder alles stehen und sucht die Quelle. Wir gehen die Prozedur durch, ziehen schon die Anzüge an, und dann kommt die Entwarnung: Fehlalarm. Also wieder alles ausziehen, aufräumen, Equipment verstauen und in den Routinemodus zurück. Wir sind schon gut durchgeschwitzt.

Zeit fürs Abendessen in der nachgebauten Kapsel, Schlafsäcke ausrollen, Kabine aufräumen. Wir machen es uns in den Sitzen bequem. Zum Glück kann ich darin inzwischen gut schlafen, dank der vielen Langstreckenflüge in die USA. Ich bin sofort weg, und wir schlafen alle ruhig.

Ein gemütlicher Morgen ist uns aber nicht vergönnt, denn der nächste Alarm ersetzt unseren Wecker. Aus dem Schlaf gerissen, schalte ich sofort in den Betriebsmodus, und nach diesem Szenario sind wir definitiv wach. Wir bereiten das Raumschiff für den Tag vor und öffnen die vordere Luke, um aus der Cupola zu schauen. Das Trainingsteam hatte liebevoll eine Art Sternenhimmel aufgebaut, bestehend aus dunkler Pappe, beleuchtet von einer kleinen Laserdiscokugel.

Eine Luke zu öffnen klingt unspektakulär, aber sie ist zusammen mit der Cupola die Wand zwischen uns und dem All. Man sollte also nichts einklemmen, wenn man sie schließt, und sie auch nicht einen Spalt offen lassen. Viel Zeit zum Durchatmen bleibt nicht, denn schon folgt das nächste Szenario, das Wiedereintrittsmanöver. Schnell alles aufräumen, Anzüge anziehen, Prozedur starten.

Wir „landen" und bekommen die Info: Simulation abgeschlossen. Nach den 28 Stunden sehen wir wieder die Außenseite der Kapsel in unserem Trainingscenter. Ich bin zwar erschöpft, aber genau dieses Training hat unser Vertrauen in das Team und in die Abläufe endgültig gefestigt.

Es war erstaunlich, unseren Fortschritt in den Simulationen zu sehen. Ich erinnere mich besonders an eine Wiedereintrittssimulation, bei der wir beim ersten Mal ganze 4,5 Stunden gebraucht haben. Beim nächsten Mal waren es nur noch zwei. Und dann haben wir es auf die geforderten 45 Minuten geschafft.

Anzüge

Zu Beginn einer Trainingseinheit standen wir immer an den Tischen mit unseren Anzügen darauf, und packten sie für die Trainingseinheit aus. Wenn ich an Momente in der Mission denke, in denen alles wirklich Realität für mich wurde, war mein Lieblingsmoment in so einem Szenario. Wie schon so oft packe ich meinen Anzug aus, aber siehe da: Auf diesem Anzug stand mein Name drauf! Verrückt. Auf einem Arm unser *Fram2*-Missionspatch, auf dem anderen Flagge und Name. Die Raumanzüge, unsere modischen Lebensretter, erforderten mehr Training, als ich gedacht hätte. Am allerersten Tag in Hawthorne standen sie als Erstes auf dem Programm und vor der Abfahrt zum Startplatz waren sie das Letzte, was überprüft wurde. Sie begleiteten uns auf der ganzen Reise. Die ersten Tage verbrachten wir damit, jede erdenkliche Messung zu machen, von Kopf bis Fuß, aus allen Winkeln. SpaceX verwendet bereits geflogene Raumanzüge als Trainingsanzüge. Die haben wir für die Hälfte unserer Trainingszeit genutzt, bevor wir unsere maßgeschneiderten bekommen haben. Ich liebte das elegante Schwarz-Weiß und den futuristischen Look.

Das erste Mal, als ich den Anzug an- und ausziehen musste, habe ich innerlich ein bisschen Panik bekommen, weil ich mich darin verloren habe. Plötzlich steckte ich fest, hatte aus Versehen den Helm geschlossen und die Luft wurde stickig. Ich konnte weder vor noch zurück, und mein Körper hat übernommen, nicht mein Verstand. Es ist immer jemand zum Helfen in der Nähe, also war es kein Problem, aber ich dachte: Ich werde diese Technik nie beherrschen. Wir hatten auch eine Zeitvorgabe zu erfüllen, nämlich 15 Minuten für uns alle, um in die Anzüge zu kommen. Dann trainierten wir, dem Druckaufbau der Anzüge standzuhalten, was sich ein bisschen wie Tauchen anfühlt. Man muss seine Nebenhöhlen an den steigenden Druck anpassen, bis der gewünschte Druck erreicht ist. Unter Druck werden die Anzüge steif und schwer zu handhaben. Wir haben das mehrfach trocken geübt, und ich habe schon beim ersten Mal beschlossen, dass ich zurück in Norwegen Krafttraining machen werde. Künftige Simulationen gaben uns viel Zeit, uns mit den Anzügen vertraut zu machen. Das Problem wurde immer kleiner, Routine stellte sich ein, und beim dritten Training trugen wir sie wie eine etwas steife zweite Haut. Der tatsächlich härteste Tag für mich im Training war mein Raumanzugsakzeptanztest, bei dem ich zeigen musste, dass ich in einem voll druckbeaufschlagten Raumanzug einen bestimmten Knopf drücken kann. Aus irgendeinem Grund (vielleicht, weil meine Arme so kurz sind wie T-Rex-Arme) kam ich einfach nicht gut an die Knöpfe ran. Ich habe gekämpft, bis ich komplett durchgeschwitzt war, hatte blaue Flecken an den Armen, aber es hat trotzdem nicht geklappt. Nach ein paar Tagen hatte das Team bei SpaceX den Anzug angepasst und wir haben es nochmal probiert. Während wir langsam den Druck erhöhten, fand ich eine Technik, die für mich funktionierte, und ich ging erschöpft, aber glücklich und mit bestandenem Anzug aus dem Trainingscenter an diesem Abend.

Raumanzüge

Intravehikuläre Anzüge sind Anzüge, die innerhalb eines Raumfahrzeugs getragen werden (im Gegensatz zu extravehikulären Anzügen für Weltraumspaziergänge) und dienen als Backup für den unwahrscheinlichen Fall, dass etwas schiefgeht: Sie sind feuerresistent und können auf normalen Atmosphärendruck gebracht werden, falls wir uns unerwartet im Vakuum wiederfinden. Streng genommen sind sie also für den normalen Betrieb im Inneren des Raumfahrzeugs nicht notwendig und stellen lediglich eine Vorsichtsmaßnahme dar. Wir tragen sie nur beim Start und beim Wiedereintritt sowie im Notfall. Ein zusätzlicher Vorteil ist, dass sie beim Start einen Gehörschutz bieten und außerdem eine Audio- und Luftschnittstelle zum Raumfahrzeug haben.

Alltag

Natürlich bestand unser Alltag nicht nur aus Training, wir haben unser Leben auch, so gut es ging, darum herum organisiert. Hier ist einer unserer allerersten Tage des technischen Trainings in der Woche der Bekanntgabe unserer Mission. Für mich war es immer ein Balanceakt zwischen Sport, gesunder Ernährung, Familie und Freunden sowie Medien, besonders am Anfang. Später habe ich die Medienslots durch Anrufe ersetzt, um unsere Projekte zu koordinieren; zum Beispiel das Amateurfunkprojekt.

6:30 Frühstück mit der Crew
7:00 Anrufe mit der Familie
7:30 Interview mit der Tagesschau

8:00	Abfahrt zu SpaceX
8:30	Ankunft der Crew
9:00	Raumanzüge – Übung
11:00	Kommunikationsfähigkeiten
12:00	Mittagessen
12:30	Raumanzüge – Notfallbetrieb
13:30	Anzeigen & Steuerungen – Nominal
15:30	Anzuganprobe 2 – Rabea
17:00	Abreise zur Unterkunft
17:30	Nach Hause kommen, Laufen gehen
19:00	Abendessen vorbereiten
20:00	Wiederholung des gelernten Stoffes mit der Crew
20:30	Schriftliche Interviews vorbereiten
22:00	Schlafen

Los Angeles bot für mich die perfekte Kulisse, um einen Ausgleich zum Training zu schaffen. Tagsüber sahen wir kaum die Außenwelt. Unser Trainingszentrum hatte keine Fenster und wir verließen es meist erst nach Sonnenuntergang. Am Wochenende versuchte ich, Gewohnheiten zu fördern, die mich zwangen, draußen zu sein: Laufen, Strandspaziergänge, die Stadt und die umliegende Natur erkunden. Besonders wenn man viel reist und ein extrem unvorhersehbares Leben führt, müssen Gewohnheiten flexibel in der Tageszeit sein, keinen besonderen Ort erfordern und eine niedrige Einstiegshürde besitzen. Ich habe viel ausprobiert und bin letztlich bei folgenden Aktivitäten gelandet: Laufen, Krafttraining, Tagebuchschreiben, Spaziergängen/Wanderungen, Stadterkundungen, Zeit mit Freunden (auch digital), Lesen, Musik (Eric brachte seine faltbare Gitarre mit), Tagträumen und Podcasts. Andere Gewohnheiten habe ich ebenso versucht, aber sie sind nicht haften geblieben: Meditation, Gruppentreffen, E-Gitarre. Soziale Medien sind ein Zeitfresser, den ich aufgrund der Mission gestartet habe. Über die Mission zu posten, hat auch Zeit und Nerven gekostet, allerdings nicht auf eine entspannende oder belohnende Weise.

Kleine Details

Wir haben alle Lebensmittel und Medikamente, die wir wahrscheinlich im All essen und einnehmen würden, im Training getestet. Bei den Lebensmitteln haben wir darauf geachtet, dass sie keine Blähungen verursachen (selbsterklärend), und bei den Medikamenten, dass sie keine ernsthaften Nebenwirkungen haben. Die meisten getesteten Medikamente waren Schlaf- und Reisemedikamente. Ein angenehmer Nebeneffekt war, dass man davon schläfrig wurde, was unsere Trainer gnadenlos nutzten, um unsere Leistung in Simulationen zu beobachten, wenn wir mal etwas grummelig waren. Auch die Vorauswahl der Kleidung stand auf der Liste, ebenso wie Hygieneartikel. Unsere Flugkleidung bestand aus einer flammhemmenden schwarzen ersten Lage und einigen Optionen zur Regulierung der Körpertemperatur, wie dickeren Socken, einer Wollmütze oder einem Pullover. Alles waren handelsübliche Kleidungsstücke. Essen und Kleidung waren auch Teil eines sich wandelnden Ansatzes. Anstatt spezieller, teurer Einzelanfertigungen für den Weltraum ist die Idee, handelsübliche Produkte zu wählen, die denselben Zweck erfüllen und leichter zu beschaffen sind. Alle Gegenstände, die mit uns ins All geflogen sind, wurden strengen Tests unterzogen (Temperaturzyklen, Vibrationen und, falls nötig, elektrischen Tests), hatten aber nicht den unnötigen Overhead von Spezialanfertigungen. Im Bereich der Soft Skills hatten wir auch Führungs- und Deeskalationstraining. Das Interessanteste war für mich, dass es verschiedene Zutaten für Vertrauen gibt: Verantwortlichkeit, Glaubwürdigkeit, Authentizität und als Gegenteil, das Ego. Wenn jemand egozentrisch ist, senkt das die Wahrnehmung von Vertrauen. Jeder gewichtet diese Faktoren anders, was bestimmt, wen man als vertrauenswürdig empfindet.

Medizinisches Training

Da Eric der Sanitäter und ich die Backupsanitäterin waren, hatten wir einen größeren Anteil an medizinischer Grundausbildung. Da ich aus der Robotik komme, wusste ich sehr wenig über den menschlichen Körper, aber das Ziel war nie, Arzt zu werden. Das Ziel war, genügend Kompetenz aufzubauen, um eine Reihe wahrscheinlicher Szenarien an Bord zu erkennen, zu melden und zu stabilisieren, sowie klar mit der medizinischen Unterstützung am Boden zu kommunizieren. Das Training begann mit theoretischen Modulen und ging dann in praktische, handlungsorientierte Sitzungen über. Die Grundlage entsprach einer normalen Erste-Hilfe-Ausbildung, mit Herz-Lungen-Wiederbelebung, Wundversorgung, Erstickungsmanövern, intramuskulären Injektionen, aber wir konzentrierten uns speziell auf Probleme, die wahrscheinlich im Weltraum auftreten würden. Eine unserer Hauptaufgaben war es, Symptome oder Zustände zu beobachten und genau zu beschreiben, um die Lücke zwischen der Crew und der medizinischen Fernunterstützung zu überbrücken. Im Folgenden sind ein paar Beispiele aufgelistet.

Übelkeit: Der berüchtigtste Auslöser für Unwohlsein im All, und tatsächlich erleben 70 % aller Raumfahrer*innen sie. Hier kann man nicht wirklich trainieren; meist hilft es, Kopfbewegungen zu reduzieren und Medikamente zu nehmen, so wie auf längeren Seereisen. Oder wenn du jemand bist, der im Auto schnell reisekrank wird, kennst du es bereits: es ist genau das, nur mit mehr Dimensionen.

Schlafen: Schlafen ist vielleicht nicht so einfach, wie es klingt, vor allem wegen der ungewohnten Umgebung. Ein bekannter Effekt ist, dass dem Körper das Gefühl fehlt, *auf* etwas zu liegen. Deshalb hilft es oft, den Kopf irgendwo anzulehnen oder sogar ein Kissen am Kopf selbst zu befestigen. Andere Gründe für schlechten Schlaf kennt man auch von der Erde, also hilft gute Schlafhygiene: ein fester Rhythmus, Schlafmaske und Ohrstöpsel. Genau deshalb haben wir schon eine Woche vor dem Start unseren Schlafrhythmus angepasst, um uns auf den Missionsplan einzustellen.

Augenuntersuchungen: Warum ist das überhaupt wichtig? Mit kleinen, umherschwebenden Teilchen, die nicht zu Boden fallen, ist es wahrscheinlicher, dass ein Fremdkörper ins Auge gelangt. Passiert das, oder schlimmer, ist die Hornhaut verkratzt, gibt es recht einfache Methoden, das Auge zu spülen und den Fremdkörper mit einem Wattestäbchen zu entfernen. Mein Lieblingsteil war aber, dass wir einen fluoreszierenden Farbstoff hatten, der Kratzer und Fremdkörper aufleuchten lässt, wenn man mit einer bestimmten blauen Lichtfarbe darauf leuchtet. Wie futuristisch ist das denn?

Blasenkatheter: Etwas, das ich nicht auf meiner Bingo-Karte hatte, war das Training, wie man einen Blasenkatheter legt. Auch hier kann fehlende Schwerkraft den Druck auf die Blase verringern, sodass das Gefühl, urinieren zu müssen, reduziert sein kann. Man will im All nicht mit einer übervollen Blase enden. Wir hatten Plastikmodelle zum Üben, und da es der einzige sterile Eingriff war, den wir im Training hatten, war es auch der komplexeste.

Psychischer Zustand: Wenn jemand in Panik gerät, kann sich das aggressiv oder passiv äußern. Wir haben gelernt, wie man in einer solchen Situation mit einer Person spricht, Hilfe zusichert, das logische Denken durch sachliche Fragen reaktiviert, und Szenarien durchgespielt, um das zu üben.

Space Adaption Syndrome

Das Space Adaptation Syndrome (SAS) ist eine häufige Reaktion des Körpers auf Schwerelosigkeit, besonders in den ersten Tagen eines Raumflugs. Es umfasst eine Reihe von Symptomen, die durch das plötzliche Fehlen von Schwerkraftreizen entstehen, auf die unser Körper zur Orientierung und zum Gleichgewicht angewiesen ist. Das SAS ist kein einzelnes Krankheitsbild, sondern eine Sammlung von Symptomen, die von Person zu Person unterschiedlich sind und Übelkeit, Schwindel, Desorientierung, Kopfschmerzen, erkältungsähnliche Symptome, Appetitlosigkeit und Rückenschmerzen durch Wirbelsäulenverlängerung umfassen können. Diese Effekte hängen mit der Umverteilung von Körperflüssigkeiten und dem Kampf des Gehirns zusammen, widersprüchliche Sinneseindrücke aus dem Gleichgewichtsorgan und den Augen zu verarbeiten. Auch wenn es unangenehm ist, ist das Syndrom meist nur vorübergehend und verschwindet nach ein paar Tagen, sobald sich das Gehirn an die neue Umgebung gewöhnt hat. Schätzungsweise etwa 70 Prozent aller Astronaut*innen erleben zumindest einige Symptome während ihrer ersten zwei bis drei Tage in der Schwerelosigkeit.

Besuche auf der Startrampe

Unser Training umfasste zwei Besuche an der Startrampe. Was ist das überhaupt? Es sind der Turm und der Arm, die es der Astronautencrew ermöglichen, Zugang zum Raumschiff zu bekommen, welches auf einer gigantischen 70 Meter hohen Rakete thront. Die berühmteste Startrampe, 39A, wurde in der *Apollo*-Ära genutzt und in der Zeit seitdem für die *Falcon 9* angepasst. Der sogenannte Zugangsarm ist neu; der Turm selbst und der Aufzug sind historische, aber funktionale Monumente. Einer meiner Lieblingsmomente war, als ich oben auf dem Turm stand und sehen konnte, wie viele verschiedene Generationen von Startrampen man in der Ferne erkennen kann: die NASA-SLS-Startrampe 39B und sogar einen neuen *Starship*-Turm, der gerade gebaut wird. Cape Canaveral ist aus jedem Blickwinkel ein exotischer Weltraumbahnhof. In den heißen, feuchten Sümpfen Floridas sieht man Alligatoren, die sich in der Sonne ausruhen, und Gürteltierchen, die vorbeihuschen. Auf den flachen Ebenen ragen nur die Starttürme als technologische Obelisken in den Himmel.

Ein weiteres sehr markantes Gebäude in der Umgebung ist das NASA Vehicle Assembly Building, eine 160 Meter hohe Halle, das achtgrößte Gebäude der Welt nach Volumen. Wie der Name schon sagt, diente es der Montage von Raketen. Die *Saturn V* und das Space Shuttle waren hier prominente Gäste, die aus vorgefertigten Komponenten zusammengesetzt wurden. Heute wird es für das Space Launch System (SLS) im NASA-Artemis-Programm genutzt. Bemerkenswert ist, dass die Raketen und das integrierte Raumschiff auf einem sogenannten Crawler vertikal bis zur Startrampe transportiert wurden, mit einer rasanten Geschwindigkeit von 1,6 km/h. Das hat sich geändert, und nach der Modernisierung von 39A werden *Falcon-9*-Raketen nun horizontal montiert, zur Rampe gefahren und direkt am Startturm aufgerichtet (siehe Abb. 2.13).

Unser erster Besuch diente ausschließlich dazu, einen Eindruck vom Ort und den Einrichtungen zu bekommen, der zweite fand kurz vor dem Start statt und diente als Erinnerung an die gelernten Abläufe im Notfall auf der Rampe. Es gibt ein Korbsystem an Seilrutschen, mit dem man im Notfall schnell vom Turm nach unten gelangen kann. Wir sind alle einmal zusammen in den Korb gestiegen (ohne die Seilrutsche zu benutzen), was mich auf amüsante Weise daran erinnert hat, wie hoch der Turm wirklich war. Unten am Ende der Seilrutsche befindet sich ein Bunker, der als Zufluchtsort dienen kann, oder alternativ ein Fahrzeug, um wegzufahren. Wir sind alle Orte durchgegangen und haben auch einige andere besucht, wie zum Beispiel den Umkleideraum, in dem wir am echten Tag unsere Anzüge anziehen würden.

Ich war voller Ehrfurcht, als ich diesen historischen Standort sah, und konnte mir kaum vorstellen, dass wir es sein würden, die über den Zugangsarm laufen. Ich fragte mich, wie ich mich dann fühlen würde. Die Geschichte der Startrampe fühlte sich sehr nah an, aber unsere eigene Zukunft schien noch sehr weit entfernt.

2.2.5 Das Forschungstraining: Der Spielplatz der Wissenschaftler

Mein Lieblingsteil (abgesehen von allen anderen Lieblingsteilen) war natürlich die Forschung. Wir haben schon bei unserem allerersten Besuch im Februar mit SpaceX über mögliche Forschungsprojekte gesprochen. Im April sollte es einen öffentlichen Aufruf für Projekte geben. Das war großartig; ich war gespannt, welche Vorschläge eingehen würden. SpaceX hatte ein Expertengremium im Hintergrund, das die qualifizierten Anträge auswählte, und dann wählten wir davon in einem zweitägigen Workshop in Trondheim eine Teilmenge aus.

Ich habe viel über unser Forschungsprofil für diese Mission nachgedacht und mich für Studien eingesetzt, die auf verschiedene extreme Umgebungen übertragbar sind. Am Ende stellten sich diese allein jedoch nicht als die potenziell wirkungsvollsten heraus, also haben wir unser Forschungsprofil geändert und die folgenden zwei Hauptfragen aufgenommen:

1. Wie passt sich der menschliche Körper an extreme Umgebungen an?
2. Wie kann der Zugang zum Weltraum inklusiver gestaltet werden?

Ich habe häufig die Frage gehört, ob wir als Crew die Wissenschaftler*innen an Bord wären. Das ist nicht korrekt. Stattdessen arbeiteten wir mit einer Menge brillanter Wissenschaftler*innen auf der Erde zusammen, für die wir die Daten sammelten. Das bedeutete, dass wir ein Training benötigten, um die Daten korrekt und fehlerfrei im All zu erheben. Die Datenerhebung fand sowohl am Boden als auch im All statt, sodass wir verschiedene Zeitpunkte zum Vergleich der Werte hatten. Wir begannen bereits im November mit der ersten Erhebung und machten im Januar weiter, eine Woche vor der Mission, im Orbit, an den Tagen nach der Wasserung und dann 60 Tage später.

Das Forschungstraining fühlte sich immer so an, als würde man in die Werkstatt eines verrückten Wissenschaftlers gehen. Oder in unserem Fall: eine ganze Sammlung davon! Es gab so viele exotische Geräte und Ausrüstungsgegenstände, die im Trainingszentrum auf dem Tisch ausgebreitet wurden, und dann gingen wir die verschiedenen Experimente durch. Es war alles dabei, von riesigen Spritzen mit Zellkulturen darin, EEG-Kappen mit Kabeln, die einen wie einen Cyborg aus einem Sci-Fi-Film aussehen ließen, bis hin zu einem *Ghostbuster*-ähnlichen Röntgengerät. Cool. Eric hat es einmal sehr gut gesagt: Es fühlte sich wie ein Privileg an, mit dem Lebenswerk einiger der brillantesten Köpfe des Planeten arbeiten zu dürfen. Und wir waren fest entschlossen, unser Bestes zu geben, um die Daten zu liefern, die sie benötigten.

Das Training für die Forschungsexperimente unterschied sich nicht allzu sehr davon, wie wir die Prozeduren für *Dragon* gelernt haben. Es gibt auch hier Abläufe, die man verstehen muss, und unser Hauptaugenmerk lag darauf, dass wir alles richtig verstanden und die nötige Routine für das Muskelgedächtnis aufgebaut haben, für wenn es so weit ist. Die meiste Zeit verbrachten wir mit dem Training für das Blood-Flow-Restriction-Experiment (Abb. 2.11), den Aufgaben zum räumlichen Denken und dem Röntgengerät. Dies waren die ausrüstungsintensivsten und zeitaufwendigsten Abläufe. Ich werde die Experimente als Boxen über das Kapitel verteilen, um einen Eindruck von der Vielzahl der behandelten Themen zu geben. Die Daten, die wir vor dem Flug ins All sammelten, waren vor allem Basisdaten sowie biologische Proben wie Speichel und Blut.

Experiment: Speichelproben

Wie beeinflusst uns Stress messbar in unbekannten Umgebungen?

Speichel kann genutzt werden, um eine Vielzahl interessanter Marker zu messen: Hormone, Enzyme und sogar DNA. Ein Tropfen Speichel enthält mehr als 5000 Proteine und ist damit sehr informationsreich. Besonders Stress kann über ein Hormon namens Cortisol gemessen werden, denn es steigt in Stresssituationen an. Speichel könnte in der Zukunft sogar die Blutentnahme als einfachere Standardlösung ersetzen.

Für die Probenentnahme hatten wir Wattestäbchen, die wir als Erstes am Morgen einweichen mussten. Das waren praktisch verdichtete Wattepads, die man im Mund herumrollt. Das Schwierige daran, vor allem bei der Wiederholung des Experiments im All, war, sie nicht mit den Händen zu berühren, da dies zu Verunreinigungen führen könnte. Zusätzlich sammelten wir Haarproben als Gegenkontrolle für die Stressmarker, was definitiv meine am wenigsten beliebte Probe war (Abb. 2.11).

Institute: LMU Universität München, Deutschland, Lusófona Universität, Portugal, University of South Wales, UK

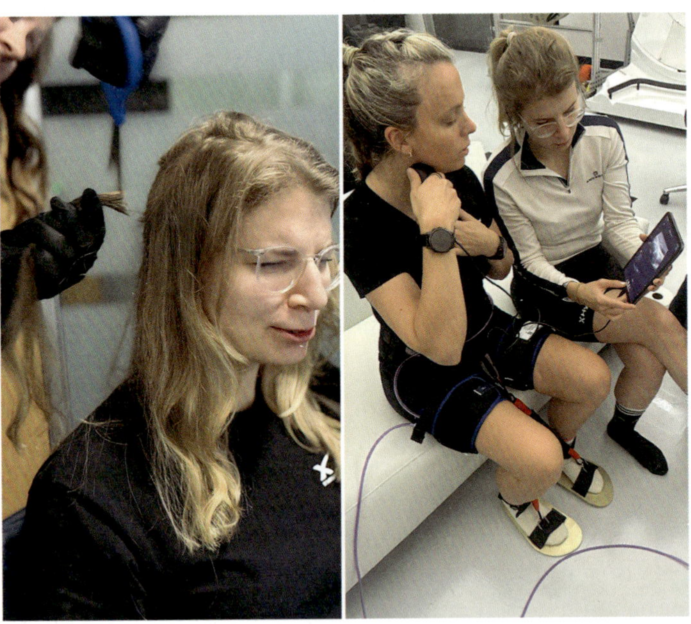

Abb. 2.11 Forschung: (*links*) Eine Haarprobe, die als Teil einer größeren Probenkollektion für Space Omics entnommen wurde. (*rechts*) Jannicke und ich beim Üben des Ultraschall im Blood-Flow-Restriction-Verfahren. Bilder © Fram2, alle Rechte vorbehalten

2.3 Reflexionen I

Bevor wir zur eigentlichen Mission übergehen, lass uns kurz innehalten und einige Gedanken festhalten. Während des Trainings hatten wir viele Gespräche innerhalb der Crew, und große Unternehmungen werfen manchmal große Fragen auf. Hier sind einige Gedanken, mit denen ich während des Trainings gerungen habe, und wie ich sie für mich gelöst habe.

Ungewissheit: Was die größte Herausforderung im Training war, ist oft eine Frage. Als ich mich für die Mission angemeldet hatte, wusste ich im Grunde überhaupt nicht, was das alles bedeutete. Klar, ich würde ins All fliegen, aber was bedeutet das in Bezug auf Zeitaufwand, Veränderungen an einem selbst und Veränderungen im Leben? Der größte Stressfaktor für mich war definitiv der Umgang mit der Ungewissheit. Das ist die Natur der Raumfahrt. In der Raumfahrt gibt es viele Ungewissheiten, was das Timing angeht: Starts sind berüchtigt dafür, sich zu verschieben. Es ist ein so komplexes Kaleidoskop an Faktoren, die die Raumfahrt möglich machen: technisches Können, Einsatzbereitschaft der Crew, politische Lage, Lizenzen und administrative Genehmigungen sowie natürlich die Wetterbedingungen. Pionierarbeit hat eine intrinsische Ungewissheit, denn wenn wir neues Terrain entdecken, wissen wir nicht, was wir finden werden. Wir waren in gewisser Weise Pioniere, vor allem als erste rein zivile Crew ohne lizenzierten Flugpiloten an Bord und als erste *Dragon*-Crew ohne US-amerikanischen Staatsbürger. Man kann sich also vorstellen, dass sich beides zu einer erschreckend großen Menge an mythischer Zufälligkeit vermischt hat, bei der jederzeit alles passieren konnte und man sich nicht vorstellen konnte, was passieren würde, weil alles neu war. Als ich zu dieser Mission „Ja" gesagt habe, fühlte sich das wie der größte Sprung an. Ich war gerade am Ende meines ersten Promotionsjahres und fand meine Arbeitsstelle unglaublich toll. Von etwas Sicherem und schon Aufregendem in ein völliges Unbekanntes zu springen, fühlt sich ein bisschen so an, als würde man bei einem Rennwagen hart auf die Bremse treten, stelle ich mir vor. Ich hatte meine Pläne für die Promotion und Nebenprojekte, wollte ein Mondstartup gründen und hatte mit einer Kollegin einen Förderantrag für das National Geographic ausgetüftelt. Pläne, die alle auf Eis gelegt wurden.

Trotzdem habe ich „Ja" gesagt und bin aus der Wärme in etwas eingetaucht, von dem ich keine Ahnung hatte, ob es überhaupt passieren würde.

Das nächste Thema bei Ungewissheit ist die Beziehung zwischen Vorfreude und Enttäuschung. Erwartungsmanagement, kurz gesagt. An ein paar Punkten der Mission dachte ich: Jetzt kommt der Endspurt. Und habe mich komplett dem Lernen verschrieben und alles andere beiseitegelegt. Nur um dann zu erfahren, dass sich der Start verschiebt und der Zeitplan ganz anders aussieht. Die größte Verschiebung war, als das Launchdatum von Winter 2024 auf Frühling 2025 verschoben wurde. Plötzlich hatte ich ganze drei Monate mehr Zeit. Oder doch nicht? Möglicherweise würde es mehr Training geben, wurde uns gesagt. Im Grunde mussten wir also jederzeit bereit sein, aber nicht zu bereit. Ein bisschen Vorfreude, aber nicht zu viel, um nicht enttäuscht zu werden. Da habe ich auf jeden Fall versagt, als die große Launchverschiebung kam, und war ziemlich niedergeschmettert, als die Nachricht kam. In solchen Situationen gewinnt manchmal die zynische Seite in einem und sagt einem, dass es vielleicht überhaupt keinen Launch geben wird. Es war ein schöner Traum, aber jetzt ist es Zeit aufzuwachen. Dieses Gefühl ist nie ganz verschwunden, nicht als wir in Quarantäne gingen, nicht als wir auf der Startrampe saßen. Ein schöner Traum, ins All zu fliegen, und es war schön, solange er anhielt.

Jetzt zum Thema Scheitern: Wäre die Absage des Launches ein nichtwiedergutzumachender Misserfolg gewesen? Ich habe immer gedacht, dass allein das Training schon so eine wertvolle Erfahrung war, dass es für sich genommen bereits einen Erfolg darstellt. Man kann es natürlich als Scheitern ansehen. Oder als unglaubliche Erfahrung, die einem niemand mehr nehmen kann. Genau deshalb ist Erfahrung die eigentliche Währung in dieser Welt; es ist etwas, an dem man wächst und das uns niemand nehmen kann. Einfach und kraftvoll. Am Ende habe ich gelernt, mir keine Sorgen über Umstände zu machen, die außerhalb meiner Kontrolle liegen. Wir haben gelernt, einfach zu akzeptieren, dass passiert, was passiert, und dass es keinen Sinn ergibt, sich darüber zu ärgern. Emotionsmanagement ist ein großer Teil der Anpassung an neue Situationen. Ich glaube, wir gewöhnen uns daran, langsam auf große Veränderungen zu reagieren; das haben wir im Training gezielt verlernt. Wenn jemand anrief und sagte, man solle morgen in die USA fliegen, hat man das gemacht. Als unser Launch angekündigt wurde, wussten wir, dass das Wetter außerhalb unserer Kontrolle lag und dass es keinen Sinn hatte, sich Gedanken darüber zu machen, wie die Bedingungen sein würden. Ich hoffe, dass ich diese Ruhe gegenüber Dingen, die ich nicht beeinflussen kann, mein ganzes Leben behalte.

Erwartungen: Lass uns über ein anderes Thema sprechen, das ein sehr prominenter Faktor ist, wenn es um das Eingehen von Risiken geht. Es ist sehr einfach zu sagen, „mach es doch einfach“, aber schwer umzusetzen. Warum ist das so? Ein Faktor sind die Erwartungen anderer an einen und die eigenen Erwartungen an sich selbst. Das eine ist das ständige „Was werden wohl alle über mich denken?“ und das andere „Ist das die Person, die ich sein möchte?“. Ich bewundere Menschen sehr, die einfach sie selbst sein können und denen egal ist, was andere denken. Am Anfang dieser Mission hat mich die öffentliche Aufmerksamkeit für ein kontroverses Unterfangen am meisten eingeschüchtert. Und ich war Teil davon. Ich habe viele innere Monologe mit mir selbst geführt, zu welcher Welt ich im Hinblick auf den oft zitierten Weltraumtourismus beitragen möchte. Ich wollte nicht Teil einer Mission sein, die keinen Zweck hat. Zum Glück wurde schnell klar, dass alle Crewmitglieder ihre eigene Vision haben, vor allem Chun, und wir uns auch bei den Themen Innovation und Pioniergeist einig waren. Wenn ich mit irgendeiner Crew gehen würde, dann genau mit dieser. Mutig, neugierig, kreativ.

So habe ich meinen Frieden gefunden, aber die öffentliche Bekanntgabe war trotzdem ein besonderer Moment. Wir waren sechs Monate lang sehr bedeckt mit der Mission umgegangen, und plötzlich war es an der Zeit, es der Welt zu verkünden. Ich erinnere mich, wie wir als Crew in einem Büro in Hawthorne saßen, nachdem wir ein Live-Q&A für interne SpaceX-Mitarbeiter gegeben hatten. Kurz bevor die Ankündigung live ging, war ich so nervös, dass mir übel wurde. Und dann kam die Ankündigung – was für ein Moment! Ich hatte erwartet, dass es eine Flut negativer Kommentare geben würde oder gar kein Interesse. Aber nein! Alle waren superbegeistert für uns. Und in Deutschland ist es komplett durch die Decke gegangen. Aber zurück zu den Erwartungen. Jetzt hatte ich das Gefühl, dass viele Erwartungen auf mir lasteten: die Erwartung der Öffentlichkeit, ein Vorbild zu sein. Die Erwartung meiner Crew, ein großartiges Teammitglied zu sein. Chuns Erwartung, ein proaktives Crewmitglied und eine exzellente Pilotin zu sein. Es war einfach, im Geheimen zu trainieren, ohne jegliche Aufmerksamkeit. Aber jetzt hatte sich die Situation zugespitzt. Zu beweisen, dass Privatpersonen eine Weltraummission gestalten können, gibt einem viel Freiheit, aber auch viel Verantwortung. Das Radioprojekt, das ich geleitet habe, habe ich oft angezweifelt. Werden sich die Leute dafür interessieren? Ist es vielleicht zu nerdig, die Freude zu teilen? Aber so wie ich das Leben lebe, brauche ich manchmal lange, um eine Entscheidung zu treffen, aber wenn sie getroffen ist, muss man sie durchziehen. Gegen alle Zweifel. Gegen alle Nörgler. Ich glaube, es ist leicht, unter solchem äußeren Druck in Bewegungsunfähigkeit zu verfallen.

Am Ende treibt mich an, dass ich mich ärgern würde, wenn ich aufgebe, aber nie, wenn ich es wenigstens versucht habe. Wenn man aufgibt, hat man aus eigenem Antrieb verloren. Wenn man scheitert, verliert man gegen das Schicksal. Und der wichtigste Motivator, der mich auf Kurs hält, sind Mitstreiter. Es ist so unglaublich kraftvoll, auch nur eine weitere Person zu haben, die auf dasselbe Ziel hinarbeitet und einen auffängt. In gewisser Weise, auch wenn ich viele Interaktionen mit den Medien allein angegangen bin, habe ich mich nie allein gefühlt; ich war immer mit der Crew an einem Ort zusammen. Ich denke auch: Solange man wenigstens eine Person inspiriert hat und das Leben eines Menschen berührt hat, hat sich der ganze Aufwand gelohnt. Und schon sehr früh habe ich Nachrichten von Fremden bekommen, die mir geschrieben haben, dass sie sich motiviert fühlen. Immer wenn ich später gezweifelt habe, habe ich an diese Personen zurückgedacht. Was waren also meine eigenen Erwartungen? Zum Vorhaben beizutragen. Bodenständig zu bleiben, nicht überheblich zu werden.

Nationale Identität: Aus Deutschland kommend, ist nationale Identität etwas, womit ich ehrlich gesagt sehr zu kämpfen habe. Mein Gefühl war immer, dass ich zu Berlin gehöre, und ich war sehr stolz auf die Stadt und das, wofür sie steht: Authentizität, Kreativität, eine gute Portion Chaos, Wertschätzung des Individuums. In Berlin mögen wir es, wenn jemand speziell ist. Es ist cool, wenn man einen starken Charakter hat. Ein Zugehörigkeitsgefühl zu Deutschland war nie wirklich ein Thema, vielleicht nur, wenn ich im Ausland war. Sehr früh waren die meisten Interviewfragen, die ich bekam: Bist du stolz, Deutschland zu repräsentieren? Ich hatte nie richtig darüber nachgedacht. War ich überhaupt berechtigt, ein ganzes Land zu vertreten? Mit der deutschen Flagge am Raumanzug und überall als Repräsentantin gelistet, fühlte ich, dass es nötig war, in diese Rolle hineinzuwachsen. Ich war immer gerne patriotisch im Namen Berlins, musste jedoch den Prozess für Deutschland erst lernen. Was ich im Ausland vermisst habe und in Deutschland gefunden habe, war viel Direktheit und gegenseitiges Vertrauen, Neugier und die Möglichkeit, mit Fremden zu plaudern, eine gute Balance aus Arbeitsethos und Wissbegierde für die Welt. Diese Werte vertrete ich gerne, und ich habe darin jetzt für mich ein Gleichgewicht gefunden.

Außerhalb der Norm leben: Ein Leben voller Abenteuer ist eine bewusste Entscheidung und es bringt, wie jeder Weg, Opfer mit sich. Mit dem „Ja" zu dieser Mission wusste ich, dass ich endgültig das Kapitel eines normalen und sicheren Lebens für mich schließen würde. Eines, in dem man nicht viele Entscheidungen trifft und nicht viel Energie aufwendet. Dieser Weg, das war mir klar, würde mich herauskatapultieren und mich auf eine gewisse Weise von Menschen entfremden, die diese Erfahrung nicht gemacht haben. Ein Nebeneffekt von dem vielen Reisen ist, dass man in mehreren Dingen extrem gut werden muss: (a) Freunde, die es tolerieren, dass man immer, wirklich immer physisch weg ist, (b) Kraft in sich selbst finden und Freude an der eigenen Gesellschaft haben und (c) eine Flexibilität im Denken. Der letzte Punkt ist wirklich die Flexibilität im Umgang mit Ungewissheit, die ich oben beschrieben habe. Der zweite Teil ist meiner Meinung nach der schwierigste, denn wir alle streben nach Verbindung und danach, von unseren Mitmenschen verstanden zu werden. Und intensive Erfahrungen wie diese, wie das Leben auf See und das Skifahren in weiter Ferne, beeindrucken das Publikum sicherlich, aber sie sind schwer wirklich zu teilen. Die Menschen, die auf der Reise dabei waren, verstehen, was es gebraucht hat, welche Höhen und Tiefen es gab, wie die Stimmung war, und können die gleiche Nostalgie empfinden. Das gemeinsame Durchleiden derselben Situation schweißt jedes Team stark zusammen, ist jedoch schwer zu begreifen für jemanden, der es nicht erlebt hat. Nach meiner Zeit vor der Küste Afrikas erinnere ich mich daran, wie sehr ich das reine Mitgefühl und die Empathie vermisst habe, die die Menschen an Bord allen Lebewesen entgegenbrachten. Was mir an dieser Erfahrung fehlen wird, ist eine Gruppe von Menschen, die auf einen gemeinsamen Traum hinarbeiten, der in greifbare Nähe rückt. Ich habe ein paar Freunde, die auch dieses Leben am Limit führen, und wir teilen eine andere Form des Verständnisses: Wir wissen gegenseitig, dass wir die extreme Lebensweise des anderen nicht wirklich verstehen werden, aber wir kennen das Gefühl und teilen somit eine zugrunde liegende Realität.

Am Ende glaube ich, dass es in uns allen einen Teil gibt, der wirklich nur uns selbst gehört und (noch) nicht geteilt werden kann. Wir müssen nur für uns selbst entscheiden, welche Schlüsse wir daraus ziehen. Für mich ist es etwas, aus dem ich in unbekannten Situationen Selbstvertrauen schöpfen kann.

Zivilistin in einem Astronautenkörper: Es ist schön, dass man unabhängig von seinem Beruf ins All fliegen kann. Mein Problem war jedoch, dass mein Job weiterhin Aufmerksamkeit erforderte und ich ihn für die Finanzierung meines normalen Lebens brauchte. Besonders von dem Moment an, als ich das Angebot im Dezember bekam, bis zum Start der Alaska-Expedition im Juli, arbeitete ich weiterhin Vollzeit an meiner Promotion, und wie das bei Promotionen so ist, war es eine enorme Arbeitsbelastung. Ich bereitete eine komplette Feldkampagne mit unseren Robotern vor, was bedeutete, den Code fertigzustellen, die Theorie vorzubereiten, alles eben. Ich besuchte eine Sommerakademie zu KI und boxte das Codingprojekt innerhalb einer Woche mit intensiven langen Nächten durch, um rechtzeitig zu unserem Extremumgebungstraining im Juli fertig zu sein. Ich bin sehr dankbar, dass die Mission zu diesem Zeitpunkt noch nicht öffentlich war und ich mich auf meine anderen Aufgaben konzentrieren konnte.

In Situationen, in denen viel los ist, versuche ich immer, zwei Monate im Voraus zu planen und mich an die von mir gesetzten Meilensteine zu halten. Ich blockiere Tage für ein bestimmtes Thema, um den Fokus darauf zu schützen; sonst ist es zu leicht, sich ablenken zu lassen. Ich hatte ein wenig Sorge, dass das alles zu viel werden könnte, aber es wurde einfach ein perfekter Sprint, und ich wollte nicht verzweifelt sein, wenn ich zu meiner Promotion zurückkehre. Mein letzter Punkt auf der To-do-Liste war, einen Plan für meine Rückkehr zu erstellen, um den Übergang so einfach wie möglich zu gestalten, wofür ich heute sehr dankbar bin. Der andere Teil des Zivillebens ist, dass, sobald man die ganze Medienaufmerksamkeit hat und mit dem Training beschäftigt ist, einfache Aufgaben sehr schwer werden. NASA-Astronaut*innen haben, wie ich höre, einen persönlichen Assistenten und/oder einen Astronautenbuddy. Aber ich habe meine Hemden selbst gebügelt, meine eigenen Medieninterviews in den ersten Monaten selbst organisiert und alles selbst geschrieben, oft bis spät in die Nacht. Auch wenn sich all diese Details manchmal aufgestaut haben, hat es mich meistens nicht gestört, solange meine Crewmitglieder in der Nähe waren. Meine ersten Interviews vorzubereiten, während Eric seine am Küchentisch im Crewapartment am Strand schrieb, während die Sonne unterging, war definitiv ein Vibe.

Widersprüchliche Werte: Ich denke immer, dass große Entscheidungen uns dazu zwingen, uns als Person weiterzuentwickeln. Wenn man eine wichtige Entscheidung im Leben bewusst trifft, bedeutet das, dass man die Frage beantworten muss, warum man diesen Schritt gegangen ist. Und das wiederum bedeutet, dass man die Chance hat zu entscheiden, mit welchen Werten man sich identifizieren möchte. Ich hatte sehr wenig Wissen über den Bereich der astronautischen Raumfahrt und kannte nur die aktuelle öffentliche Debatte über Weltraumtourismus und wie dieser im krassen Gegensatz zum Umweltschutz steht. Insgesamt schien die Raumfahrt der große Antagonist für alle zu sein, die die Erde lieben. Warum gehen, wenn wir den perfekten Planeten haben? Warum Ressourcen verschwenden, wenn man sie hier auf der Erde investieren könnte? Ich habe mir die gleichen Fragen gestellt, aber auch noch eine andere. Ich habe im Meeresschutz gearbeitet und es geliebt, mich um das Leben im Ozean zu kümmern. Aber ich wollte auch eine Zukunft sehen, in der wir unter den Sternen leben und arbeiten. Neue Planeten erforschen. Neue Sonnensysteme finden. Alle Geheimnisse aufdecken, die es im Universum zu entdecken gibt. Wir haben schon darüber gesprochen, dass wir auch Roboter zur Erkundung einsetzen könnten und wie wichtig der menschliche Faktor ist. Und ich kam zum Schluss: Muss es ein Konflikt sein? Gibt es eine Zukunft, in der wir weiterhin den Weltraum erkunden, aber auch das interplanetare Reisen nachhaltiger gemacht haben? Es schließt sich nur aus, wenn man es zulässt.

Ich habe entschieden, dass die Werte, die ich vertreten möchte, konstruktiver Optimismus, Ehrlichkeit und Mut sind.

2.4 Die Mission

Das Trainingsjahr hatte eine unwirkliche, fast überirdische Qualität, da der Launch immer in meinen Gedanken präsent war, aber nie wirklich greifbar schien. Sobald wir das Trainingszentrum zum letzten Mal verließen, änderte sich das. Jetzt war es an der Zeit, all die erworbenen Fähigkeiten tatsächlich anzuwenden. Was würde sich im All als der schwierigste Teil herausstellen? Und die Erkenntnis setzte ein: Fliegen wir wirklich ins All?

2.4.1 Quarantäne

> Aus der Ferne wirkten die Startrampen winzig, verloren in einem vorbeiziehenden Gewitter. Adler zogen über das intensive Grün des sumpfigen Gebiets hinweg und schienen die eigentlichen Herrscher des Weltraumbahnhofs zu sein. Viel Lachen und gute Gesellschaft füllten die Ruhe vor dem wortwörtlichen Sturm.

Nach unserer letzten Trainingswoche in Hawthorne mussten wir einen Ort verlassen, der im letzten Jahr fast zu unserem zweiten Zuhause geworden war. SpaceX hatte einen Walkout organisiert, bei dem wir mit den zahlreichen Ingenieurteams sprechen konnten, die an der Mission gearbeitet hatten. Und es waren einfach. So. Viele. Ich war, und bin es immer noch, unglaublich beeindruckt von der Arbeit und Begeisterung, die in diese Mission geflossen sind. Für diese Mission wurde eine ganz neue Umlaufbahn entworfen. Alle Menschen, die wir trafen, ob aus Struktur, Antrieb, Kommunikation, Guidance, Navigation, Training, Medizin, Missionsbetrieb, Management, Medien, Personal oder Sicherheit, waren offen, interessiert und unglaublich kompetent. Alle zogen am selben Strang und wollten diese Vision Wirklichkeit werden lassen. Hawthorne an diesem Tag zu verlassen, fühlte sich wie ein Meilenstein an. Besonders nachdem wir acht Monate zuvor gesehen hatten, wie die *Polaris-Dawn*-Crew dasselbe tat, als wir gerade erst mit unserem Training begonnen hatten. Damals hatte es sich angefühlt, als würden wir diesen Punkt nie erreichen. Aber jetzt war es so weit.

Die Quarantäne begann angemessen episch mit der Landung unseres Flugzeugs auf der Shuttle Landing Facility. Unser Flugzeug neigte sich, die Sümpfe Floridas glitzerten im Sonnenlicht, das gigantische NASA Vehicle Assembly Building wirkte aus diesem Blickwinkel vergleichsweise klein und unscheinbar, die verschiedenen Startrampen ragten wie mutige Zahnstocher in die Lüfte. Und dann die riesige Landebahn: Sie erstreckte sich von einer Seite zur anderen, von einem Ende zum anderen. Unser Flugzeug landete und musste aktiv weiterfahren, um das Ende zu erreichen. Zur historischen Einordnung: Die NASA Space Shuttles waren ebenfalls wiederverwendbar, aber eher wie Flugzeuge konzipiert. Nach der Rückkehr zur Erde landeten die Astronaut*innen also genau auf dieser Landebahn, damit die Shuttles überholt und wieder eingesetzt werden konnten.

Wir durften Familie oder Freunde als Unterstützung mit in die Quarantäne nehmen, und so habe ich Anja ausgewählt, mich zu begleiten. In der Quarantäne waren wir ein kleines Team, bestehend aus der Crew, unseren Begleitpersonen und ein paar SpaceX-Mitarbeiter*innen und Ärzten. Der Hauptgrund für die Quarantäne ist natürlich, sich vor dem Flug nicht noch mit etwas anzustecken. Mit verstopften Nebenhöhlen in das All starten? Uff! Das wäre nicht nur unangenehm, sondern auch ein potenzielles Risiko, falls man sich nicht an den Druckunterschied anpassen kann, sollte der Anzug unter Druck gesetzt werden. Also, lieber zurück zur guten alten COVID-ähnlichen Isolation: kein Kontakt außerhalb der Quarantänegruppe, Hände waschen und Masken tragen bei den wenigen Interaktionen außerhalb der Gruppe. Die letzte Woche vor dem Launch lässt sich in Aufgaben unterteilen, die wir erledigen mussten, und in Prozeduren, die das Fahrzeug durchlaufen musste. Für uns bestand die Hauptaufgabe darin, unseren Schlafrhythmus so zu verschieben, dass er mit der Mission übereinstimmte. Man möchte schließlich während des Flug-„Tages“ wach sein und nachts ruhig schlafen zu können.

Der erste Eindruck von den Quarantäneunterkünften: Verdunkelungsvorhänge und Tageslichtlampen. Schlafmasken, Ohrstöpsel, und all das hat wahre Wunder bewirkt, um sich problemlos anzupassen. Ich war ziemlich nervös, wie gut die Schlafumstellung in sechs Tagen funktionieren würde, aber die Ärzte hatten alles akribisch perfekt geplant. Am Anfang der Quarantänewoche haben wir sechs Stunden auf einmal verschoben und dann jeden Tag eine Stunde, bis wir im gewünschten Rhythmus waren. Ich glaube, nach all den Schlafumstellungen durch das Reisen in die USA bin ich ziemlich gut darin geworden, einfach zu schlafen, wenn ich es mir vornehme. Konkret begann unser Tag gegen 14:30 Uhr lokale Uhrzeit und endete um 5:30 Uhr morgens. Ich verlor ein wenig das Zeitgefühl, und manchmal fühlte sich das Mittagessen eher wie ein Abendessen an.

Wir hatten kleine Balkone, von denen wir mit dem Fernglas direkt zur Startrampe blicken konnten. Eine stille, aber aufregende Aussicht auf das, was vor uns lag. Die meisten unserer Aufgaben bestanden darin, fit zu bleiben, Forschungsdaten zu sammeln und vor allem die Abläufe des Launchtages durchzugehen.

Eine unserer Fitnessroutinen war ein Lauf um die Startrampe, natürlich im Dunkeln aufgrund unseres Zeitplans. Es war ein weiterer Schritt zur Vertrautheit mit dem Ort, die historische Rampe von allen Seiten beleuchtet zu sehen, mit Glühwürmchen, die unseren Weg in kleinen Funken um die Rampe herum erhellten. Der Tag endete mit einem Überraschungsbesuch bei unserem echten *Dragon*, der gerade in einer nahegelegenen Halle der *Falcon-9*-Rakete aufgesetzt wurde und darauf wartete, dass wir zu ihm stoßen.

Für das Üben des Ablaufs hatten wir zwei Übungstage. Zum einen ein Kennenlernen der Einrichtungen und dann das *Dry Dress Rehearsal*, eine vollständige Generalprobe aller Starttagaktivitäten: ein sehr tatsächlicher, kompromissloser letzter Test unserer Kompetenzen. Es war der Tag, vor dem ich tatsächlich am meisten Angst hatte, weil ich dachte, ich würde extrem nervös sein, alles richtig zu machen. Es stellte sich jedoch heraus, dass sich alles so vertraut anfühlte, dass ich nie wirklich nervös wurde. Es war eher aufregend. Denn das Üben des echten Starttags bedeutete auch, wirklich alles zu üben. Vom Weg zur Startrampe über das Frühstück, das Anziehen der Anzüge, das Hinaustreten und Winken zu den Kameras bis zur Fahrt zum Startturm, dem Einsteigen ins Raumschiff und dem Schließen der Luke. An diesem Punkt endete der *Dry Dress*, und wir konnten Feedback geben, wo wir noch Details vermissten oder kleine Anpassungen in der Kommunikation mit dem Bodenpersonal vorschlagen wollten. Da wir schon oft auf der Startrampe gewesen waren, die Umkleideeinrichtungen kannten und unser Trainingsfahrzeug praktisch genauso aussah wie unser echtes Raumschiff, fühlte sich alles mühelos an.

Ein Moment, an den ich mich heute noch erinnere, war, als wir einmal direkt neben der *Falcon 9* am Boden standen. Der Blick nach oben, die Rakete über mir, unser *Dragon* darauf, das ganze System ruhig und bereit. Dieser Moment wirkte exotisch. Dann wiederum drinnen in der Kapsel zu sitzen, fühlte sich fast an wie im Trainingszentrum, und erst beim Aussteigen merkte ich wieder, dass dies nicht die vertraute Trainingsanlage war, sondern der echte Zugangsarm.

Ein wichtiger Grund für meine Ruhe war das Team. Es waren die Menschen, die wir am ersten Tag getroffen hatten und die uns seitdem begleitet haben. Es herrschte viel Wärme und Vertrauen, und ich hatte das beruhigende Gefühl, gut aufgehoben zu sein.

Was mir zudem wirklich geholfen hat, ruhig zu bleiben, war, dass wir ziemlich viel Freizeit hatten. Im Gegensatz zu unseren komplett durchgetakteten Trainingstagen war es eine schöne Abwechslung, viel Freiraum zu haben. Ich habe diese Zeit aufgeteilt: für mich selbst, um nachzudenken und einfach auf unsere Startrampe zu schauen; Zeit mit Anja, in der wir über unsere vergangenen und zukünftigen Abenteuer gesprochen haben; und Zeit mit der Crew, in der wir zusammen Salsa getanzt, LEGO gebaut oder Musik gemacht haben. Diese Balance hat wirklich eine tolle Grundlage geschaffen, um zu zeigen: Ja, wir bereiten uns auf etwas Außergewöhnliches vor, aber gleichzeitig sind wir einfach eine Gruppe von Menschen, die Freude an den kleinen Dingen des Lebens und am Miteinander findet.

Der emotionalste Moment der Quarantäne war für mich das letzte Winken zu unseren Freunden und unserer Familie am Tag vor dem Launch. Wir hatten eine kleine Überraschung vorbereitet: Nach ihrem Abendessen sind wir kurz vorbeigegangen, mit Masken und gebührendem Abstand, um ihnen zuzuwinken. Das Ganze fand in einem bunt beleuchteten Hinterhof statt, mit einem hell strahlenden *Fram2*-Schild. Für mich waren es all die Menschen, die aus so vielen Ländern und Lebensabschnitten zusammengekommen waren: Studienkollegen aus der Schweiz und Schweden, Kindheitsfreunde aus Deutschland, Forschungskollegen aus Norwegen. Das Seltsame daran ist, dass all meine Freunde ohne mich feiern würden. In diesem Moment hat es mich aber wirklich berührt, alle zusammen zu sehen, ein paar Worte zuzurufen und einfach zu schätzen, wie viele Menschen da waren, um mich bzw. uns zu unterstützen. Ich sage oft, dass ich ohne all die Unterstützung und Inspiration dieser großartigen Persönlichkeiten nicht so weit gekommen wäre, und in diesem Moment habe ich es wirklich gespürt. Ich hatte ein paar Tränen in den Augen, als wir zurück zum Autokonvoi für den nächsten Programmpunkt gingen, und wusste, der nächste Halt würde sein, morgen die Erde zu verlassen.

2.4.2 Starttag

> Die Autofenster runter, eine warme Brise im Gesicht, Alligatoren am Straßenrand, das Launch Pad voraus.

Ich habe überraschend gut geschlafen und bin aufgestanden, um Anja guten Morgen zu wünschen und das ganze Gepäck bei unserem Supportteam abzugeben (es würde auf dem Landweg nach Los Angeles reisen). Dann folgte einer meiner Lieblingsteile: Der Konvoi zum Startplatz. Das war der eine Moment, in dem all das Training des letzten Jahres in Hype und Aufregung gipfeln konnte. Die drei schwarzen Tesla-X-Modelle mit FRAM2GO-Nummernschildern standen in der kleinen runden Einfahrt unserer Unterkunft aufgereiht, umringt von Polizeimotorrädern. Die Motorräder bereit zum Losfahren, Blaulicht an, Sirenen laut. Jannicke und ich fuhren in einem Tesla und hatten eine Playlist zusammengestellt. Angefangen mit dem *Immigrant Song* von Led Zeppelin, da der Text eine Hommage an den skandinavischen Hintergrund des Missionsnamens Fram ist. Und noch besser: Mit dem Aufruf, dass es an die Westküste geht.

Die erste *Dragon*-Mission mit menschlicher Besatzung, die an der Westküste wassern wird. Let's go.

Mit aufgedrehter Musik und abgesperrten Straßen fahren wir an allen roten Ampeln vorbei, beobachten Alligatoren, die sich am Straßenrand sonnen, und sehen die NASA-Gebäude in der Ferne immer näher kommen. Die Überraschung heute: Wir können tatsächlich einen Raketenstart auf dem Weg zu unserem eigenen Start sehen! Eine *Starlink*-Mission startet von einer benachbarten Startrampe, und wir sitzen im Konvoi, staunen über den kleinen, hellen Punkt, der die Erde nur wenige Stunden vor uns verlässt. Es ist bizarr, aber auch ein Zeichen dafür, wie alltäglich Raketenstarts inzwischen geworden sind. Nach einem ausgezeichneten Frühstück, das mit essbaren Blumen im Hangar X besonders hübsch aussah, verabschiedeten wir uns von unseren Freunden und Familienmitgliedern, die mit uns in Quarantäne gewesen waren. Es ist derselbe Aufenthaltsraum, von dem aus unser weiterer Freundeskreis später zuschauen würde. Also beschlossen wir, ein paar handgeschriebene Nachrichten und Polaroids für sie zu hinterlassen. Und los geht's zum Ankleidegebäude. Zuerst: ein Wetterbriefing. Wie sieht das Wetter für Start und Landung aus, wie ist das Wetter am Startplatz, im Aufstiegskorridor, sind die Winde günstig? Da unser Weg uns an der Ostküste Floridas entlangführte, wollten wir keine Winde vom Ozean, die uns aufs Land treiben könnten. Auch bei der Wasserung ist es wichtig, nicht bei rauer See zu landen oder die Fallschirme durch den Wind verheddern zu lassen. Ist dir schon mal aufgefallen, dass alle Aufnahmen von Wasserungen wie der schönste Tag überhaupt aussehen? Das ist der Grund.

Das Briefing ist vorbei. Jetzt ist es Zeit, ein letztes Mal die Toilette zu besuchen und unsere Anzüge anzuziehen. Alle Anzüge werden vom Bodenteam akribisch überprüft. Reißverschlüsse werden kontrolliert, Checklisten abgehakt, die Türen öffnen sich, und wir winken in die Kameras. Um vor dem Einsteigen in die *Dragon* kühl zu bleiben, werden unsere Anzüge an ein System angeschlossen, das kalte Luft in sie pumpt. Es ist nur eine kurze Fahrt zur Startrampe. Wir steigen in unseren Anzügen aus den Autos, lehnen uns nach hinten, um unsere Rakete anzuschauen, und dann geht es in den Aufzug.

Der Aufzug zeigt die Höhen der verschiedenen Ebenen an, beginnend bei EARTH und endend bei SPACE. Vielleicht nicht ganz korrekt, aber auf jeden Fall episch. Chun und Eric sind zuerst eingestiegen, also hatten Jannicke und ich noch etwas Zeit, am Launch Pad zu stehen, die *Dragon*, unsere *Falcon 9* und das weite, scheinbar endlose Marschland von Florida zu überblicken. In der Ferne sehen wir einen Hubschrauber schweben und der Horizont scheint mit dem Himmel zu verschmelzen. Einen Tag zuvor war dort ein Regenbogen. Jetzt nur ein wunderschöner Sonnenuntergang. Wir betreten den Zugangsarm.

Lass uns ein kleines Intermezzo machen und uns die Reise der Technologie anschauen: Unser *Dragon*-Fahrzeug und die *Falcon-9*-Rakete haben in den letzten Tagen ihre jeweiligen Stationen hinter sich gebracht. Wir flogen an Bord des *Dragon*-Raumschiffs *Resilience* und wurden von einem bereits geflogenen Booster gestartet, für den es die sechste Mission war. Ich bekomme oft die Frage: „Vertraust du wirklich einer wiederverwendeten und überholten Rakete?", und unsere Astronautenoperationsmanagerin hatte einen tollen Vergleich: Würdest du eher dem Flugzeug vertrauen, das schon 100 Mal geflogen ist, oder dem, das noch nie geflogen ist?

Zurück zu den Meilensteinen unseres Fahrzeugs. Im Gegensatz zur Rakete wird der Treibstoff für die *Dragon* schon etwa anderthalb Wochen vorher geladen, noch bevor wir in Quarantäne gehen. Unser *Dragon* kam nur wenige Tage vor uns im Hangar am Launch Complex 39A an, um mit der *Falcon 9* verbunden zu werden. Der nächste Schritt ist drei Tage vor Start, wenn die Rakete mit der integrierten *Dragon* zur Startrampe gerollt wird (Abb. 2.12) und in die Vertikale gebracht wird. Das dauert sogar mehrere Stunden! Zu den letzten Checks gehört ein sogenanntes *Static Fire*, das zwei Tage vor dem Start durchgeführt wird. Dabei werden alle Triebwerke für ein paar Sekunden gezündet, während die Rakete am Boden gehalten wird. Außerdem wird die letzte Fracht in den letzten Tagen verladen, da einige Experimente bis zur letzten Minute gekühlt werden müssen. In unserem Fall war das eine Lösung mit Zellen, bei denen wir Genveränderungen untersuchen wollten. Eine letzte Überprüfung der Startbereitschaft aller Systeme gibt ein GO, und ab hier ist das Wetter der wichtigste Faktor. Die letzten Aufgaben am Fahrzeug sind das Laden des Treibstoffs, was etwa 35 Minuten vor dem Start passiert, während wir schon oben drauf sitzen.

Abb. 2.12 Starttag: (*oben*) Im Ankleideraum bringe ich unser Missionsabzeichen zu den vorherigen Missionen am Starttag an. (*mittig*) Unser *Dragon Resilience* und die Rakete werden waagerecht zur Startrampe gerollt. Man kann den Ruß an der Rakete von ihren vorherigen Flügen sehen. (*unten*) Ich im Zugangsarm auf der Startrampe. Alle Bilder © SpaceX, alle Rechte vorbehalten

2.4.3 Launch

Grollen, schwanken, zischen, Blitzeinschläge, warten, warten, warten.

Die Luke ist geschlossen, und hier sitzen wir nun auf einer Rakete, die sich schnell mit Treibstoff füllt und bereit ist, uns in den Himmel zu schießen. Es fühlt sich erstaunlich ähnlich an wie unser Trainingsfahrzeug, und besonders hinter den Displays sitzend kann ich kaum nach draußen sehen. Es gibt keinen Hinweis darauf, dass wir tatsächlich 70 Meter über dem Boden sitzen. Ich strecke den Hals nach vorne, um zu sehen, wie sich der Zugangsarm zurückzieht, was der einzige Beweis auf die Außenwelt ist. In dieser Phase gehen wir eine ganze Reihe von Prozeduren durch, wie Kommunikationschecks, Dichtigkeitsprüfungen der Luke und der Anzüge und das Scharfschalten des Startabbruchsystems. Es gibt auch eine Menge Wartezeit, die wir damit verbringen, unseren eigenen Livestream zu schauen und über die Blitze zu staunen, die (anscheinend) um uns herum zu sehen sind. Viel sehen wir allerdings nicht. Es ist draußen dunkel geworden, also gibt es keine Chance, irgendetwas zu erkennen. Ich bin sehr entspannt, da ich stark vermute, dass wir heute nicht starten werden. Nicht bei so einem Gewitter draußen. Aber der Timer auf unserem Display läuft unerbittlich weiter. Und weiter.

Jetzt wird die zweite Stufe mit Treibstoff beladen. Ich bin immer noch nicht überzeugt, dass wir starten werden. Chun und Eric machen ihren kleinen Pre-Launch-Smalltalk. Wir sind bei $T - 10$ Minuten. Langsam, aber sicher merke ich, dass *Dragon* anfängt, leicht von Seite zu Seite zu schwanken. Das ist anders als beim Trainingsraumschiff. Im Hintergrund hören wir das Zischen des Treibstoffs. $T - 5$ Minuten. Sollen wir wirklich starten? Bei $T - 45$ Sekunden bekommen wir das GO von unserem Launch Director. Ab diesem Punkt kann nur noch *Dragon* selbst einen Startabbruch auslösen. Also sind wir startklar. Viel Zeit, das zu realisieren, bleibt nicht, und plötzlich ist der Countdown da.

Zehn, neun, acht, sieben, sechs, fünf, vier,
Drei
Zwei
Eins

Die Rakete erwacht zum Leben (Abb. 2.13). Ein tiefes, dunkles Grollen beginnt, unseren Rücken zu massieren, und wir werden in unsere Sitze gedrückt. Sanft, aber bestimmt, und der Druck nimmt zu. Das Adrenalin schießt ein. Ich erinnere mich, dass ich dachte: „Hier gehöre ich hin, und nirgendwo anders wäre ich lieber." Das ist das genaue Gegenteil von dem, was ich erwartet hätte. Und: „Wir fliegen wirklich ins All." Viel Zeit zum Nachdenken bleibt aber nicht, denn Jannicke und ich überwachen in dieser Phase alle Missionsstufen und die Beschleunigung. „Stage 1 Alpha", ruft Jannicke. So sanft durchgerüttelt zu werden, überrascht mich sehr, aber hier! kommt der Main Engine Cut Off, oder MECO. Wir werden nach vorne in den Gurt geschleudert. Was gerade passiert ist: Die Triebwerke der ersten Stufe der *Falcon 9* sind abgeschaltet, weshalb die Beschleunigung abrupt stoppt. Der Booster trennt sich jetzt von uns, macht einen kleinen Salto und landet auf einem automatisierten Drohnenschiff, um für eine nächste Mission wiederverwendet zu werden. Cool, oder?

Die Beschleunigung nimmt wieder zu, jetzt, wo die Triebwerke der zweiten Stufe zünden. Das sind spezielle Triebwerke, die für das Vakuum des Weltraums gebaut sind, denn genau da sind wir jetzt! Wir haben offiziell die Kármán-Linie überschritten, 100 km, und es geht weiter nach oben, nach oben, nach oben. Wieder der sanfte Druck in den Sitz, bereit für das nächste und wahrscheinlich wichtigste Ereignis, das den Eintritt in die Umlaufbahn markiert: Second Engine Cut Off oder SECO. Und da ist es: wieder ein Rumms nach vorne. Aber Moment mal, kein Zurückfallen in die Sitze? Warum falle ich nicht zurück? Und dann sehe ich, dass die Enden meiner Sitzgurte ebenfalls schweben. Sie schweben auf eine ganz merkwürdige Weise, das ergibt überhaupt keinen Sinn.

Wir beenden unsere Routinechecks und warten dann darauf, unsere Anzüge auszuziehen. Eric sagt über die Gegensprechanlage in unseren Anzügen: „Schau mal hier!" und ich sehe, wie er mit dem Stift aus seiner Tablettasche experimentiert. Er schwebt … wirklich. Ebenso die kleinen Reißverschlussenden der Taschen. Auch unsere Tablets, wenn man sie loslässt. Sogar unser Plüscheisbär, unser Schwerelosigkeitsindikator. Es fühlt sich an, als wäre ich in eine neue Welt eingetreten, in der die Regeln keinen Sinn ergeben. Ich hole auch meinen Stift heraus und fange an zu experimentieren, aber mein Körper signalisiert mir sofort, dass das keine gute Idee ist. Während des Aufstiegs haben wir unsere Köpfe stillgehalten, um Übelkeit zu vermeiden, aber jetzt holt sie mich definitiv ein, weil ich alles auf einmal sehen will.

Wir bekommen ein GO, um unsere Anzüge auszuziehen, genau während wir das erste Mal über die Antarktis fliegen, und Eric und Chun verlassen ihre Sitze und Anzüge. Ich entscheide mich, noch ein bisschen sitzen zu bleiben, um gegen die Übelkeit anzukämpfen, was besonders schwer ist während des „Schau, das ist die ERDE, wow, das musst du sehen!". Ja, das möchte ich schon. Also beschließe ich, es einfach hinter mich zu bringen und schwebe langsam, ganz langsam, aus meinem Sitz. Das ist das seltsamste Gefühl und sollte eigentlich nicht möglich sein. Wie durch ein Wunder schaffe ich es, meinen Anzug auszuziehen, ohne zu erbrechen, aber das folgt direkt danach.

Abb. 2.13 Der Moment des Starts von Rampe 39A. Bild © SpaceX, alle Rechte vorbehalten

Kein angenehmes Gefühl, überhaupt nicht. Vor allem, weil das Erbrochene keine Anstalten macht, in diese doofe Tüte zu gehen, sondern wegen der Oberflächenspannung der Flüssigkeit an meinem Gesicht klebt. Großartig! Schließlich schaffe ich es, alles wegzuwischen. Mission erfüllt.

Meine ersten Eindrücke danach waren: Desorientierung. Wo ist oben? Hier ist unten? Welchen Teil des Raumschiffs schaue ich gerade an und warum ist Erics Gesicht nicht da, wo ich es erwarte? Wo sind alle? Es sind flüchtige Sekunden der Verwirrung, aber dann ist da draußen etwas, das hell leuchtet, und ich sehe das Wunder, das die anderen schon gesehen haben: Die Erde. So ruhig. Im Schwarz schwebend, aber selbst hell. Sie bewegt sich so schnell! Mit der Atmosphäre wie ein Heiligenschein, der sie umgibt.

Das Diarama
Wolken schweben – aber seitwärts
Die Nordlichter steigen – aber erdwärts
Was eigentlich bedeutet Freiheit?
Sind wir nicht gefangen auf diesem Planeten?
Nur wenn wir es zulassen.
Die Sterne rufen.
Auf.

2.4.4 Ein Flugtagebuch

Ich wache aus einem tiefen Schlaf auf, schaue mich um und – ich bin überrascht, dass sich die Kabel irgendwie seltsam bewegen. Ach ja, ich bin im All. Jetzt erinnere ich mich, wie bizarr. Die Nacht war ziemlich ereignislos. Ich hoffe nur, dass nichts, was ich in meinen Schlafsack gesteckt habe, über Nacht davongeschwebt ist. Bevor ich Zeit habe, das zu überprüfen, entscheiden Jannicke und ich, das Morgenprozedere durchzugehen. Licht anpassen, das Missionskontrollzentrum rufen und Bescheid geben, dass wir wach sind. Während uns Mission Control gut gelaunt einen schönen Morgen wünscht, bereitet einer der anderen inzwischen das Frühstück vor. Wir erhalten auch eine Erinnerung an die Forschung heute Morgen, stimmt ja. Ich tauche in den Frachtraum und hole das morgendliche Experiment heraus: Speichelproben. Dafür müssen wir nüchtern sein, also nehmen wir alle die kleinen weißen Wattestäbchen und rollen sie in unseren Mündern herum, bevor wir essen dürfen.

Unser Essen ist in silberglänzenden Metallboxen, die, wenn du mich fragst, ziemlich spacig aussehen. Heute Morgen gibt es Tortillas mit Erdnussbutter und Marmelade. Da es der erste Morgen ist, experimentieren Eric und ich damit, wie man diese drei Zutaten am besten kombiniert: Ich versuche, sowohl Marmelade als auch Erdnussbutter direkt auf die Tortilla zu bekommen. Das Ergebnis ist so lala. Die Erdnussbutter wackelt stolz vor sich hin, bleibt immerhin auf der Tortilla, die Marmelade ist einfach überall an meinen Fingern. Eric beißt von der Tortilla ab und schlürft die anderen beiden Sachen direkt aus dem Beutel. Ich finde, Erics Technik gewinnt. Wir haben sogar Kaffee, der gefroren mitgeflogen ist und jetzt eine mehr oder weniger angenehm kalte Flüssigkeit ist.

Nachdem wir gegessen haben, fängt meistens jemand an, durch die Kabine zu schweben und die Schlafsäcke zu verstauen, weil sie zu viel Platz wegnehmen. Gleichzeitig ist Zeit für die Morgenhygiene: Zähneputzen, das Gesicht mit einem Feuchttuch abwischen. Wir wollen kein Wasser herumschweben haben. Man könnte theoretisch die Kleidung wechseln, aber das ist eigentlich wie auf Expedition: wir behalten die Sachen Tag und Nacht an, solange sie noch gut sind. Und es ist definitiv angenehmer als auf einer Polarexpedition, wo das Skifahren am Tag nicht hilft, Kleidung frisch zu halten … selbst mit der besten Merinowolle. „Sogar Unterwäsche?" hör ich dich fragen. Ich empfehle, Polarabenteurer zu fragen, wie oft die Unterwäsche benutzt wird. Nachdem die Kabine aufgeräumt ist, sind wir bereit, den Tag zu starten!

Normalerweise beginnen wir den Tag, indem wir die vordere Luke öffnen, um zur Cupola zu gelangen. Was für ein Ausblick am Morgen! Wir sind alle eine Weile von der Schönheit gefesselt.

Ein zweites (passives) Experiment besteht aus all den Biosensoren, die wir tragen. Am ersten Flugtag hatten wir alle angelegt, unter anderem ein Dosimeter, um die Strahlenbelastung zu messen.

Experiment: Strahlung

Wie viel Strahlung sind Menschen in verschiedenen Umlaufbahnen ausgesetzt?

Verschiedene Umlaufbahnen haben unterschiedliche Strahlenbelastungen. Je höher man fliegt, desto weniger schützt einen das Magnetfeld im Allgemeinen. Genau an den Polen läuft dieses zusammen und schützt so weniger. Es gibt auch die Südatlantische Anomalie, ein Bereich der Magnetosphäre, in dem eine höhere Anzahl energiereicher Teilchen beobachtet wurde. Astronaut*innen haben oft berichtet, beim Überfliegen Lichtblitze vor den Augen zu sehen, und auch elektronische Geräte wie Laptops sind direkt über dieser Region schon abgestürzt. Das Verständnis verschiedener Umlaufbahntypen ist daher entscheidend für das Wohlbefinden der Crew und die Funktionsfähigkeit der Ausrüstung. Da *Fram2* die erste polare Umlaufbahn ist, sind die Daten von großem Interesse.

Wir hatten sowohl ein Gerät im Fahrzeug installiert als auch persönliche Dosimeter dabei. Das Fahrzeugdosimeter ist vom gleichen Typ, der auch bei ISS-Missionen verwendet wird, und daher können die Daten zwischen verschiedenen Missionen verglichen werden.

Institut: NASA's Johnson Space Center, USA

Für mich besteht die erste Aufgabe jeden Tag darin, das Amateurfunkgerät auszupacken und aufzubauen. Wir führen einen internationalen Wettbewerb durch, bei dem wir Bilder zur Erde senden. Wir haben Fotos von drei Orten in den Polarregionen, die in Viertel aufgeteilt und durchmischt werden. Die Teams können sie empfangen, zusammensetzen und ihre Rolle in der Geschichte der Polarforschung herausfinden. Das Funkgerät ist mit Klettverschluss oben auf dem Anzeigepanel befestigt, also hole ich das Equipment heraus, baue es zusammen und starte die Software, die per Geofencing nur in Gebieten sendet, die an diesem Wettbewerb teilnehmen. Es ist tatsächlich eine großartige Orientierungshilfe für mich während der Mission, denn immer, wenn ich das Funkgerät senden sehe, weiß ich, dass wir gerade über Europa oder den USA sind! Gestern, am ersten Tag, hatten wir einen direkten Kontakt mit der Technischen Universität Berlin geplant. Beim Überflug eines bestimmten Ortes hatten wir ein etwa zehnminütiges Zeitfenster, in dem wir möglicherweise in Sichtlinie waren, um die Radiowellen direkt nach Berlin zu senden und zu empfangen. Zu Beginn des Fensters wiederholte ich immer wieder mein Rufzeichen: „Hier ist Lima Bravo Neun November Juliet, rufe Delta Kilo Null Tango Uniform. Hört ihr mich?" Das ist mein Rufzeichen LB9NJ im NATO-Alphabet. Es fühlt sich wie eine Ewigkeit an. Lima Bravo … Lima Bravo … als ich plötzlich eine Antwort anstatt Rauschen höre – und so deutlich! Ich habe schon einmal einen ähnlichen Kontakt auf dem Schiff vor Westafrika gehabt, aber dort habe ich nur ein sehr schwaches Signal gehört, fast nicht vom Rauschen zu unterscheiden. Das hier war perfekte Qualität! Es hat mich mehr begeistert, als ich erwartet hatte. Wir haben Fragen und Antworten ausgetauscht, eine davon kam vom regierenden Bürgermeister von Berlin. Leider haben wir nur zwei Fragen geschafft, und das nächste, was ich höre, ist … Applaus. Eine sehr herzerwärmende Interaktion. Was ich am Amateurfunk so sehr schätze, ist, dass er die Liebe zur Technik auf eine Weise fördert, bei der man sofortiges Feedback bekommt, wenn man gute Arbeit geleistet hat: die Stimme einer anderen Person, die es genauso gut gemacht hat. Oder, in diesem Fall, eines ganzen Teams. Es war die direkteste Form der Interaktion, die ich mir vorstellen konnte. Wir haben buchstäblich mit Menschen interagiert, während wir über sie hinweggeflogen sind.

Heute ist es Zeit für unser zweites Funkprojekt, den Bilderwettbewerb. Zum Glück konnten wir die Übertragung automatisieren, sodass meine Aufgabe nur darin bestand, das Equipment aufzubauen, es von Zeit zu Zeit zu überwachen und am Ende des Tages wieder abzubauen. Was stand als Nächstes auf der Liste?

Normalerweise hatten wir morgens und nachmittags Forschungsblöcke. Der heutige Forschungsblock am Morgen beinhaltete ein Experiment mit sogenanntem Okklusionstraining. Es war wahrscheinlich das aufwendigste Experiment, für das wir am Boden am meisten trainiert hatten, ebenso wie das Röntgenexperiment. Hauptsächlich, weil (1) die Datenerhebung richtig getimt werden muss und (2) eine ganze Menge Ausrüstung benötigt wird.

Experiment: Okklusionstraining

Wie können wir (a) die notwendige Trainingszeit verkürzen und (b) ein tragbares Gerät für den Einsatz im Weltraum entwickeln?

Wir haben das Training mit Okklusion oder Blutflussrestriktion (BFR) mit einem kompakten Widerstandsgerät getestet, das ideal für kleine Räume ist. Blutflussrestriktionstraining wird von Hochleistungssportlern auf der Erde genutzt. Es funktioniert so: Manschetten um die Oberschenkel begrenzen den Blutrückfluss aus den Muskeln und simulieren so das Äquivalent eines Trainings mit hohen Lasten, jedoch mit viel leichteren Gewichten. Das verursacht Mikroschäden im Muskelgewebe (ähnlich wie bei intensivem Training), was Wachstum und Reparatur auslöst. In der Mikrogravitation ist regelmäßiges Training essenziell, um Muskelabbau und Knochendichteverlust entgegenzuwirken. Astronaut*innen trainieren derzeit mehr als zwei Stunden pro Tag. Das Ziel hier ist, die Trainingszeit bei gleichem Effekt zu reduzieren. Unser getestetes Gerät ist leicht, tragbar und könnte wertvolle Zeit und Platz an Bord von Missionen sparen.

Zur Durchführung haben wir Manschetten angelegt, die von einem kleinen externen Gerät aufgepumpt werden. Eine Alternative sind Shorts mit Klettverschluss, die man um die Oberschenkel festziehen kann. Dann haben wir unser Trainingsgerät angelegt, das aus einem Klettergurt bestand, an dessen Seiten kleine Bungees befestigt waren, die wiederum mit Fußteilen verbunden waren. Wir haben sie liebevoll unsere goldenen Sandalen genannt. Dann ging es los: Die Manschetten wurden aufgepumpt und wir haben 30 Weltraumkniebeugen gemacht. Direkt danach haben wir einen Ultraschallscan der Venen in unserem Hals und unseren Beinen aufgenommen, um zu überprüfen, ob sie sich wie erwartet verhalten. Dann haben wir das Ganze nochmal wiederholt, dieses Mal mit weniger Kniebeugen. Insgesamt waren es vier Durchgänge.

Institut: Northumbria University und Sheffield Hallam University, UK

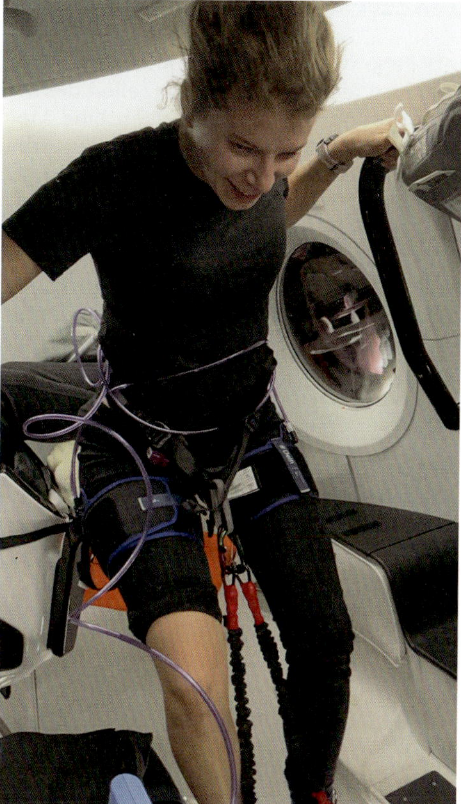

Space Squats, Bild © SpaceX, alle Rechte vorbehalten.

Danach holen Eric und ich zwei verschiedene Experimente heraus, die jeweils nur eine Person benötigen. Meins ist in riesigen Spritzen verpackt, die Zellkulturen enthalten.

Experiment: Weltraumgenomik

Wie verändert Mikrogravitation die Architektur und Aktivität unseres Genoms?

Schon nach wenigen Sekunden in der Schwerelosigkeit, zum Beispiel während eines Parabelflugs, kommt es zu Veränderungen in der Aktivität unserer Gene. Das heißt: Welche Gene in den Zellen aktiv sind, ändert sich in dieser neuen Umgebung extrem schnell. Wenn unsere grundlegenden biologischen Bausteine im All so rasch reagieren, müssen wir genau verstehen, was dort passiert – besonders, wenn wir auf längeren Missionen gesund bleiben wollen. Dabei interessiert uns vor allem, ob sich Zellen über längere Zeit an die Schwerelosigkeit anpassen können oder ob eher tief greifende, schädliche Veränderungen entstehen.

Für unser mehrere Tage dauerndes Experiment an Bord hatten wir deshalb zwei Lösungen vorbereitet: eine mit lebenden Zellen des menschlichen Immunsystems und eine Fixierlösung. Unser Ziel war es, eine Momentaufnahme der Zell-RNA zu gewinnen. Die RNA ist so etwas wie die „Arbeitskopie" der DNA und zeigt, welche Gene zu einem bestimmten Zeitpunkt aktiv sind. Sobald die Fixierlösung zu den Zellen gegeben wird, werden die Zellprozesse gestoppt, das RNA-Profil wird sozusagen eingefroren. Diese Momentaufnahme aus der Schwerelosigkeit vergleichen wir mit einer Zellkultur am Boden, um herauszufinden, wie genau die Mikrogravitation die Ausprägung der Gene und die Architektur unseres Genoms beeinflusst und ob diese Veränderungen dem Organismus schaden oder Risiken für die Gesundheit mit sich bringen.

Institut: Universität Zürich, Space Hub & Institut für Luft- und Raumfahrtmedizin, Schweiz

Wir beenden den Experimentblock pünktlich, sodass wir plötzlich etwas Freizeit haben. Ich habe eigentlich noch gar nicht viel aus dem Fenster geschaut, da wir am ersten Tag mit anderen Dingen beschäftigt waren und dieser Tag gerade erst begonnen hatte. Ich weiß nicht mehr, wie wir darauf kamen, aber es wurde einer der bewegendsten Momente dieser Mission für mich: einfach eine ganze Umlaufbahn lang hinauszuschauen. Wir starten in Dunkelheit und von Mission Control kommt die Durchsage, dass sie alle restlichen Lichter ausschalten würden, damit wir die Finsternis beobachten können. Ich schwebe zu Chun in die Cupola. Vorher war es einfach nur dunkel. Aber jetzt beginne ich langsam, zarte, orangefarbene Linien zu erkennen, erst eine, dann viele … Städte! Von völliger Dunkelheit zu einem unermesslichen Netz aus leuchtenden, geometrischen Formen. Wir fliegen über die USA, kommen aus dem Norden. Dann – ein Blitz! Noch einer! Was war das? Da war eine ganze Ansammlung davon. Noch ein Blick, und es stellt sich heraus, dass es ein Gewitter ist und die Blitzeinschläge leuchten grell auf. Ich frage mich, wo wir genau sind. Ich schaue nach und wir überqueren gerade Florida. Unsere Verbindung zu Florida, Quarantäne, Launch, Raumflug scheint nur aus einem kontinuierlichen Strom von Gewittern zu bestehen. Sie bedecken die gesamte Küste.

Es war auch sehr demütigend, daran zu denken, dass wir genau dort unten, nun so weit weg, gestartet sind. Ich erinnere mich, wie ich mit Eric und Jannicke vor ein paar Monaten am Strand in Cocoa Beach stand und einen Satellitenstart aus der Ferne beobachtete – das war unser erster Launch, den wir jemals gesehen haben. Die Sonne schien nachts aufzugehen. Damals war es der erste Moment, in dem „ins All fliegen" für mich wirklich Bedeutung bekam. Die Welt hinter sich lassen. Auch wenn wir die Rakete sehen konnten, schien sie so, so weit weg. Dasselbe Gefühl, nur umgekehrt, überkam mich jetzt: Da war die Erde, aber so weit entfernt, so unberührbar. Wir überqueren Florida, und eine Welle von dunklem Ozean folgt. Der Mond, schwebend im All, war eine kleine, perfekte Silhouette am Horizont – wenn man das so nennen kann – und verschwand ebenso schnell wieder hinter der rotierenden Erde. Links und rechts und über uns sehen wir Satelliten. Genau wie auf der Erde sind sie kleine, helle Punkte, die immer in Eile zu sein scheinen.

Das Nächste, woran ich mich erinnere, ist, wie die Sonne über der Antarktis aufgeht. Der Übergang von Dunkel zu Licht faszinierte mich. Ich war jedes Mal, wenn ich ihn sah, von seiner absoluten Perfektion gefesselt. Von Schwarz zum tiefsten Ultramarin, zu einem grau gewaschenen dunklen Kobalt, zu einem undefinierbaren Hauch von warmem Indigo, das sich in ein helles und fröhliches Türkis verwandelt, das schließlich in strahlendes Weiß übergeht. Besonders über der Antarktis schien die Landschaft eine perfekte Ebene zu spiegeln, einfach weiß, bis das Meer beginnt. An der Meeresküste kann man die großen Eisschelfe sehen, wobei die Sonne Schatten wirft, die man sogar aus dem All sehen kann; so majestätisch hoch ragen sie auf (Abb. 2.14). Sie fächern sich ins eisbedeckte Meer aus und geben den Blick frei auf das schönste Blau, das der scheinbar endlose Ozean bietet. In diesem Orbit nähern wir uns gerade Ostafrika. Afrika ist ein bunter Teppich aus tiefem Grün und leuchtendem Orangegelb. Da ist ein gewundener Fluss, der zunächst recht klein wirkt und dann wächst und sich ausbreitet. Um ihn herum ist Wüste, und als ich den Kontrast zwischen der Sandwüste, dem tiefblauen, fast schwarzen Fluss und dem grünen Band darum sehe, wird mir klar – das ist der Nil! Und dort ist das Rote Meer. Wie auf jeder Karte fächert sich der Nil in sein großes Delta auf. Wir versuchen, Kairo und die Pyramiden zu entdecken, aber leider ohne Erfolg.

Europa kommt schnell näher, worauf ich mich sehr freue. Da ist Italien, und hier kommen die Alpen. Mein liebster Anblick aus dem All sind wahrscheinlich schneebedeckte Berggipfel. Als Nächstes sehen wir Deutschland und ich strenge mich an, um Berlin zu finden. Am Tag ist es schwer, Hinweise auf Zivilisation zu erkennen, und es ist viel einfacher, geografische Merkmale zu sehen. Also halte ich nach zwei bestimmten Flüssen Ausschau und finde zuerst die Havel, dann die Spree, in denen sich die Sonne spiegelt. Das muss es sein! Mission erfüllt und gerade rechtzeitig, um zu beobachten, wie die Landschaft von grün zu weiß wechselt. Norwegen ist aus dem All zweifellos atemberaubend, all die endlosen Fjorde in einem verschlungenen Muster, das sich an der Küste entlangzieht. Und dann ist da eine Insel. Wir diskutieren. Spitzbergen?

Abb. 2.14 Meine analogen Fotos: (*oben links*) Die antarktischen Gletscher werfen Schatten, die wir aus dem All sehen konnten. (*oben rechts*) Die sonnige Seite der Antarktis, die sich ausbreitet und den Planeten wie Enceladus erscheinen lässt. (*unten links*) Der perfekte Wechsel von Tag zu Nacht über der Arktis. (*unten rechts*) Die Schwerelosigkeit begleitet nicht nur uns, sondern auch alle Objekte um uns herum

Abb. 2.15 Spitzbergen aus dem All. Bild © SpaceX, alle Rechte vorbehalten

Nein. Doch. Ja. Definitiv ja. Ich habe eine Karte von Spitzbergen in meiner Wohnung in Norwegen hängen und bin einfach so überrascht, dass es genau so aussieht. Ich kann Bjørnøya erkennen, die Bucht, in der Longyearbyen liegt, und weiter nördlich die Forschungsstation, an der ich in Ny Ålesund gearbeitet habe. Die nördliche Hälfte verschwindet in den Wolken und ein großer arktischer Sturm scheint sich zusammenzubrauen. Wir sehen einen gigantischen Wolkenwirbel, der scheinbar den Großteil der Arktis bedeckt. Während wir in der Cupola schweben, versuchen wir immer noch zu verstehen, was das war, bis wir wieder in die Finsternis eintauchen (Abb. 2.15).

Ich hatte auch ein echtes Papiertagebuch dabei. Ich habe nur einen kurzen Eintrag geschafft, der lautet:

> „Space Diaries"
> Wir gehören ins All. All die Sterne, nebeneinander, sind eine Einladung, ein Ruf.
> Die Erde ist nur der Anfang.
> Der schmale Streifen des Horizonts.
> Blitze leuchten auf.

Das Mittagessen ist nur eine Nebensache, es gibt einfach zu viel zu tun. Unser Mittagessen ist in mehreren Zip-Lock-Beuteln verpackt, weil wir auf keinen Fall wollen, dass Essens-FOD überall landet (siehe Infobox). Das heutige Mittagessen, das aus der Lunchbox schwebt, ist vorverpacktes Blumenkohlcurry. Das ist tatsächlich ziemlich gut.

Foreign Object Debris (FOD)

Einer dieser Raumfahrtbegriffe, die einem überall begegnen, ist FOD, Foreign Object Debris. Gemeint sind unerwünschte kleine Teile aus beliebigem Material, die, wie alles andere, anfangen zu schweben. Das können Plastik-, Stoff- oder Essensreste sein, die sich auf der Erde normalerweise am Boden sammeln und weggesaugt werden können. Im Zustand der Schwerelosigkeit möchte man das unbedingt vermeiden, damit nicht die Lüftungsschächte verstopfen oder man ein Stück Trockenfleisch ins Auge bekommt. Ziemlich selbsterklärend.

Jannicke arbeitet parallel daran, wunderschöne Aufnahmen der Erde zu machen, während Eric und ich mit der Forschung beschäftigt sind. Ein paar ihrer Aufnahmen sind allerdings auch für Forschungszwecke gedacht, wie für das Auroraexperiment.

Experiment: Projekt SolarMax

Normale Polarlichter erscheinen in Rot, Grün und Blau. Sie entstehen durch Teilchen der Sonne, die vom Magnetfeld der Erde gelenkt werden und in der Atmosphäre mit Gasen kollidieren. Das SolarMax-Projekt untersucht mehrere Erscheinungen, die wie Polarlichter aussehen können, aber entscheidende Unterschiede und vermutlich ganz andere Ursachen haben. Dazu gehören kleine grüne Lichtstreifen, Fragmente genannt. Sie dauern nur etwa eine Minute und stehen im rechten Winkel zum Magnetfeld. Andere Unterarten sind ungewöhnlich, weil sie weiß wirken, also aus allen Farben des sichtbaren Spektrums bestehen statt nur aus Rot, Grün oder Blau. Diese auroraähnlichen Phänomene sind noch kaum verstanden. Forschende und Citizen Scientists arbeiten gemeinsam daran, mehr darüber herauszufinden. Citizen Scientists sind interessierte Laien, die freiwillig an wissenschaftlicher Forschung mitwirken und Daten sammeln oder auswerten. Eine Gruppe hat sogar eine Form der weißen Auroravariante entdeckt, genannt STEVE. Ziel ist es, ein dreidimensionales Modell dieser Phänomene zu erstellen und zu verstehen, ob und wie all diese zusammenhängen, indem Bilder von Bodenstationen, Citizen Scientists und auch die Fotos von *Fram2* aus dem All miteinander trianguliert werden. Anders als die weiteren Experimente an Bord ging es hier auch viel um die Einbindung der Allgemeinheit in ein Forschungsprojekt. Der Fokus lag somit nicht nur auf der Datensammlung, sondern auf der Organisation von Forschenden, Observatorien und Bürger*innen in einem gemeinsamen Projekt.

Fotograf*innen auf der ganzen Welt wurden gebeten, während des 3,5 Tage langen Missionsfensters Bilder aufzunehmen. Mit Kameras an Bord und

Jannicke als Fotografin war die Aufgabe von *Fram2*, Videos aus dem All aufzunehmen. Die Daten werden noch ausgewertet, aber während des *Fram2*-Flugs wurden bereits 187 Beobachtungen von Citizen Scientists in die Skywarden-Datenbank eingereicht. SolarMax war eine besondere Gelegenheit zur Mitarbeit, während *Fram2* in der Umlaufbahn war, aber Citizen Scientists können Skywarden jederzeit nutzen. Wenn du irgendwann unter den farbenfrohen Lichtern stehst, kannst du hier beitragen: https://www.taivaanvahti.fi/.

Projektleitung: Katie Herlingshaw; weitere Forschende: Noora Partamies, Lena Mielke vom University Centre in Svalbard (UNIS), Spitzbergen

Gerade jetzt richtet Jannicke die Kameras in der Cupola und an einem Seitenfenster aus. Chun schwebt auf seinem Sitz und bereitet unseren täglichen Post vor, um die Reise so authentisch wie möglich zu teilen. Nach einem schnellen Check, dass das Funkgerät noch läuft, steht für den Nachmittag eine weitere Runde Röntgenforschung an. Es ist eines der drei großen Experimente, für die wir schon viele Pre-Flight-Daten gesammelt haben, also fühlt es sich an wie ein alter Freund.

Experiment: Röntgen

Durch den Knochenabbau in der Mikrogravitation können Knochenbrüche bei Langzeitmissionen wahrscheinlicher werden. Wir benötigen daher eine Möglichkeit, Brüche zu diagnostizieren und die Knochendichte zu überwachen. Röntgenstrahlen können nicht nur für Knochen verwendet werden, sondern sie zeigen auch das Innenleben von Elektronik. Das könnte verhindern, dass man bei einer Fehlfunktion Geräte öffnen muss. Als wir das erste Röntgenbild im All gemacht haben, haben wir das allererste überhaupt nachgestellt: die Hand von Wilhelm Röntgens Frau, Anna Ludwig, im Jahr 1895.

Unsere Ausrüstung bestand aus einem Röntgengenerator, einem Detektor und einem Laptop für die Auswertung. Mit dem Generator, der die Röntgenstrahlen aussendete, positionierten wir das Untersuchungsobjekt (Hand oder Uhr) vor dem Detektor. Der Laptop empfing das Rohbild und verbesserte es hinsichtlich Sichtbarkeit und Klarheit. Wir haben abwechselnd verschiedene Körperteile und elektronische Geräte geröntgt. Mein Lieblingsbild ist ein Oberkörperbild, weil man darauf auch die Elektronik des Biosensors sieht, den wir tragen! Beide Ziele sind somit auf einem Bild festgehalten.

Institut: SpaceXray Team (Mayo Clinic, Massachusetts Institute of Technology, MinXray Inc, KA Inc, USA)

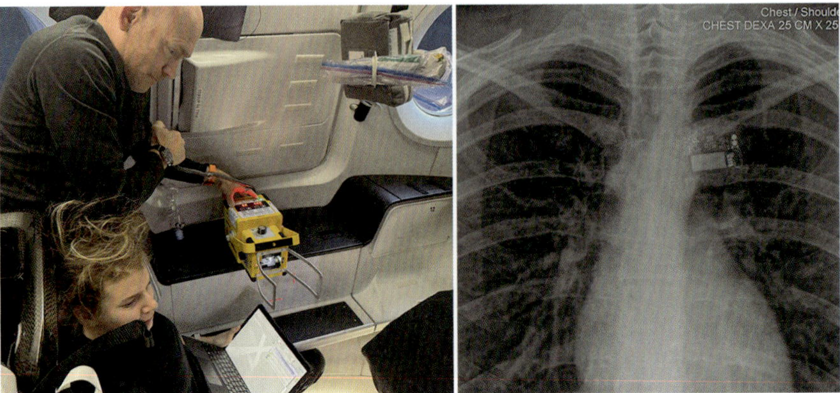

(*links*) Das erste Röntgenbild im All, aufgenommen mit dem gelben Generator. Bild © SpaceX, alle Rechte vorbehalten. (*rechts*) Röntgenbild meines Brustkorbs, das sowohl den Brustkorb als auch einen angelegten Biosensor zeigt. Bild © SpaceX, alle Rechte vorbehalten

Dann ist es Zeit für ein paar Fotos für Familie und Freunde. Ich habe viele kleine Gegenstände von Familienmitgliedern und Freunden mitgenommen, die mir auf dem Weg zu dieser Mission geholfen haben. Hier sind ein paar lustige kleine Andenken:

20-seitiger Würfel: Mein Favorit unter ihnen ist ein Glaswürfel, der das Licht auf wunderschöne Weise reflektiert und meine Freunde und meine Liebe zu Rollenspielen wie Dungeons & Dragons widerspiegelt. Ich dachte mir, dass die beste Art, einen Würfel im All zu werfen, darin besteht, ihm einen kleinen Drall zu geben, loszulassen und ihn in der Faust zu fangen – die Zahl, die nicht von der Hand verdeckt ist, ist die endgültige Zahl.

Schmuck: Immer ein Favorit und leicht mitzunehmen. Meine größte Faszination für Gegenstände im All galt Halsketten. Sie schienen in ihren Bewegungen flüssig zu werden, was für das Material einfach nicht passend erschien. Wenn wir von Kunstinstallationen in der Schwerelosigkeit träumen, möchte ich wirklich eine sehen, die Halsketten einsetzt.

Eine kleine Glocke: Eine Miniaturversion einer größeren Glocke, der Freiheitsglocke, die im Rathaus Schöneberg in Berlin hängt. Das ist der Teil Berlins, in dem ich geboren wurde. Meine Eltern haben sie mir zum Mitfliegen gegeben, also war es ein schönes kleines Symbol für Zuhause. Die Originalglocke ist mit viel Geschichte verbunden und diente als Symbol der Freiheit, als Berlin während des Kalten Krieges geteilt war.

Otto-Lilienthal-Medaille: Eine historische Medaille zu Ehren des Luftfahrtpioniers Otto Lilienthal (siehe Abb. 2.16.) Er war einer der ersten Menschen, die den Vogelflug studierten und eigene Flugapparate bauten. Ich bewundere seinen Pioniergeist und war als Kind sehr inspiriert, als ich von seinem Mut hörte. Die Medaille wurde freundlicherweise vom Technikmuseum Berlin zur Verfügung gestellt und ist nach unserer Rückkehr dort wieder ausgestellt.

Space-Team-Patches: Eine Erinnerung daran, was meine Begeisterung für New Space geweckt hat, und eine Möglichkeit, dem Studierendenteam etwas zurückzugeben.

Analoge Kamera: Meine Minolta X-300 war überall mit dabei. Auf See, in der Arktis und jetzt im All. Ich hatte sehr wenig Zeit, den Film zu knipsen, und habe nur etwa 15 Bilder auf einen Film geschafft. Zum Glück sind die Fotos anständig geworden und ich habe einige davon hier im Buch eingefügt (Abb. 2.14).

Ein Jo-Jo: Einfach ein albernes kleines Spielzeug. Ich habe es ausprobiert, aber der einzige große Unterschied war, dass man das Jo-Jo nicht nur nach unten ausrollen kann, sondern in jede Richtung.

Ein Synthesizer: Eines der spaßigsten Geräte! Beim ersten Manöver im Orbit habe ich die Triebwerke aufgenommen und später die Klimaanlage. Ich habe beides als rhythmische Basis für einen kurzen Song verwendet, den Eric und ich freestylemäßig darüber gesungen haben, eine Mischung aus Technik und Kunst.

Die Fotosession ist im Nu vorbei. Der Abendplan sieht noch ein letztes Experiment vor, also holen wir kleine Geräte heraus, die unser Blut abnehmen sollen.

Experiment: Blutproduktion im All

Frage: Wie verändert sich die Produktion roter Blutkörperchen in der Mikrogravitation? Bonusfrage: Wie können wir Blutabnahmen im All vereinfachen?

Blutabnahmen im All sind schwierig, weil das Blut nicht einfach „herausfließt". Auf der ISS ist dafür ein intravenöser Eingriff nötig, was eine aufwendige Prozedur ist. Wir haben ein einfach zu bedienendes Gerät für die Blutentnahme zum

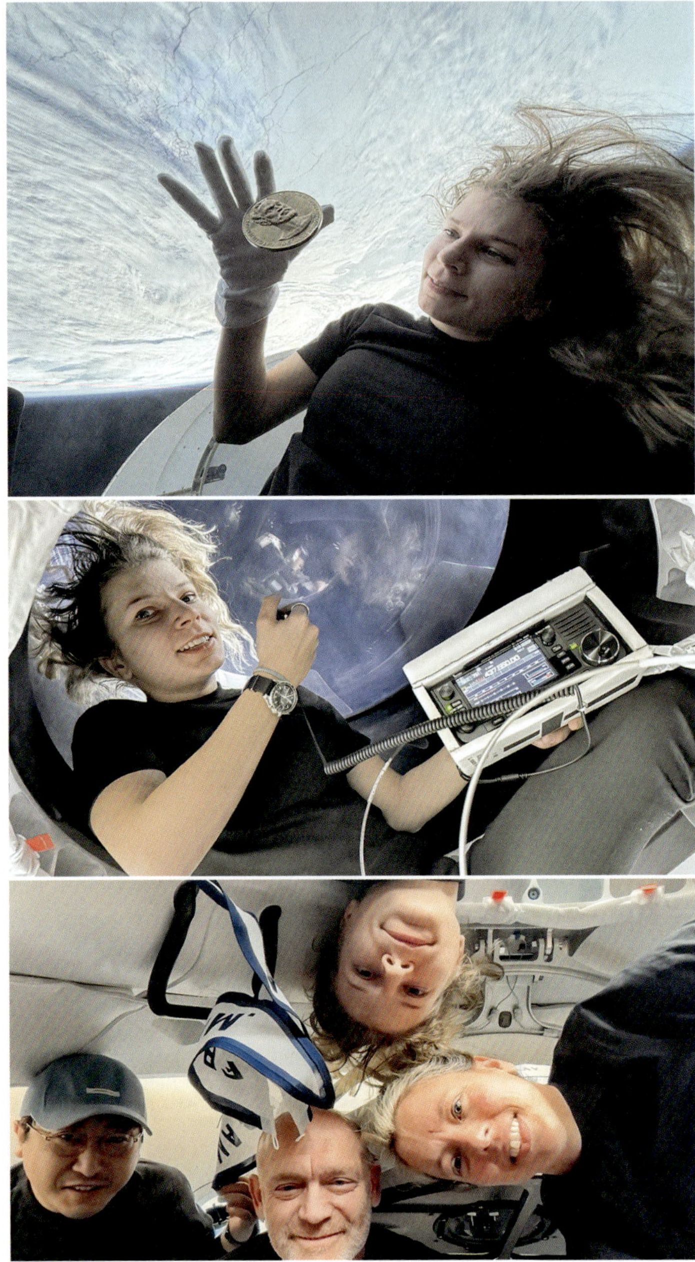

Abb. 2.16 Leben in der Umlaufbahn: (*oben*) Ich lasse die Otto-Lilienthal-Medaille in der Cupola schweben, freundlicherweise vom Deutschen Technikmuseum Berlin geliehen. (*mittig*) Das Amateurfunkgerät und ich senden Bilder zur Erde. (*unten*) Die Crew bei einer Medienveranstaltung mit dem Fram-Museum, wo das Originalschiff noch heute zu sehen ist. Alle Bilder © SpaceX, alle Rechte vorbehalten

Laufen gebracht. Bei dieser Blutabnahme wollen die Forschenden sehen, wie sich die Produktion roter Blutkörperchen in der Mikrogravitation verändert.

Wir hatten Geräte, die man sich auf den Oberarm kleben konnte. Dann drückten wir einen Knopf, der einen kleinen Einstich in die Haut macht. Wir haben unsere Arme durch Massieren aufgewärmt, damit das Blut an die Oberfläche kommt. Aber anfangs hatten wir wenig Glück, das Blut in die kleinen angehängten Röhrchen zu bekommen. Nicht einmal Tropfen. Wir haben experimentiert, indem wir uns gegenseitig wie in einer Zentrifuge herumgedreht haben. Das hat nicht funktioniert. Am Ende haben wir eine Version entwickelt, die wir „The Chicken Wing" nannten: Bizeps anspannen und den Arm schnell heranziehen. Ich habe das an Mission Control durchgegeben, und da wir zu dem Zeitpunkt keine Kameras anhatten, habe ich sehr gehofft, dass wenigstens einige der Bodenoperatoren die Geste selbst ausprobiert haben. Ich schätze, wir werden nie erfahren, ob es jemand getan hat.

Institut: Universität Malta

Nach dem Abendessen, zu dem auch ein paar Schokolinsen gehören, die wir uns wie kleine bunte Raumschiffe zuschicken, holen wir unsere Schlafsäcke heraus, und ich befestige meinen am Sitzende. Ich nehme die Schlafmaske und die Ohrstöpsel heraus, die mir helfen, komplett abgeschottet zu sein. Jannicke und ich führen die Pre-Sleep-Prozeduren durch und melden Mission Control, dass wir uns bettfertig machen. Eigentlich hätten wir schon vor einer Stunde schlafen gehen sollen, aber es gab zu viele Aufgaben zu erledigen, sodass wir jetzt völlig erschöpft sind. Ich war selten in meinem Leben so müde. Wir schließen die Luke zur Cupola, decken die Fenster ab, um nicht bei jedem halben Orbit vom Licht geblendet zu werden, und dimmen das Kabinenlicht.

Experiment: Schlafhygiene

Wie beeinflusst der Raumflug unseren Schlaf?

Wie wir vorher gelernt haben, ist Schlaf ein Faktor, der die Leistungsfähigkeit nicht nur im All, sondern auch auf der Erde beeinflusst. Es besteht großes Interesse daran, die Schlafqualität im All zu optimieren, da unser Fehlermargin in den Operationen sehr klein ist und die Tage mit wichtiger Arbeit vollgepackt sind. Schlaf war ein so wichtiger Faktor, dass wir eine Woche Quarantäne mit Schlafverschiebung verbracht haben, um uns an die Missionszeit anzupassen. Die Idee dieser Studie war, unsere Schlafqualität im Ausgangszustand mit der im Flug zu vergleichen.

Wir hatten einen tragbaren Sensor, den wir vor, während und kurz nach der Mission getragen haben. Das brachte die Gesamtzahl der Sensoren auf: eine Garmin-Uhr, einen Glukosemonitor, einen Biobutton, einen Oura-Ring und ein persönliches Dosimeter (zur Strahlungsmessung). Viel zu tun gab es dabei nicht, außer: schlafen!

Institut: Medical University of South Carolina, USA

Kleine Anpassungen

Es gab kleine Momente, die mein Gehirn schockierten, und in denen mir wieder klar wurde, dass ich tatsächlich im All war.

Aufgedunsene Gesichter: Dass sich Flüssigkeiten im All verschieben, hat auch eine sehr sichtbare Nebenwirkung, nämlich dass das Gesicht aufgedunsen aussieht. Ich habe mich nie ganz an Chuns und Erics „Space Faces" gewöhnt. Es sah einfach so aus, als würde ich mit einer leicht außerirdischen Version von ihnen sprechen. Sie sprachen mit derselben Stimme und sahen sicher wie entfernte Verwandte aus, nur ein bisschen zu ähnlich.

Behälter: Was mein Gehirn in Bezug auf Mikrogravitation immer wieder aus dem Konzept brachte, ist, dass sie auch im Inneren von Behältern gilt. Was natürlich logisch ist. Das Schweben erscheint irgendwann natürlich, aber eine Tasche zu öffnen und alles darin schweben zu sehen, fühlt sich trotzdem falsch an. Besonders bei durchsichtigen, wiederverschließbaren Beuteln. Wir haben beispielsweise einen Müllbeutel, in den ich leere Verpackungen stecken möchte. Aber gut, sie gehen nicht automatisch *in* den Beutel. Sie haben die Unverschämtheit, einfach am Rand des Beutels zu schweben. Das Öffnen der Fracht mit dem Forschungsequipment, und vor allem das Packen, ist genauso verblüffend. Wenn ich größere Experimente einpacken will, brauche ich etwas Zeit, um herauszufinden, wie ich den Rest des Beutelinhalts davon abhalte, beim Öffnen spontan herauszufliegen. Langsam und vorsichtig ist die Devise, denn sonst bleibt der kleinste Impuls bestehen.

Den letzten Schluck Wasser trinken: Den Großteil der Wasserflasche zu trinken fühlte sich natürlich an, oder sagen wir „gravitationsnatürlich", weil man einfach trinkt. Aber dann kommt der Punkt, an dem das Wasser einfach an den Innenwänden der Flasche schwebt, und selbst wenn man sie auf den Kopf stellt, kommt nichts heraus. Macht Sinn. Nicht intuitiv, aber logisch. Eric hat schon in den ersten Stunden im Orbit herausgefunden, dass er mit kontrolliertem Vor- und Zurückschieben der Flasche die Kräfte auf das Wasser nutzen kann, um es zu trinken. Wir haben diese Technik für den Rest der Reise verwendet, aber ich habe trotzdem immer wieder instinktiv versucht, die Flasche auf den Kopf zu stellen. Eric und ich haben sogar einmal einen

Wetttrinken gemacht, was sehr langsam vonstatten lief. Das kannst du wahrscheinlich simulieren, indem du versuchst, aus einer Flasche mit wenig Wasser zu trinken, indem du sie schnell zu deinem Gesicht beschleunigst – nur dass bei dir die Schwerkraft viel schneller hilft als bei uns. Für ausgeschlagene Zähne übernehme ich keine Verantwortung.

Klebriges Wasser: In einem Fall, als wir experimentiert haben, wie man am besten Wasser trinkt, sind ein paar Tropfen entkommen und an die Innenwände des Raumschiffs gelangt. Und sind einfach dort geblieben. Sie sind zum Beispiel nicht heruntergelaufen. Irgendwie hat das Verhalten des Wassers für mich so ausgesehen, als wäre es eine völlig neue Flüssigkeit, auf die Begriffe wie „nass" nicht mehr wirklich zutrafen.

Objekte vorübergehend ablegen (Tipp: Tu es besser nicht): Immer wenn ich keine freien Klettparkplätze an der Wand mehr hatte, habe ich manchmal versucht, Gegenstände, mit denen ich gerade gearbeitet habe, aber kurz irgendwo ablegen musste, einfach „abzulegen". Ich habe sie irgendwo neben mir schweben lassen, die Aufgaben erledigt, auf die ich mich konzentriert habe, mich umgedreht – und weg waren sie. Am Ende wurde ich ziemlich geschickt darin, Dinge einfach mit meinen Beinen festzuhalten.

Willkürliches Wegschweben: Besonders an den ersten beiden Flugtagen habe ich überhaupt nicht daran gedacht, wie sich Trägheit darauf auswirkt, dass ich in zufällige Richtungen schwebe. Ich habe eine Aufgabe begonnen, zum Beispiel auf den Röntgengenerator gedrückt, um ihn an einer Oberfläche zu stabilisieren. Aber dann bin ich nach oben geschwebt, immer weiter nach oben, habe den Generator nicht mehr erreicht und gesagt: „Hey, kann mich jemand halten!" und wenn ich Glück hatte, hat das auch jemand getan. In der Zwischenzeit hatte der Generator auch beschlossen, nicht mehr „auf" der Oberfläche zu sein. Also wieder von vorne. Ich habe eine ganze Weile gebraucht, um zu lernen, nicht gegen Dinge zu drücken, um wirklich bei der Aufgabe zu bleiben.

Verwirrte Geräte: Offenbar war ich nicht das einzige verwirrte Wesen. Unsere Tablets und Laptops, die auf der Erde den Bildschirm rotieren können, wollten natürlich auch im All hilfreich sein und haben sich fröhlich weiter rotiert. Aber wo war jetzt eigentlich „oben" oder „unten"? Ich wusste es nicht und das Tablet definitiv auch nicht, und so hat es ständig die Ausrichtung gewechselt, bis ich die Drehfunktion deaktiviert habe.

Schwebendes An- und Ausziehen des Raumanzugs: Wir hatten das An- und Ausziehen der Anzüge unzählige Male am Boden geübt. An, aus, an, aus, an im Trainingsfahrzeug, draußen ausziehen … und so weiter. Natürlich haben wir darüber gesprochen, wie sich die Prozeduren unterscheiden würden, aber die echte Schwerelosigkeitsversion hat sich trotzdem wie ein wahr gewordener Traum angefühlt. Ziehe ich wirklich gerade einen Raumanzug im All aus? Er fühlte sich viel leichter an, der sonst so schwere Anzug wog jetzt nichts mehr. Am Boden habe ich manchmal die Schwerkraft genutzt, um ihn auszuziehen, diesmal haben wir uns gegenseitig geholfen. Es lief trotzdem sehr reibungslos und den Anzug wie eine eigene Person schweben zu sehen, hatte etwas Unheimliches.

Die sich schnell drehende Erde: Als wir vor der Mission mit anderen Astronaut*innen gesprochen haben, hatten wir gehört, dass die Erde sehr schnell zu rotieren scheint, wenn man aus dem Fenster schaut (was übrigens auch ein Auslöser für Übelkeit sein kann). Ich hatte Livebilder von der ISS gesehen, aber trotzdem war ich nicht darauf vorbereitet, wie sehr sich dieser ganze Planet drehen kann. In gewisser Weise war es die gleiche Faszination, etwas so Massives wie die Erde so schnell rotieren zu sehen, wie schwere Gegenstände in der Kabine schweben zu sehen, nur in einer völlig anderen Größenordnung. Es war im besten Fall berauschend und im schlimmsten Fall übelkeitserregend.

2.4.5 Wasserung

Als wir am vierten Flugtag aufwachen, fühlt es sich an, als wäre der letzte Tag viel zu früh gekommen. Jetzt ist es Zeit, die Kabine zu packen und sich auf die Heimreise vorzubereiten. Das Packen der Kabine ist absolut entscheidend. Wenn wir falsch packen, kann der Schwerpunkt zu weit von dem berechneten Wert abweichen. Das Raumschiff erwartet, dass sein Schwerpunkt an einem bestimmten Punkt liegt, und wir haben sogar unsere persönlichen Schwerpunkte in speziellen Sitzen mit Drucksensoren gemessen. Wenn er abweicht, könnte das bedeuten, dass das Raumschiff beim Wiedereintritt instabil wird, wenn die extremen Kräfte auf es einwirken. Wir haben ein paar Stunden vor der eigentlichen Wasserung mit den Wiedereintrittsvorbereitungen begonnen. Das Packen und Sichern hat eine ganze Weile gedauert, ebenso wie das Anziehen der Anzüge. Parallel dazu haben wir noch einige technische Tests durchgeführt, während wir auf den Start des Wiedereintrittsmanövers gewartet haben. Der Rückflug zur Erde bedeutet, das Raumschiff zu verlangsamen, was uns im ersten Schritt auf eine niedrigere Umlaufbahn bringt und nach einem zweiten Burn unsere Flugbahn auf die Erde ausrichtet. Um den Körper wieder auf die Schwerkraft vorzubereiten, ist es üblich, eine sogenannte Fluid Load durchzuführen. Das bedeutet im Grunde, viel Wasser zu trinken (in meinem Fall 1 Liter) zusammen mit Salztabletten. Der Effekt ist, dass man die Flüssigkeitsverschiebung aus dem Oberkörper ausgleicht und beim Ankommen auf der Erde weniger leicht schwindelig oder ohnmächtig wird. Mir geht es nicht besonders gut; die Übelkeit ist ein wenig zurückgekommen. Meine Hauptsorge ist, auf keinen Fall in den Anzug zu erbrechen, während das Visier unten ist. Also: Anzug an, zurück in den Sitz, Gurte festziehen. Wir waren uns alle einig, dass wir gerne noch einen Tag mehr gehabt hätten, aber bald sitzen wir in unseren Sitzen und warten.

Der Wiedereintrittsmanöver dauert etwa 16 Minuten, und danach sind es noch etwa 35 Minuten bis zur Wasserung. Die Erde leuchtet immer noch majestätisch hell aus dem Fenster, aber sie sieht so weit, weit entfernt aus. Und hier kommt die Schwerkraft zurück. Zuerst ist es nur ein winziges Gefühl, aber bald spürt mein Körper die Beschleunigung. Aber Moment, das sind bisher nur 0,5*g*! In diesem Moment weiß ich, dass uns noch viel bevorsteht. Ich spüre die Kräfte auf meinen Körper, aber wir haben noch nicht einmal normale Schwerkraft erreicht. Und es war wirklich ein wilder Ritt. Ab diesem Punkt fühlt sich alles extrem schnell an. Wir werden in unsere Sitze gedrückt. Ich recke den Kopf und werde mit dem fantastischsten Anblick belohnt. Wir können das eigentliche Plasma draußen an den Fenstern sehen. Sanfte, durchscheinende, fast schüchterne Flammen züngeln außen an der Raumkapsel hoch, ein orangefarbener, transparenter Vorhang zwischen uns und dem Planeten. Die Erde kommt näher. Es ist immer noch unglaublich für mich, dass wir so weit unten in einem der Ozeane landen sollen, den wir gerade als Miniatur sehen. Von etwa 27.000 auf 0 km/h. Die Beschleunigung nimmt zu; meine Brust fühlt sich immer mehr zusammengedrückt an, das Atmen wird schwierig. Ich höre Jannickes Durchsagen, ich höre, wie sie vor jeder Ansage tief durchatmet, um die Beschleunigungskräfte auszugleichen. Das seltsamste Gefühl ist, als würden meine Beine wieder mit Flüssigkeit gefüllt. Von den Oberschenkeln langsam nach unten kriechend, ein etwas kühles Gefühl.

Ich wage es nicht, mich zu bewegen, und kann es auch nicht. Für einen winzigen Moment gehen die Beschleunigungskräfte über das Limit für diese Phase hinaus, aber es fühlt sich wie Stunden an. Haben wir doch falsch gepackt? Ich bin erleichtert, als ich sehe, wie der Indikator wieder in den Normalbereich zurückkehrt. Als Nächstes, einer der wichtigsten Schritte, um unseren freien Fall zu stoppen, sollten die Fallschirme kommen. Das ist, worauf ich in dieser Phase warte. Ich schalte auf die Fallschirmkamera um und beobachte die

Höhenanzeige, um mich auf das Auslösen der Fallschirme vorzubereiten. Es fühlt sich wie eine Ewigkeit an, aber plötzlich zünden die Pyros, und zwei kleine Bremsschirme schießen in den Himmel. Wir spüren einen kräftigen Ruck, der unsere sichere Ankunft signalisiert. Das schönere Schauspiel ist das Öffnen der Hauptfallschirme – vier quallenartige Stoffbahnen schnellen direkt danach nach oben und jetzt sind wir zu Hause. Der letzte Kilometer ist ein Kinderspiel in Richtung der Ozeanwellen, wo wir sanft aufsetzen. Sofort nehmen uns die Wellen des Ozeans in ihre bewegten Arme, und Jannicke und ich beginnen mit den Prozeduren nach der Wasserung, überprüfen den Zustand des Fahrzeugs und der Umgebung und kommunizieren mit der Bodenstation. Es ist ein wunderschöner Tag, was natürlich auch so sein muss, damit wir landen dürfen. Viel sehen wir nicht, denn die Außenseite von *Dragon* ist natürlich vom Wiedereintritt in die Atmosphäre pechschwarz verbrannt. Draußen nähern sich Schnellboote, um ein Geschirr am Raumschiff zu befestigen, damit es auf das Bergungsschiff gehoben werden kann (Abb. 2.17). Ich übergebe mich taktisch, bevor ich weiß, dass wir gleich im Livestream gefilmt werden.

Während wir darauf warten, hochgehoben zu werden, spüren wir alle sofort ein Gefühl der Erfüllung, dass wir es als Team geschafft haben. Wir geben uns einen Fistbump und schütteln uns in den Sitzen die behandschuhten Hände. Was für ein Abenteuer. Es ist kaum zu glauben, dass wir den Planeten erst vor ein paar Tagen verlassen haben. Bevor die Luke geöffnet wird, experimentiere ich ein wenig mit meinen Armen in dieser neu gefundenen Umgebung der Schwerkraft, und sie scheinen ganz in Ordnung zu sein. Die Luke öffnet sich, und das erste Gesicht, das wir sehen, ist das unseres Flugarztes.

Zwei Dinge fallen mir bei der Ankunft besonders auf: bekannte Gesichter zu sehen, was mich wirklich berührt. Es zeigt auf eine Art, wie weit weg wir gewesen sind. Das zweite ist der Geruch der Erde. Ein Luftzug kommt herein und riecht so süß-salzig, selbst nach nur drei Tagen. Unsere Forschungsbeauftragte steckt ihren Kopf in die Kabine, und wir bekommen eine kurze Erinnerung, wie wir das Ausstiegsexperiment durchführen sollen, und dann ist es Zeit auszusteigen.

Experiment: Selbstständiges Verlassen des Raumschiffs

Welche Herausforderungen gibt es für Astronaut*innen, die ein Raumschiff eigenständig verlassen?

Beim Verlassen eines Raumschiffs auf unerforschten Planeten müssen Astronaut*innen möglicherweise sofort auf Notfälle reagieren oder Aufgaben erledigen. Wie können wir (a) Engpässe und Zeitbedarf beim selbstständigen Ausstieg identifizieren und (b) Trainingsmöglichkeiten dafür auf der Erde entwickeln? Wir wurden beim Ausstieg aus dem Raumschiff vor und nach dem

Abb. 2.17 Splashdown: (*oben*) Wir sind in der Nähe von Oceanside an der Westküste der USA gewassert. (*unten*) Das Bergungsschiff *Shannon* wartet darauf, uns in der Kapsel hochzuheben. Die Kapsel sieht nach dem Atmosphäreneintritt etwas verbrannt wie ein Marshmallow aus. Alle Bilder © SpaceX, alle Rechte vorbehalten

Flug gestoppt. Die Zeit zu kennen, ist wichtig für die Planung von Abläufen. Wenn wir zum Beispiel fünfmal so lange brauchen, wäre es hilfreich, das für Notfallmaßnahmen zu wissen. Wir haben das Raumschiff auch mit einer Trainingsumgebung verglichen, um deren Trainingspotenzial zu bewerten. Raumanzüge sind sperrig, die Schwerkraft kann unerwartet sein, daher ist das Aussteigen schwieriger, als es klingt.

Das Experiment hatte zwei Teile. Einen, bei dem wir eine Trainingsumgebung auf der Erde bewertet haben, und einen, bei dem wir unsere Leistung beim Ausstieg aus dem echten Raumschiff beurteilt haben. Wir hatten unseren Ausstieg aus dem Trainingsraumschiff in Hawthorne gestoppt. Jetzt war es Zeit für den Ernstfall: Ich hatte nach der Landung mit meinen Armen experimentiert. Das gelingt ganz gut. Ich bin als Erstes an der Reihe und lehne ich mich nach vorne. Allein den Oberkörper zu bewegen ist so viel schwerer als die Arme. Es fühlt sich an, als säße ein Elefant auf meiner Brust. Ich bewege mich vorwärts und brauche eine kleine Pause. Dann ist es Zeit, aufzustehen, meine Fußstütze zu entfernen und eine 15-kg-Tasche herauszunehmen, was leichter ist als erwartet. Falls wir es nicht geschafft hätten, wäre eine leichtere Tasche bereit gewesen. Ich sammle mich noch einmal und blicke auf eine schmale silberne Planke auf einem schwankenden Boot. Mein Selbstvertrauen, diesen Ausstieg zu meistern, ist ziemlich gering, aber ich hebe meine viel zu schweren Beine, versuche, meinen Helm nicht ungeschickt am Türrahmen zu stoßen, und entkomme in die frische Luft. Geschafft!

Institut: KBR/NASA Johnson Space Center, USA

Nachdem ich den Ausstieg geschafft habe, stehe ich auf und gehe nach vorne. Jemand zeigt mir die Kamera; ich winke schnell noch einmal automatisch, bevor ich benommen zur Krankenstation des Schiffs wanke. Sobald ich auf die Trage sinke, kann ich aus eigener Kraft nicht mehr viel tun. Alles fühlt sich extrem schwer an. Eine der Krankenschwestern hilft mir aus dem Anzug und beim Umziehen, dann werden einige Vitalwerte gemessen. Sie ist die Krankenschwester, die Eric und mich beim medizinischen Training begleitet hat, und irgendwie gibt mir dieses kleine Detail sofort ein Gefühl von Zuhause (Abb. 2.18). Viel erinnere ich mich nicht mehr, denn ich war so erschöpft, dass ich einfach für eine Weile eingeschlafen bin. Ich erinnere mich, den Hubschrauber anfliegen zu hören, bekomme Hilfe beim Aufstehen und gehe ein paar Schritte zum Aufzug. Es war episch, auf das Helideck zu fahren, die Rotorblätter drehen sich, aber sobald ich im Hubschrauber auf der Trage liege, schlafe ich wieder ein. Wir treffen unsere Familien und das engste Missionsteam in Long Beach wieder, worauf ich nicht so ganz vorbereitet bin. Ich wanke aus dem Heli und nutze die kurze Zeit, die wir mit unseren Liebsten haben, für herzliche und leicht benommene Umarmungen. Die Mischung aus Menschen, die mit uns in Quarantäne waren, und anderen, die wir seit Monaten nicht gesehen hatten, ist ein seltsames Gleichgewicht zwi-

Abb. 2.18 Splashdown: (*oben*) Die Crew, nachdem die Luke geöffnet wurde: Daumen hoch. (*unten*) Ich steige mit Unterstützung der Krankenschwester aus unserem medizinischen Training auf das Boot. Alle Bilder © SpaceX, alle Rechte vorbehalten

schen dem Erreichen von etwas Großem und Fernem und dem Gefühl, gar nicht so lange weg gewesen zu sein. Wir werden direkt weitergeschickt, um am Flughafen mit der Datenerhebung für die Forschung fortzufahren.

Experiment: NASA- & ESA-Standardmessungen

Welche Auswirkungen hat Mikrogravitation auf den menschlichen Körper?

Einige Experimente, die wir an Bord hatten, waren Premieren, aber die Standardmessungen sind eine Reihe von Daten, die auch frühere NASA- und ESA-Astronaut*innen einschließen; bisher haben 45 ISS-Astronaut*innen teilgenommen. Gerade Kurzzeitflüge sind hier interessant, weil sie die Lücke im Datensatz beim Vergleich verschiedener Missionsdauern schließen können. So können wir die Zeiträume der Veränderungen besser verstehen und die zugrunde liegenden Mechanismen erfassen.

Das Paket umfasste Fragebögen, biologische Proben und einige zusätzliche Funktionstests. Ein Standardtest ist ein Gleichgewichtstest vor und nach dem Flug: In einem sehr einfachen Parcours wird bewertet, wie gut man ihn meistert, sowie das Gehen auf einer geraden Linie mit offenen und geschlossenen Augen. Dein Gehirn verteilt im All neu, wie sehr es den verschiedenen Sensoren für das Gleichgewicht vertraut. Da das Innenohr durch Flüssigkeitsverschiebung beeinträchtigt ist, werden die Augen zur wichtigsten Informationsquelle. Nach dem Raumflug ist das Gehen mit geschlossenen Augen plötzlich viel schwieriger als vorher.

Der extreme Gegensatz zwischen der Alltäglichkeit des Lebens, in der Sonne mit Freunden zu sitzen, und der tiefen, völligen Isolation des Weltraums trifft mich für einen Moment, sollte aber letztlich nur eine leise Erinnerung an Möglichkeiten bleiben.

2.4.6 Nach der Mission

Aber das Ende der Mission ist eigentlich nie wirklich das Ende, oder? Es gibt noch viel mehr zu tun. Zuerst – mehr Forschung! Am Tag der Wasserung ging es schon los, mit einem mobilen MRT, das in einem der Hotelzimmer aufgebaut wurde, um so schnell wie möglich nach dem Flug Scans von unseren Gehirnen zu machen.

Experiment: Gehirn in der Schwerelosigkeit

Frage: Wie verändert sich die Form des Gehirns in der Mikrogravitation?

Flüssigkeiten verschieben sich in der Mikrogravitation in Richtung Kopf. Da das Gehirn in Flüssigkeit schwimmt, kann es sich im All bewegen und seine Form verändern! Auswirkungen sind unter anderem Kopfschmerzen, Veränderungen des Sehvermögens und der kognitiven Leistungsfähigkeit.

Wir hatten mehrere Magnetresonanztomografie-(MRT-)Untersuchungen vor dem Flug, aber noch wichtiger: direkt danach. Das war dank eines tragbaren MRT-Geräts möglich, das in einem Hotelzimmer auf uns wartete. Wir machten das MRT am Tag unserer Wasserlandung, sogar noch bevor wir uns für den Tag schlafen legten.

Institution: Medical University of South Carolina, USA

Danach reisten wir nach Houston, Texas, um einige spezialisierte Geräte zu nutzen. Wir begannen mit der Datenerhebung bereits im Flugzeug nach Houston – es war definitiv das erste Mal, dass mir im Flugzeug Blut abgenommen wurde, ebenso wie das Abstreichen aller möglichen Ecken meines Körpers.

Experiment: Space Omics

Space Omics ist eigentlich nur ein Sammelbegriff dafür, wie der Weltraum Gene, Proteine und Mikroben beeinflusst. Eine lustige Anekdote ist, dass wir alle aus verschiedenen Ecken der Welt kommen, mit unterschiedlichen Umgebungen und unterschiedlichen Hautmikrobiomen. Im Laufe des engen Zusammenlebens können diese zu einem einzigen verschmelzen.

Es gab unzählige Abstriche und Blutproben. Wir bekamen eine Reihe von wattestäbchenähnlichen Stäbchen und haben alles abgewischt – von unseren Nasenrücken bis zwischen die Zehen und sogar dunklere Stellen.

Institut: Baylor College of Medicine, Human Genome Sequencing Center, USA

Das Johnson Space Center hat wirklich diese würdevolle Atmosphäre alter Königshäuser und das aus gutem Grund: Hier befand sich Mission Control der *Apollo*-Ära. Die stolze Ausstellung der *Saturn V* mit den gigantischen Triebwerksauslässen lässt den *Falcon*-Booster im Vergleich wie ein kleines Kind wirken. Wir hatten zwei verregnete Tage in Houston und wurden von allen möglichen spezialisierten Geräten gescannt – ein seltener hochauflösender Knochenscanner, ein funktionelles MRT und ein zweiter Knochendichtescanner.

Experiment: Knochengesundheit

Auf Langzeitflügen bauen Knochen ab, zum Beispiel verlieren die Fußgelenke Knochenmasse, weil man nicht läuft. Kurzzeitmissionen sind interessant, um herauszufinden, wie früh Knochen anfangen abzubauen – das früheste, was bisher gefunden wurde, war schon nach fünf Tagen.

Für dieses Experiment mussten wir stillsitzen. Also: Wirklich, wirklich still. Unsere Arme und Beine kamen in diese spezielle Maschine, die aus einer bestimmten Art von hochauflösendem Röntgengerät bestand. Der Clou war, dass, selbst wenn man während des zweiminütigen Scans nur ein wenig gezuckt hat, der Scan wiederholt werden musste. Wenig überraschend stellte sich das als eines der längeren Experimente heraus. Du kannst ja selbst mal versuchen, zwei Minuten absolut still zu sitzen, und sehen, was ich meine.

Institut: University of Calgary, Kanada

Zwei Monate später kehrten wir ein letztes Mal in die heiligen Hallen unseres schummrig beleuchteten („stimmungsvollen") Trainingszentrums in Hawthorne zurück. Wir führten ein ausführliches Debriefing der Mission durch, überprüften den Trainingsprozess und bekamen unsere Fracht zurück. Außerdem wurde ein letzter Datenpunkt für die Forschung erhoben, der eine weitere Wiederholung unserer räumlichen Aufgaben und Omics-Proben beinhaltete. Ich war froh über diese letzte Gelegenheit, die Crew, die Schlüsselfiguren unserer Mission, noch einmal zu sehen und die gleichen Abläufe ein letztes Mal durchzugehen. Mit der Zeit dazwischen hatte ich genug Abstand, um meine aufgewühlten Gedanken nach der Mission zu ordnen und allen richtig „Auf Wiedersehen" sagen zu können. Das fühlte sich wie ein perfekter Abschluss an. Ich freue mich wirklich darauf, was die Zukunft für jede einzelne Person bereithält, die durch die Mission unser Leben berührt hat, und welche Abenteuer noch vor uns liegen.

Das Leben in den Wochen und Monaten nach Abschluss der Mission fühlte sich seltsam surreal an, als wäre die traumhafte Reise eher in der Fantasie verankert als im Alltag. In den Tagen nach der Wasserung wurde mir erst richtig klar, wie weit wir weg gewesen waren, als ich Bilder von uns am Himmel sah, aber von der Erde aus. Eines dieser Bilder wurde an der deutschen Antarktisforschungsstation Neumayer III von einem Überwinterer aufgenommen (siehe Abb. 2.19). Es war für mich seltsam, dass *Fram2* nur eine winzige Linie war, fast verloren zwischen den Sternen und im farbigen Schimmer der Südlichter. Auf dem Rückflug aus Los Angeles erinnere ich mich, wie ich auf die Karte der Erde schaute, während das Flugzeug langsam ostwärts kroch. Es fiel mir auf, wie flach und langweilig die Karte aussah. Sie wurde der Schönheit und dem Detailreichtum unseres Planeten überhaupt nicht gerecht. Ich

Abb. 2.19 Die *Fram2*-Mission am Himmel über der Neumayer Station III in der Antarktis. Die Flugbahn von *Fram2* ist als weiße Linie durch die Südlichter zu sehen. Bild © Lukas Weis, alle Rechte vorbehalten

schaute auf den Pappbecher in meiner Hand, das Wasser darin hatte keinerlei Absicht, irgendwohin zu schweben.

Die ersten Wochen zurück in Deutschland waren ein Medienmarathon, der erschöpfend war. Ich hatte noch gar nicht richtig realisiert, was passiert war, da wurde ich schon gefragt, wie die Reise mich verändert hätte. Ich wusste es nicht. Ich erinnerte mich nur an meinen Eindruck von Aufbruch. Irgendetwas hatte sich verändert; aber ich hatte noch keine richtigen Worte dafür. Es ist ähnlich wie ein Wegziehen, um im Ausland zu leben; wenn man zurückkehrt, merkt man, dass man beim letzten Mal ein anderer Mensch war. Da dies eine so intensive Erfahrung gewesen ist, war es schwierig, herausgerissen zu werden und wieder in den Alltag geworfen zu werden. Ich wollte mir Zeit für meine Familie und Freunde nehmen, die ich während des Trainings kaum gesehen hatte, all die lieben Nachrichten beantworten, aber auch Zeit für mich selbst finden, um zu verstehen, was passiert war. Dazu kamen missionsbezogene Aufgaben, die erledigt werden mussten: Flugobjekte für Museen koordinieren, die Bilder und Videos durchgehen, den Funkwettbewerb auswerten. Einen Monat nach der Landung habe ich wieder mit meiner Promotion angefangen, aber schnell gemerkt, dass ich mehr Zeit brauchte, um meine Gedanken und

Aufgaben zu ordnen. Teil einer lebendigen Zukunft und sehr nah an wenigen Menschen zu sein, stand im krassen Gegensatz zu den Alltagsaufgaben und plötzlich sehr vielen Menschen. Ich verstehe, dass es für Astronaut*innen, die länger weg waren, noch viel schwieriger sein muss.

2.5 Reflexionen II

Hier ist eine Sammlung verschiedener Fragen, über die ich während der Vorbereitung auf die Mission nachgedacht habe. Für manche habe ich eine Schlussfolgerung gefunden; für andere nicht, und vielleicht habe ich auch einige falsche Schlüsse gezogen. Dieser Abschnitt versucht einfach, einen Gedankengang festzuhalten, und wenn du andere Einsichten hast als ich, freue ich mich, davon zu lernen und mich weiterzuentwickeln. Wir alle verändern und entwickeln uns im Laufe unseres Lebens, und wir versuchen ständig zu verstehen, was der beste Weg ist, zu existieren.

2.5.1 Unsterblichkeit

„Es wird ein historisches Novum sein."

Das war eine der ersten Aussagen über die Mission, die mich gewundert hat. Ich begann, über ein Konzept nachzudenken, das mein Leben bisher nicht berührt hatte: Unsterblichkeit. Es ist eines der vielen Gesichter des Pioniergeists oder vielleicht eher ein Schatten, der ihn begleitet. Die unsterbliche Schwester des Ruhms. Ruhm kann vergänglich sein; Unsterblichkeit bleibt für immer. Ich war mir nicht sicher, ob das erstrebenswert war oder ob es in unserem Fall überhaupt zutraf. Ich war schon immer übermäßig ehrgeizig, und große Aussichten schrecken mich nicht, aber irgendetwas an dem Beigeschmack hier war seltsam. Durch reinen Zufall bin ich während des Trainings auf zwei verschiedene Texte zu diesem Thema gestoßen. Einer war der monatliche Buchtitel meines Unibuchclubs, Milan Kunderas *Die Unsterblichkeit.*[98] Interessanterweise unterscheiden die Figuren im Buch zwischen zwei Formen der Unsterblichkeit: einer kleineren und einer größeren. Hier bedeutet kleinere Unsterblichkeit, dass die Erinnerung an jemanden im Gedächtnis derjenigen weiterlebt, die einen persönlich kennen. Größere Unsterblichkeit hingegen bedeutet, dass einen Fremde kennen und das Abbild in der Geschichte weiterlebt. Ich habe mich gefragt: Sind beide erstrebenswert? Die kleinere Unsterblichkeit wirkt angenehm, weil sie einfach daraus entsteht, dass man seinem sozialen Umfeld etwas zurückgibt und durch Taten in Erinnerung bleibt. Sie ist ein Nebenprodukt davon, wie man sein Leben lebt. Die größere Unsterblichkeit erschien mir sehr hohl. Es wirkte auf mich hohl, weil das Streben darin besteht, bekannt zu sein, ohne eine Leistung zu erbringen. Wie bei der kleineren Unsterblichkeit denke ich, dass auch die größere nur als Nebenprodukt kommen sollte: Durch eine große, greifbare Leistung oder Fähigkeit.

Welches Andenken können Menschen, die einen nicht kennen, überhaupt haben? Es kann immer nur ein Bild von einem sein, nicht das wahre Selbst. Ein Bild ist erschaffen und künstlich. Es ist das, was man in den Medien projiziert, und der Betrachter ergänzt es mit dem, was er oder sie sehen möchte. Ein unvollständiges Puzzle, das jemandem zum Vervollständigen gegeben wird, ohne dass er die gleichen Teile wie der Schöpfer hat. Es muss also zwangsläufig falsch sein. Und wie sehr darf oder sollte man dieses Bild beeinflussen? Welchen Wert hat es? Das Buch kommt meiner Meinung nach zu dem Schluss, dass das Bild unauthentisch wird und dass das Streben nach Unsterblichkeit an sich egoistisch ist und selbst im Erfolgsfall zur Last für das Umfeld wird.

Ein zweites Buch, auf das ich gestoßen bin, waren die *Meditationen* des römischen Kaisers Marcus Aurelius.[99] In seinen privaten Tagebüchern argumentiert er so: Man besitzt weder die Vergangenheit noch die Zukunft, nur die Gegenwart. Was hat also die Zukunft für einen Wert? Ironischerweise wurde er durch seine Schriften unsterblich. Vielleicht ist es ein Weg, sicherzustellen, dass Ideale, Ideen und Werte im besten Fall durch die Zeit überleben. Aber vielleicht hat er auch gezeigt, dass das Ziel nicht Unsterblichkeit sein sollte, sondern die Leistung dahinter. Meine Schlussfolgerung ist, dass das Streben nach Unsterblichkeit um der Unsterblichkeit willen sinnlos und sogar schädlich ist. Sie als Nebenprodukt größerer Taten zu erlangen, ist akzeptabel und unvermeidbar. Steht das im Gegensatz dazu, ehrgeizig zu sein? Nein. Denn wenn man ehrgeizig ist, will man leisten und liefern, und Unsterblichkeit kann als Nebenprodukt von Ehrgeiz entstehen. Aber das Ziel des Ehrgeizes sollte sein, zur Gesellschaft und zu den Menschen um einen herum beizutragen, nicht Ehrgeiz um des Ehrgeizes willen. Wenn die Metrik zum Ziel wird, ist das eigentliche Ziel verloren gegangen.

2.5.2 Risikobereitschaft

„Ist das nicht ein riskantes Unterfangen?“

Ich würde mich als vorsichtig abenteuerlustige Person beschreiben. Die Risiken, die ich eingehe, sind bis ins Detail durchdacht und so weit wie möglich kalkuliert. Für mich ist es ein Gleichgewicht zwischen dem Verständnis, welche Risiken es gibt, welche Teile kontrollierbar sind und ob ich mit den Konsequenzen der unkontrollierbaren Teile leben kann. Es ist ein bisschen so, wie wir Risiken in einem Weltraumprojekt einschätzen würden, zum Beispiel beim Satellitenprojekt. Wir bewerten die Wahrscheinlichkeit des Ereignisses und dessen Konsequenzen, zusammen mit den Möglichkeiten zur Risikominderung, und bewerten dann erneut. Nehmen wir meine Zeit in Westafrika als Beispiel: Der bekannte Faktor war der Aspekt der Piraterie, den ich recherchiert habe und der sich als wenig wahrscheinlich herausstellte. Da die meisten Vorfälle die Geiselnahme von Öltankern und Besatzungen betrafen, wären die Konsequenzen auch nicht so gravierend gewesen (letztlich käme man immer noch nach Hause zurück). Die Risiken, die ich beeinflussen konnte, habe ich mit einer Versicherung abgefedert, die im Ernstfall das Lösegeld übernehmen würde. Es gab grundlegende Gefahren, die mit der Arbeit auf See verbunden waren, aber angesichts des Klimas waren die Meere nicht so rau wie die Nordsee. Außerdem wäre ich mit einer hochspezialisierten und kompetenten Organisation unterwegs gewesen, die die Verantwortung trug. Am wichtigsten war, dass der Zweck und die Werte sehr eng mit meinen übereinstimmten. Schauen wir uns nun die Raumfahrt an. Die Statistiken sind nicht besonders aussagekräftig, da es nicht viele Zahlen gibt. Raumfahrt ist im Vergleich zur Seefahrt ein relativ junges Unterfangen. Die Zahlen, die wir haben, sind wie folgt: Von insgesamt 398 astronautischen Starts sind fünf katastrophal gescheitert. Das umfasst alle astronautischen Raumfahrtmissionen, wobei die *Columbia*- und *Challenger*-Katastrophen die jüngsten Vorfälle in der Shuttleära waren, von denen die letzte 2003 stattfand. Die Statistiken für die *Falcon-9*-Rakete sind bei astronautischen Starts tadellos: Von insgesamt 514 Starts waren 511 erfolgreich, darunter 18 mit Astronaut*innen, die alle nominal verliefen.[100] Im Vergleich zur Shuttleära, in der es in Spitzenjahren neun Starts pro Jahr gab,[100] wurde die *Falcon* 2024 ganze 134 Mal gestartet, was einer Steigerung auf etwa das 15-Fache entspricht. Ein geringeres Risiko bei deutlich höherer Startfrequenz war für mich ein guter Ausgangspunkt.

Ich würde sagen, dass alle ernsthaften Abenteurer*innen, die ich getroffen und über die ich gelesen habe, sehr gewissenhaft in ihrer Vorbereitung sind und Risiken ernst nehmen, ihnen aber auch auf Augenhöhe begegnen. Rücksichtslosigkeit und Risikobereitschaft sind nicht dasselbe. Rücksichtslosigkeit bedeutet für mich, Risiken einzugehen, ohne sich ihrer bewusst zu sein oder, schlimmer noch, sich ihrer bewusst zu sein, aber die Konsequenzen herunterzuspielen. Rücksichtslosigkeit ist nicht per se böse in jedem Kontext. Sie ist Teil des Lernens und des Lebens. Aber rücksichtslos zu sein, wenn man die

Verantwortung hat, Teil eines funktionierenden Teams zu sein, ist Fahrlässigkeit.

Im Allgemeinen glaube ich, dass ich im Leben die Wahl habe, Chancen zu ergreifen, die mit meinen Werten übereinstimmen, auch wenn sie riskant sind. Die einzige Wahl hier ist, sie zu ergreifen oder zwangsläufig gegen die eigenen Werte zu handeln. Oder, wenn es keinen klaren Weg gibt, ist Ausprobieren der einzige Weg, um herauszufinden, was die eigenen Werte sind. Die Frage, die am Ende immer zu beantworten ist: Was ist das Risiko, und ist es das wert?

2.5.3 Scheitern und Mut

„Hast du keine Angst?"

Hatte ich anfangs Angst? Ja. Aber hauptsächlich vor Veränderung. Es fühlte sich wie ein so intensiver Bruch in meinem Leben an, dass ich keine Ahnung hatte, was mich erwartete. Eine Fähigkeit, die oft unterschätzt wird, ist das eigene Selbstvertrauen im Umgang mit dem Unbekannten und die Fähigkeit, mit Veränderungen umzugehen. Bevor ich zum ersten Mal in die USA reiste, war diese Mission ein riesiges Unbekanntes, und ich hatte Angst, weil ich überhaupt nicht wusste, wie mein nächstes Jahr oder mein Leben danach aussehen würde. Ich hatte Angst, mich als Person zu verändern, da ich mit mir selbst zufrieden war. Ich hatte große Pläne. Aber manchmal sieht man nicht, dass Pläne noch größer werden können. Mir war klar geworden, dass ich ein bisschen zur Heuchlerin geworden war, weil ich von mutigen Unternehmungen sprach, aber jetzt hatte ich die Möglichkeit, Teil meiner bisher größten Chance zu sein.

Mut ist etwas, das man trainieren muss, finde ich. Es ist nichts, das man entweder hat oder nicht hat, und genauso wenig ist es etwas, das man einmal erwirbt und für immer behält. Man trainiert es wie einen Muskel. Ich habe mein Selbstvertrauen ein paar Mal verloren. Nach vier Jahren im Bachelor hatte ich kein Selbstvertrauen mehr. Man muss üben, immer und immer wieder. Und klein anfangen. Frag eine Kollegin, ob sie sich treffen möchte. Geh allein ins Kino, wenn du den Film sehen möchtest. Bewirb dich auf einen Job, der dich interessiert. Was mir Selbstvertrauen gibt, sind vergangene Situationen, in denen ich mutig war, oder in denen andere Menschen es geschafft haben. Zwei Argumente überzeugen mich meistens, wenn ich zögere: „Ich habe schon viel Schlimmeres durchgemacht, also kann das nicht so schwer sein." Und das andere: „Wenn eine andere Person das schaffen kann, gibt es keinen rationalen Grund, warum ich das nicht auch schaffen sollte." Wenn beide nicht helfen, ist das letzte Sicherheitsnetz mein Freundeskreis, der im Allgemeinen großartig ist und meine Zweifel aufnimmt und sagt: Mach es.

Der dritte Faktor, der mir meistens hilft, ist, Scheitern als Lernerfahrung zu sehen. Das nimmt den Druck: Entweder man hat Erfolg und lernt, man hat in manchen Aspekten Erfolg (was auch cool ist), oder es ist ein absoluter und kompletter Misserfolg. In dem Fall weiß man, was man beim nächsten Mal anders machen muss! Wenn man es sich erlaubt, darüber nachzudenken und es nicht einfach im Gedächtnismüll der Verdrängung ablegt. Das Durchfallen bei der Mission Definition Review im Satellitenprojekt war damals nicht schön, aber wir haben unser eigentliches Projekt praktisch auf der Kritik aufgebaut, die wir erhalten haben. Es war, als hätten wir einen Entwurf ausprobiert, ihn verworfen und dann mit dem echten Projekt angefangen.

Es gibt einen vierten Teil, der einen Schritt vor dem Scheitern kommt: Angst ist ein guter Indikator für Wachstum. Wenn ich vor etwas Angst habe (und ich merke es, ich bin sicher, oft merke ich es nicht), hilft es meistens enorm, die Gründe zu finden. Viele Ängste sind unnötig („Was werden die Leute denken?"). Ich habe mit 24 Jahren mit dem Skateboarden angefangen und bin mit kompletter Schutzausrüstung in einen lokalen Skatepark in Schweden gegangen. Ich war definitiv nicht das coolste Kid im Viertel, und mein Gesicht hat den Asphalt viel zu oft getroffen. Herrlich. Aber ich habe gemerkt, dass der Schlüssel zum Durchhaltevermögen darin besteht, einfach durch alle peinlichen Anfängerfehler hindurchzugehen, um zu den spannenden Teilen zu gelangen. Fast Forward: Ich bin immer noch nicht die coolste Skaterin der Stadt, aber ich denke oft daran zurück, dass meine Angst, im Skatepark verurteilt zu werden, unbegründet war. Im Gegenteil: Es war eine der nettesten Communities, die ich je erlebt habe. Ich habe gelernt, dass Menschen viel weniger urteilen, als ich anfangs dachte und es vor allem ich selbst war, die sich verurteilt hatte. Also, das nächste Mal, wenn du vor etwas Angst hast, frag dich: Warum eigentlich?

2.5.4 Wissenschaft, Kunst, Technik und Inspiration

„Hoffentlich ist die Mission wertvoll und hat Wissenschaft an Bord."

Das Leben imitiert die Kunst. Kunst gibt dem Leben Vision. Technologische Entwicklung folgt erdachten Zukünften, sowohl Utopien als auch Dystopien. Mir scheint, dass nur noch wenige Utopien übrig sind, während Weltuntergangsdenken und Dystopien in Mode sind. Und mit der Klimakrise, drohenden Kriegen und immer kürzeren Aufmerksamkeitsspannen ist es leicht, in diese Denkweise zu verfallen. Der Punkt ist, dass wir mehr Kunst brauchen, die konstruktive Technologie inspiriert. Die uns ermutigt, an der Welt von morgen zu arbeiten, die wir sehen wollen. Wenn diese Vision fehlt, gibt es nichts, worauf man hinarbeiten kann. In einer Kultur, in der Wissenschaft und Technik per se einen Freifahrtschein für Sinn und Existenz haben, wünsche ich mir, dass den Künsten mehr Anerkennung zuteilwird, die uns zeigen, worauf wir hinarbeiten sollten. Ich bin nur Ingenieurin geworden, weil ich als Kind einen R2D2-Roboter hatte und Star Wars mochte. Ich bin weiterhin Robotikerin, weil ich Asimovs Kurzgeschichten über Roboter gelesen habe. Ich blicke in die Zukunft des Weltraums, weil ich Musik höre, die Bilder vom Erkunden des Universums malt. Idealistisches Denken wird oft als naiv abgestempelt, aber am Ende dient eine Utopie eher als Nordstern, zu dem wir segeln, als eine tatsächliche Realität. Die Zukunft ist nur dann tot, wenn wir sie für tot erklären. Wenn man in der Zukunft nur Untergang sieht, hat man aus eigenem Antrieb aufgegeben. Frustration wird nicht die nächste Technologie erschaffen, die den Planeten rettet. Ideen, Hoffnung, kombiniert mit einem kritischen, aber wohlwollenden Blick, werden es tun. Lass uns eine Zukunft bauen, in der wir leben möchten, und Visionen schaffen, die uns dorthin führen können. Und nicht die Kraft der Kunst vergessen, die uns beim Träumen hilft.

2.5.5 Die Geschlechterfrage

„Die erste deutsche Frau im All."

Ich sage oft und meine es auch so, dass die Frage nach der Geschlechterrolle für mich eine schwierige ist. Vor der medialen Aufmerksamkeit war es in unserer Crew kein Thema. Wir waren einfach Menschen, die ihren Job machten, keine Geschlechtervertreter. Das ist die Situation, die ich in der Zukunft sehen möchte. Gleichzeitig habe ich in meiner technischen Laufbahn eine Menge Diskriminierung erlebt, daher weiß ich, wie viel es mir bedeutet, wenn eine Frau ihre Schwierigkeiten teilt. Dann fühle ich mich nicht allein. Aber daraus eine ganze Kampagne zu machen, erscheint mir, als wenn man einen Scheinwerfer auf eine unnötige Trennlinie richtet. Die Geschlechterfrage sollte kein Konflikt sein, sondern ein Dialog. Denn das Endziel ist nicht, dass jemand gewinnt. Sondern dass wir alle gewinnen.

Anfangs fühlte ich mich darauf reduziert, eine Frau zu sein, obwohl ich auch schon einige Erfolge im Leben vorzuweisen hatte. Aber statt Anerkennung bekam ich oft die Reaktion: Sicher wurdest du ausgewählt, weil du so ein netter Mensch bist. Danke?

Diskriminierung gibt es meiner Meinung nach in zwei Formen. Die erste ist die offensichtliche, explizite Form. „Du hast diesen Job nur bekommen, weil du eine Frau bist.“ Nicht schön, aber leicht zu erkennen und abzulehnen. Die zweite Form ist viel subtiler und deshalb viel schlimmer: Wenn man auf eine bestimmte Weise behandelt wird, ohne dass es explizit ausgesprochen wird. Man rutscht in eine Rolle, wenn das Umfeld einen so behandelt, als hätte man keine Ahnung und sei nicht kompetent. Wenn man eine Lösung für ein Problem hat, wird einem konsequent misstraut. Ideen werden nicht gehört und ignoriert. All das basiert nicht auf ehrlicher Reflexion (es ist schließlich gut, kritisch zu denken), sondern eher auf einem Bauchgefühl. Eigene Fragen sind nicht berechtigt, sie sind unreflektiert, und warum hat man das Thema immer noch nicht verstanden? Lustigerweise war es bei einem männlichen Kollegen, der die gleiche Frage stellte, eine sehr relevante und kluge Frage. Man wird nach den Wochenendplänen gefragt, der männliche Kollege nach technischen Dingen. Es hilft auch nicht, dass ich oft die einzige Frau im Kurs war. Wenn ich einen Fehler machte, machte ich ihn nicht für mich, sondern stellvertretend für alle Frauen der Welt. Ich erinnere mich an ein Treffen im ersten Jahr im Studium, bei dem eine der Frauen sagte: „Na ja, Männer sind einfach von Natur aus in allem besser.“ Ich war schockiert, wie man so weit kommen kann, aber nach vier Jahren in so einem Umfeld war ich selbst diese Person.

Die Lösung ist jedoch nicht, das Ganze einfach umzudrehen. Dies zum Hauptthema der medialen Aufmerksamkeit zu machen, fühlte sich falsch an, denn es war weder das Missionsziel noch meine Identität. Ich dachte, die Gerechtigkeit sei hergestellt, irgendjemand in einer Machtposition war wahrscheinlich ausreichend beschämt, dass die erste deutsche Frau nach zwölf Männern mit einer privaten Mission fliegen würde. Hoffentlich hat das jemandem etwas beigebracht.

Ein weiterer Aspekt, warum ich das Thema nicht hervorheben wollte, war für mich folgender: Wenn ich mit vielen meiner männlichen Kollegen spreche, sehe ich, dass sie sich von der Gesellschaft ausgeschlossen fühlen, wenn die Agenda sie tatsächlich ausschließt. Privilegien umzuverteilen, fällt denen, denen sie genommen werden, sicher nicht leicht, aber warum sollte das in einer hochgradig verletzenden Form geschehen? Viele Gespräche mit Kollegen drehten sich darum, wie der aktuelle Diskurs junge Männer zurücklässt. Das ist nicht das Ziel. Ich weiß nicht, wie die Lösung aussieht, wie wir ein großartiges, gemeinschaftliches Zusammenleben erreichen können, aber vielleicht ist ein Schritt nach vorne, anzuerkennen, dass jeder Mensch in erster Linie ein Mensch mit unterschiedlichen Talenten, Leidenschaften und Herausforderungen ist. Dass wir einander mehr zuhören sollten. Und unsere Vielfalt an Talenten feiern, statt uns auf Trennlinien zu konzentrieren.

2.5.6 Nullsummendenken

> „Der Planet oder Raumfahrt. Kommerzielle Raumfahrt oder staatliche Agenturen. Männer oder Frauen als Astronaut*innen."

Gerade wenn es um Führung und Teamarbeit geht, werde ich oft gefragt: „Was ist das Geheimnis eines erfolgreichen Teams?" Da ich mich teilweise mit mathematischer Spieltheorie beschäftige, ist die Idee eines Nullsummenspiels allgegenwärtig. Man spielt, man gewinnt, der Gegner verliert. Oder umgekehrt. Aber wäre die Welt nicht viel besser, wenn beide Seiten profitieren? Eines der einflussreichsten Bücher, die ich je gelesen habe, war *How to split the difference* von Chris Voss,[101] in dem der Autor beschreibt, wie man nicht einen Mittelweg finden sollte, weil das für beide Seiten einen Verlust bedeutet. Stattdessen soll man herausfinden, welche Lösung für beide von Vorteil ist. Das geht für mich Hand in Hand mit einem egoistischen Argument für Altruismus: Wenn die Menschen um einen herum ein besseres Leben führen, bedeutet das, dass man selbst ein besseres Leben führt. Die Frage nach „entweder-oder" ist leichter zu verstehen und interessanter, es ist ein Konflikt. Aber man stelle sich vor, wir schaffen eine Situation, in der beides nicht exklusiv ist. Männer und Frauen sollten in unserer Gesellschaft gut zusammenleben. Statt eines Nullsummenspiels sollten wir, wo möglich, ein Win-win-Spiel anstreben. Manche Konflikte sind tatsächlich unterschiedliche Parteien mit unterschiedlichen Interessen. Es gibt aber auch eine andere Art von Situation, die ins Bild passt: Eine falsche Dichotomie. Das ist eine Situation, in der uns jemand zwei Optionen gibt und sie gegeneinander ausspielt, obwohl es eigentlich keinen echten Konflikt gibt. Die staatlichen Agenturen gegen den kommerziellen Sektor. Wer hat gesagt, dass das ein Konflikt ist? Im Moment arbeiten sie zusammen, um ihre Stärken zu kombinieren. In den Planeten oder in den Weltraum investieren. Wenn das der Konflikt ist, dann gewinnt der Planet. Aber wenn es unendlich viele Möglichkeiten gibt, zu investieren, könnte es genauso gut heißen: Raumfahrt oder der nächste Actionfilm. Man kann sich beliebige Konflikte ausdenken, um sein Argument zu stützen. Gibt es nicht eine dritte Option: Eine gesunde, florierende Menschheit, ein gesunder Planet, das Erforschen neuer Grenzen? In Zeiten, in denen wir ohnehin schon gespalten sind, sollten wir zuerst prüfen, ob wir überhaupt einen Konflikt vor uns haben, und, falls ja, die Lösung suchen, die allen Seiten zugutekommt.

2.5.7 Erfolg

„Was für ein Glück, dass du diese Chance bekommen hast!“

Erfolg ist für mich immer eine Kombination aus vielen Faktoren, die zusammenkommen. Zwei miteinander verbundene Elemente sind Vorbereitung und Glück. Wenn man nicht bereit ist für die günstige Gelegenheit, wird sie an einem vorbeiziehen. Unbeeindruckt. Ich denke, es gibt drei Arten von Gelegenheiten: Die, die man ergreift, und die, die man nicht ergreift. Man geht entweder einen Weg durch den Wald oder eben nicht. Und die dritte ist vielleicht die wichtigste: Die, die man selbst erschafft. Es gibt keinen Weg? Mach einen. Wie sieht das in der Praxis aus? Ruf die eine Person an, der du eine Frage stellen möchtest. Schick eine Blindbewerbung ab. Setze ein Zeichen, indem du ein unangenehmes Thema ansprichst. Schaffe einen offenen Raum, indem du dich verletzlich zeigst. Und vielleicht ist der Hauptweg durch den Wald versperrt. Aber vielleicht gibt es einen kleinen Pfad drumherum? Ich erinnere mich, dass ich während meines Bachelors unbedingt in der Arktis arbeiten wollte, aber ich konnte einfach kein Projekt, kein assoziiertes Projekt oder irgendetwas Machbares finden, das mich dorthin bringen würde. Also habe ich meine Suche geändert und einfach nach Forschungsprojekten gesucht, die grob in die Richtung gingen. Ich fand eine Semesterarbeit in Zusammenarbeit mit dem Schweizer Lawineninstitut über Felssturzexperimente. Nicht das Gleiche, aber die Fähigkeiten haben mich meinem Ziel nähergebracht, und heute arbeite ich in der Arktis.

Und manchmal führt der Weg doch wieder dorthin. Ich erinnere mich, dass ich mich für einen Überwinterungsjob in Ny Ålesund auf Spitzbergen bei der deutschen Forschungsstation beworben habe, aber keine Antwort bekam. Lustigerweise brachte mich die erste Kampagne während meiner Promotion genau an denselben Ort für meine erste Forschungskampagne. Ich bin dort angekommen, nur auf einem anderen Weg. Wir haben Glück und Vorbereitung als Zutaten, und jetzt können wir noch Ausdauer im Angesicht von Rückschlägen hinzufügen.

Allein irgendwohin zu kommen, ist wahrscheinlich möglich, aber auch sehr unwahrscheinlich. Ich bin überzeugt, dass ich die Chance nicht gehabt hätte, wenn ich nicht ein so unterstützendes Umfeld gehabt hätte. Eines sollte man verstehen: Wenn man sein Umfeld um einen herum stärkt, wird es einen im Gegenzug stärken. Ich hatte das Glück, immer eine tolle Familie, inspirierende Freunde und unterstützende Mentoren im Leben zu haben. Meine Eltern haben mir immer gesagt, ich solle etwas finden, für das ich brenne, also bin ich in dieser Hinsicht sehr privilegiert. Eine weitere Zutat: ein unterstützendes Umfeld.

Erfolg bedeutet auch, wie bewusst man seine Entscheidungen trifft. Zu allem „ja" zu sagen, ist manchmal eine großartige Idee, z. B. um sich in einem neuen Land zu integrieren oder soziale Kontakte zu knüpfen. Zeit für eine Sache zu investieren bedeutet zwangsläufig, sie nicht für etwas anderes zu nutzen. Es fiel mir oft schwerer, zu manchen Gelegenheiten im Leben „nein" zu sagen als „ja", weil es sich in dem Moment wie ein Verlust anfühlte. „Nein" zu einer Gelegenheit zu sagen, kann aber manchmal bedeuten, dass man frei ist, etwas zu wählen, das besser zu dem passt, wo man am Ende hinwill. Lass uns also bewusstes Handeln auf die Liste setzen.

Das alles klingt nach ernsten Fähigkeiten, und das sind sie auch, insofern als dass sie Ausdauer oder Arbeit in irgendeiner Form erfordern. Aber eine ernste Fähigkeit an sich ist es, sich selbst nicht zu ernst zu nehmen. Immer ein bisschen Selbstironie und eine gute Portion Humor einzubauen, wird unterschätzt, wenn es darum geht, den Druck bei der Zielverfolgung zu nehmen. Und es macht die Reise viel unterhaltsamer. Manche Tage sind schlechter, andere besser. Heute regnet es vielleicht, morgen nicht, aber es ist auf jeden Fall lustiger, wenn man einen Wetterfrosch hat.

Und so ist die letzte Zutat Leichtigkeit.

2.5.8 Eigenverantwortung für das Leben und Visionen

Während meiner Zeit im Satellitenprojekt habe ich gelernt, wie schnell man mit einem engagierten Team brillanter Menschen vorankommen kann. Ich habe damals auch viel rekrutiert und so mit Studierenden darüber gesprochen, was ihre Träume und unrealistischen Ziele sind. Es stellte sich heraus, dass viele keine hatten. Was auch verständlich ist, denn: Wann hat man schon Zeit, darüber nachzudenken? Wie entscheidet man sich zwischen all den Möglichkeiten? Ist einem überhaupt bewusst, dass man eine Wahl hat? Wir leben in so spannenden Zeiten, in denen KI unsere Arbeit revolutioniert, Raketen wiederverwendbar sind und der Mars am Horizont ist. Und man kann heute daran mitarbeiten! Was ich mir wünsche, ist, dass jeder dieses Gefühl der Ermächtigung spürt, damit wir frei sind, die Zukunft zu gestalten, die wir wollen. Erst wenn man erkennt, dass man selbst die Entscheidungen trifft, kann man etwas verändern. Ich sehe Frustration bei Menschen, die sich gefangen fühlen und ihr Leben passiv für sich entscheiden lassen. Wenn man seinen Weg nicht bewusst wählt, wird er für einen gewählt. Frustration entsteht aus dem Gefühl, festzustecken und machtlos zu sein. Nicht die Kontrolle zu haben. Man wäre nicht frustriert in seinem Leben, wenn man das Vertrauen hätte, die Situation ändern zu können. Diese Verantwortung zu übernehmen, bedeutet aber auch, die schwierigen Teile, die unfairen Ereignisse, die unschönen Wahrheiten anzunehmen. Unfaire Dinge passieren, andere können einen in eine schlechtere Lage bringen, aber es ist immer noch die eigene Entscheidung, sich dem Selbstmitleid hinzugeben oder die Zügel in die Hand zu nehmen und weiterzugehen. Man kann sich den Arm brechen und sich beschweren oder zum Arzt gehen. Sobald wir diese Freiheit erkennen, ist sie zugleich bestärkend und überwältigend. Aber es ist einfach eine harte Tatsache, und wir können entweder unser Leben damit verbringen, so zu tun, als würde es uns einfach passieren, oder wir übernehmen die Verantwortung und werden die Person, die wir sein wollen.

Nicht alles ist in jeder Lebensphase möglich. Ein Schema, das für mich gut funktioniert hat, ist, das Leben als eine Zeit zum Träumen und eine Zeit zum Handeln zu sehen. Ich habe nicht immer die Energie oder die Mittel, um alle meine Ideen umzusetzen. Im Bachelor war ich so auf das Studium fokussiert, dass ich viele meiner Träume nicht verwirklichen konnte – und ich hatte auch nicht viele. Zuerst kam die Zeit, in der ich Träume sammeln konnte (in der Forschung arbeiten, etwas Cooles erfinden, die Menschen um mich herum besser verstehen), dann kam die Zeit, in der ich die Fähigkeiten oder Möglichkeiten hatte, diese umzusetzen. Die Kunst ist, nicht ungeduldig zu werden, wenn es gerade keine Möglichkeiten zum Handeln gibt.

Vision und Sinn im Leben zu finden, ist eine der schwierigsten Aufgaben, wie ich finde, und wahrscheinlich eine, die immer weitergeht. Ich wusste während meines Studiums definitiv nicht, was ich mit meinem Leben anfangen sollte, und überlege auch heute oft, ob mein aktueller Weg zu meinen Zielen und Werten passt. Es ist ein Privileg, in dieser Position zu sein, aber wenn man dieses Privileg hat, ist es fast ein Verbrechen, es zu ignorieren. Deshalb glaube ich, dass es notwendig ist, groß zu träumen. Und die Träume ernst zu nehmen, denn das macht sie zu Visionen. Frag dich beim nächsten Mal: Was würdest du tun, wenn dich nichts aufhält, und noch wichtiger: Was hält dich wirklich davon ab?

Die obigen Schlussfolgerungen sind teils Reflexion, teils Denkanstöße, die für mich in der Vergangenheit gut funktioniert haben, aber keine universelle Wahrheit darstellen und auch nicht als solche gemeint sind. Es sind einfach Dinge, von denen ich mir gewünscht hätte, sie früher erkannt zu haben – aber vielleicht kann nur Erfahrung dir mehr über dich selbst beibringen. All meine Gedanken sind eher Denkanstöße, die dich vielleicht auf Fragen bringen, die du für dich selbst erkunden möchtest.

2.5.9 Neugier und Ehrgeiz

Zum Schluss nehmen wir unseren Faden wieder auf, warum wir eigentlich forschen und entdecken. Die offensichtlichen Gründe haben wir schon gesehen, an der Oberfläche, und wir haben einen Blick dahinter geworfen und festgestellt, dass Entdeckung uns durch die Jahrhunderte nützlich war. Als ich der Mission zustimmte, habe ich viel darüber nachgedacht, dass das nicht alles sein kann und dass es noch eine weitere, verborgene Ebene geben muss, die nicht so einfach zu verstehen ist. Auf dieser Ebene schauen wir uns die emotionalen Antriebe genauer an.

Level II: Ein tieferer Einblick

Während die Gründe auf Level I praktisch sind, erklären sie noch nicht, warum es uns auf menschlicher Ebene wichtig ist. Wir gehen jetzt eine Ebene tiefer, zu den emotionalen Antrieben, Unbekanntes zu erforschen.

Ein Funke des Staunens: Der wichtigste emotionale Antrieb und wohl der intuitivste für Entdeckungen ist, dass wir hinausgehen, weil Neugier ein grundlegender menschlicher Wesenszug ist. Wir wollen einfach wissen, was hinter der nächsten Ecke liegt. Es interessiert uns, Wissen zu erlangen, das wir noch nicht besitzen. Wie funktioniert ein Schwarzes Loch? Das Wissen scheint nicht direkt nützlich zu sein, aber trotzdem sind wir neugierig, es herauszufinden. Wie sieht die Erde aus dem All aus? Wir erkunden, weil es das Staunen in uns anspricht.

Kollektiver Ehrgeiz: Während Neugier das Aushängeschild ist, gibt es noch weitere Gründe, das Unmögliche zu erreichen: Wir wollen uns beweisen. Das kann politisch sein, wie wir am Beispiel von *Apollo 11* gesehen haben; es war im Wesentlichen eine Machtdemonstration während des Kalten Krieges. Das kann individuell sein, um Ruhm für uns selbst zu erlangen. Oder wieder als Aspekt der Neugier: Ist das Unterfangen überhaupt möglich und was sind die Grenzen? Der Preis des Pioniergeists ist oft ein Platz in der Geschichte, Unsterblichkeit, weil man als Erste eine Leistung vollbracht hat. Ein weiterer Aspekt von Ehrgeiz ist, Herausforderungen zu überwinden. Ehrgeiz ist vielleicht nicht ganz so rein wie Neugier, aber ein ebenso menschlicher Antrieb und einer, der die unglaublichen Leistungen der Pioniere nicht schmälert.

Ein generationenübergreifender Traum: Der ehemalige NASA-Administrator Michael Griffin nennt Raumstationen „die Kathedralen von heute“.[102] Projekte, die nicht an eine Person oder ein Team gebunden sind, sondern sich über Generationen erstrecken. Projekte, zu denen man aufschaut und sich fragt, wie irgendjemand es geschafft hat, sie zu erdenken, zu planen, zu bauen und am Leben zu halten. Jenseits des persönlichen Ruhms liegt ein Gefühl von Vermächtnis und Ehrfurcht vor dem, was wir als Menschheit erreichen könnten. Das Vermächtnis wird in Form von Träumen weitergegeben: Der Erfinder des ersten motorisierten Flugzeugs, Orville Wright, wird mit den Worten zitiert: „Der Wunsch zu fliegen ist eine Idee, die uns von unseren Vorfahren überliefert wurde.“[103] Wir überschreiten neue Horizonte nicht für uns selbst, sondern als kulturelles Gebot. Und wer weiß, welche unserer heutigen Träume in der Zukunft verwirklicht werden?

Level III: Die Tiefen

Es gibt noch eine letzte Ebene jenseits von Strategien und Emotionen; um herauszufinden, was das ist, begeben wir uns zunächst auf eine Reise durch Utopien und unseren Platz darin und kehren am Ende zur großen Frage zurück. Wichtig ist, dass viel darüber diskutiert wird, was die „wahren“ Gründe für Entdeckungen sind, denn verschiedene Argumente sprechen unterschiedliche Denkweisen an, und keines davon ist richtiger als das andere. Am Ende hat jeder seine eigene individuelle Mischung aus Streben nach dem Unbekannten.

3

Die Zukunft: Wissenschaften, Utopien und der Weg nach vorn

In diesem Kapitel, treffen wir Weltraumpilze und -frösche, gehen Hoffnung und existenzielle Angst an und erschaffen unsere ganz eigene Version von Utopia

Die Zukunft liegt in unseren Händen. Das ist leicht gesagt, aber was bedeutet es wirklich? Welche Teile liegen tatsächlich in unserer Kontrolle, welche Werkzeuge haben wir, um sie zu gestalten, und welche Art von Zukunft wollen wir überhaupt? Jede Expedition braucht ein Ziel, einen Nordstern, an dem man sich orientieren kann. Inzwischen haben wir unseren Schlitten mit historischen und aktuellen Geschichten des Erkundens gefüllt. Dieses Kapitel schaut in die Zukunft und handelt von Träumen.

Wir schauen uns zunächst zwei Werkzeuge an, die uns zur Verfügung stehen, um die Zukunft zu gestalten, nämlich Wissenschaft und Technologie. Wir werfen einen Blick auf aktuelle Entwicklungen in der Weltraumwissenschaft und -technologie, die es heute bereits gibt. Dann können wir unseren Blick noch weiter in die Zukunft heben: Welche Trends gibt es, und welche Ängste und Hoffnungen begleiten sie? Am wichtigsten ist, dass wir alles, was wir bisher gelernt haben, zusammenfügen, um deine eigene Version der Zukunft zu entwerfen. Der letzte Teil ist der ruhige Abschnitt der Expedition, der zum Reflektieren einlädt. Der Weg durch die stillen Täler, in dem wir innehalten, uns umschauen und über unseren Platz in der Expedition, in der Gesellschaft, in der Welt und im Universum als Ganzes nachdenken.

© Der/die Autor(en), exklusiv lizenziert an Springer-Verlag GmbH, DE, ein Teil von Springer Nature 2026

R. Rogge, *Ein (bisschen) Weltraum für Alle*, https://doi.org/10.1007/978-3-662-72822-2_3

3.1 Wozu ist Wissenschaft gut?

Wenn wir über die Zukunft sprechen, ist es nur logisch, mit dem einen Werkzeug zu beginnen, das wir Menschen haben, um die Zukunft zuverlässig vorherzusagen: die Wissenschaft.

Vielleicht hast du jetzt verschiedene Bilder im Kopf, wie etwa einsame Theoretiker in Elfenbeintürmen, verrückte Wissenschaftlerinnen in weißen Kitteln und Labore voller Mikroskope sowie blubbernder, bunter Flüssigkeiten. All diese Klischees sind zumindest teilweise wahr, aber vor allem ist Wissenschaft eine Denkweise. Es klingt ein bisschen so, als würde ich dir eine Art Kult verkaufen wollen, und vielleicht tue ich das auch. Lass mich dir die schillernde Wahrheitsbringerin vorstellen: die Wissenschaft. Vorhang auf!

Wenn wir hinausgehen und forschen, was genau sollen wir mit unseren Entdeckungen anfangen? Wissenschaft ist eine Methode, um unsere Erkenntnisse zu verstehen, zu überprüfen und zu teilen. Die Denkweise, die ich dir versprochen habe, ist die wissenschaftliche Methode. Sie sieht folgendermaßen aus:

1. Beobachtung anstellen: Was wollen wir herausfinden?
2. Thema recherchieren: Gibt es bereits Daten zu unserer Beobachtung?
3. Hypothese aufstellen: Was ist unsere Behauptung?
4. Daten sammeln: Welche Experimente würden uns helfen, festzustellen, ob unsere Hypothese stimmt oder nicht?
5. Daten analysieren: Sagen uns die gesammelten Daten etwas über unsere Hypothese? Falls nicht, müssen wir vielleicht die Frage oder die Experimente anpassen.
6. Ergebnisse veröffentlichen: Wir müssen unsere Erkenntnisse so teilen, dass andere sie verstehen und überprüfen können.
7. Nachtesten oder wiederholen: Vielleicht haben wir neue Aspekte entdeckt, die uns vorher nicht bewusst waren, oder Fehler im Versuchsaufbau gefunden. Dann können wir ab Schritt 4 neu starten. Wichtig ist, dass dieser Schritt nicht nur von uns, sondern auch von der restlichen Weltgemeinschaft durchgeführt wird.

Nansobots Wissenschaft: Leben auf Enceladus

Wir kennen Nansobots Mission bereits: Leben finden. Gehen wir die obige Liste Schritt für Schritt durch. Wenn wir das als Frage formulieren, wäre es: Gibt es Leben auf Enceladus (Schritt 1)? Bevor wir gleich losbauen, schauen wir erst einmal in die vorhandene Literatur. Vielleicht hat sich schon jemand diese Frage gestellt und sogar Informationen gesammelt (Schritt 2). Wir können die Frage verfeinern, wenn wir schon mehr wissen. In unserem Fall sollten wir herausfinden, welche Art von Leben existieren könnte. Wir haben bereits festgestellt, dass statt Mammuts auf der Oberfläche die wahrscheinlichste Stelle für Leben die Ozeane unter dem Eis von Enceladus sind. Wenn wir weiter recherchieren, sehen wir vielleicht außerdem, dass wir keine riesigen Nessies erwarten, sondern Leben in seiner kleinsten Form, wie zum Beispiel Mikroben. Daraus können wir eine Hypothese formulieren, die wir untersuchen wollen: Es gibt Leben in den Ozeanen von Enceladus, in Form von Mikroben (Schritt 3). Das wollen wir der Welt beweisen oder widerlegen. Wie machen wir das? Indem wir Experimente entwerfen, um unsere Behauptung zu überprüfen (Schritt 4). Wir entscheiden, dass wir ein kleines Mikroskop, eine hyperspektrale Kamera und einen Gerät zur Entnahme von Wasserproben an Bord installieren wollen. Wir legen fest, welches Gebiet Nansobot abdecken und wie viele Proben er wo entnehmen soll. Mit unserem Versuchsaufbau und Missionsplan ist Nansobot bereit und wird in die Tiefen des Weltraums geschickt. Nach ein paar Jahren sehen wir begeistert zu, wie er auf der Oberfläche von Enceladus landet, sich durch das Eis schmilzt und wunderschöne Daten sicher zurücksendet. Wir analysieren die Daten, prüfen die Ergebnisse gegen unsere Hypothese und veröffentlichen die Resultate für die weltweite Forschergemeinschaft (Schritte 5 und 6). Dann beginnt der wichtigste Teil: Andere Forschende werden unsere Methoden und Ergebnisse genau prüfen und unser Experiment wiederholen, um zu bestätigen, dass es wirklich stimmt und wir nichts erfunden haben (Schritt 7).

Was macht die Wissenschaft so besonders?

Sie sorgt für uns: Die Wissenschaft ist der größte Motor für Verbesserungen der Lebensqualität in der Menschheitsgeschichte.[104] Ob Medizin, die Gewinnung von Energie aus erneuerbaren Quellen oder die Effizienz in der Nahrungsmittelproduktion, das Verständnis der zugrunde liegenden Mechanismen hat uns geholfen, die drängenden Probleme anzugehen, mit denen wir zu kämpfen haben. Vergleichen wir dies mit Zeiten in der Geschichte, in denen Wissenschaft nicht in Mode war oder einfach fehlte: Im 19. Jahrhundert entdeckte der ungarische Arzt Ignaz Semmelweis, dass viele Mütter starben, weil Ärzte nach dem Sezieren von Leichen ohne Händewaschen bei Geburten halfen. Ein einfaches Desinfektionsmittel senkte die Todesrate drastisch.[105] Wenn wir zu COVID-19 vorspulen, werden wir uns einmal mehr der Relevanz des Händewaschens bewusst. Aber noch viel wichtiger ist, dass die Entwicklung von Impfstoffen uns innerhalb eines Jahres in die Lage versetzt hat, von weltweiten Lockdowns unterschiedlichster Ausprägung wieder zu unserem normalen Leben zurückzukehren. Wissenschaft arbeitet im Namen der Gesellschaft, wenn sie unsere gesellschaftlichen Probleme angeht, und im Namen der Menschheit, wenn sie versucht, die grundlegende Natur der Materie zu erforschen.

Sie ist allwissend: Was wir mit Wissenschaft tun, ist, die Geheimnisse des Universums zu lüften. Unsere Welt um uns herum zu verstehen. Unseren Platz darin zu begreifen. Und ja, auch die Zukunft vorherzusagen. Viele Veränderungen im Verständnis der Naturgesetze gingen Hand in Hand mit gesellschaftlichen Umbrüchen. Nehmen wir das heliozentrische Weltbild: Die Erkenntnis, dass wir tatsächlich nicht das Zentrum des Universums sind, war vielleicht ein Dämpfer für unser Ego, hat aber auch neu bestimmt, welchen Quellen von Wahrheit die Gesellschaft vertraut. Statt religiöser Schriften wurden Beobachtungen bevorzugt,[106] Macht wurde umverteilt. Die Auswirkungen spüren wir bis heute: Sie haben es uns überhaupt erst ermöglicht, ins All zu fliegen. Stell dir vor, du müsstest eine Flugbahn zum Mond berechnen, ohne die richtige Umlaufbahn der Erde zu kennen. Je näher wir der wahren Natur der Dinge kommen, desto besser können wir uns an sie anpassen.

Sie spricht unsere besten Seiten an: Staunen und Neugier sind einige unserer grundlegendsten menschlichen Eigenschaften. Du schaust zu den Sternen und fragst dich, ob es dort draußen Leben gibt. Wir sehen wunderschöne Meereslebewesen und wollen verstehen, wie wir im Einklang mit ihnen leben können. Innerhalb der letzten 100 Jahre haben wir den menschlichen genetischen Code entschlüsselt,[107] Atome und Galaxien abgebildet[108;109] und Wellen in der Raumzeit nachgewiesen.[110] Wir wissen, dass Kontinente driften, dass das Klima unseres Planeten durch Kohlenstoffkreisläufe geprägt wird[111] und dass andere Welten Ozeane unter ihrem Eis verbergen könnten.[18] Was mich an der Wissenschaft fasziniert, ist, dass sie weder der Kreativität noch der Neugier Grenzen setzt. Man arbeitet nicht an einem festgelegten Produktdesign und sucht einen Weg zu einem bekannten Ziel. Man ist frei, jede Frage zu stellen, und begibt sich auf eine Entdeckungsreise, um die Antwort zu finden. Tatsächlich wissen wir oft nicht einmal, ob es überhaupt eine Antwort auf unsere Frage gibt. Oder ob es die richtige Frage war. Aber selbst wenn wir herausfinden, dass es nicht die richtige Frage war, ist das wertvolle Information für andere mit denselben Gedanken. Es ist, als würden wir gemeinsam unsere Köpfe zusammenstecken, um an den schwierigsten Problemen zu arbeiten, denen die Gesellschaft gegenübersteht.

Sie ist fair zu allen: Kritisches Denken und Objektivität sind einige der Grundqualitäten in der Forschung. Wir sind Menschen mit menschlichen Vorurteilen und haben dieses weltweite System namens Wissenschaft geschaffen, um sicherzustellen, dass wir nicht auf unsere Vorurteile hereinfallen. Um gut im Überprüfen zu sein, brauchen wir eine Detailverliebtheit und eine gesunde Portion Paranoia. Kritisches Denken bedeutet, dass Fehler früher oder später aufgedeckt werden. Aber genau das ist der Punkt: Wissenschaft lebt von Fehlern. So machen wir Fortschritte und kommen den zugrunde liegenden Fakten näher. Stephen Hawking, einer der brillantesten Köpfe der Astrophysik unserer Zeit, basierte seine frühere Arbeit auf der folgenden Annahme: Nichts kann einem Schwarzen Loch entkommen, nicht einmal Licht. Als er seine Theorie weiterentwickelte, erkannte er, dass das tatsächlich nicht ganz stimmte. Als die Quantentheorie ins Spiel kam, schlug er vor, dass Schwarze Löcher langsam Masse verlieren sollten, indem sie eine schwache thermische Strahlung abgeben, die heute als *Hawking-Strahlung* bekannt ist. Es ist ein fortlaufendes Beispiel dafür, wie die Gemeinschaft daran arbeitet, diese neue Hypothese zu überprüfen oder zu widerlegen. Die Strahlung ist bisher noch nicht direkt nachgewiesen.[112]

Kritisiert zu werden, macht nie wirklich Spaß, und Fehler öffentlich zuzugeben noch weniger. Aber die wissenschaftliche Methode ist ein großartiger Mechanismus, um sicherzustellen, dass wir keine Daten falsch interpretiert oder unerwünschte Vorurteile eingeführt haben und uns auf eine objektive Wahrheit zubewegen.

Apropos Fehler und Unvollkommenheiten zugeben: Nicht alles ist so idealistisch, wie meine Darstellung dir vielleicht suggerieren sollte. Aber da du sowieso kritisch denkst, hast du das sicher schon erwartet.

Eine Sache, die die Wissenschaft nicht bieten kann, ist die absolute Wahrheit. Leider ist es genau das, was wir Menschen uns oft wünschen. Wissenschaftler*innen versuchen, der Wahrheit so nahe wie möglich zu kommen, indem sie objektiv sind und die Arbeiten anderer Forschender lesen. Und die meisten Erkenntnisse sind die meiste Zeit korrekt, aber hin und wieder treten Ausnahmen auf. Die Wissenschaft modelliert die Natur so genau wie möglich, aber das Modell bleibt, was es ist: eine Annäherung. Ein zweites Versprechen, das die Wissenschaft nicht immer halten kann, sind einfache Antworten. Unsere Welt ist komplex. Mit unseren Hypothesen versuchen wir ein Modell zu schaffen, welches das Verhalten eines Systems so nah wie möglich vorhersagt. Beide oben genannten Schwächen der Wissenschaft führen zu einer ziemlich unbefriedigenden Situation. Was nützt dieses Werkzeug, wenn es uns nur Antworten wie ein Orakel gibt? Nun, auch wenn es vielleicht kein einfaches Ja oder Nein ist, hat es dennoch eine nachweisbare Erfolgsbilanz.[104] Nehmen wir ein Beispiel aus der Medizin, das zeigt, dass intravenöses Ibuprofen Fieber deutlich wirksamer senkt als ein Placebo, da nach vier Stunden bis zu 77 Prozent der behandelten Patientinnen und Patienten fieberfrei waren, gegenüber nur 32 Prozent in der Placebogruppe.[113] Das dritte im Trio der Ärgernisse ist, dass die Wissenschaft Antworten liefert, die wir vielleicht gar nicht hören wollen.

All diese Eigenschaften machen die Wissenschaft eher zu einer Spielverderberin, die immer viel zu lange Erklärungen für einfache Fragen liefert, die wir gar nicht hören wollen. Aber hey, zumindest ist das eine Freundin, der wir entweder vertrauen können, wenn wir die Fakten wissen müssen, oder welche die beste Vorhersage für die Zukunft hat. All diese Eigenschaften sind leider auch genau jene, in denen die Pseudowissenschaft glänzt: Sie beansprucht absolute Autorität, liefert einfache, klare Antworten auf komplexe Fragen und spricht das Wunschdenken an. Indem sie die eine und einzige Wahrheit und Unfehlbarkeit beansprucht, verführt uns die Pseudowissenschaft auch stark dazu, unseren natürlichen Skeptizismus auszuschalten. Das wäre das Gegenteil der wissenschaftlichen Methode.[104] Was dann passiert, ist, dass wir, auch wenn es sich gut anfühlt, die Autorität über das Leben in die Hände anderer geben: Nämlich derjenigen, die dir diese „Wahrheit" einflößen. Die Kontrolle zu haben, ist großartig, keine Kontrolle zu haben nicht so sehr. Aber zu denken, man hätte Kontrolle, während man sie nicht hat, ist definitiv das Schlimmste. Also, auch wenn die Wahrheit manchmal weh tut, wie zum Beispiel, dass wir nicht das Zentrum des Universums sind, ernten wir dennoch in der Zukunft die Belohnung, zu anderen Planeten reisen zu können.

Wissenschaft mag eine harte und komplizierte Freundin sein, aber sie ist eine, die uns erstaunt, uns hilft, unser bestes Leben zu führen, und uns Kontrolle über unser Leben gibt. Zurück zu unseren Klischees vom Anfang: Wir haben gesehen, dass Wahnsinn und Labore definitiv dazugehören. Aber auch viel mehr: die kollektive Suche nach Wahrheit, Verbesserungen im Leben und allgemeines Staunen. Auch wenn sie nicht perfekt ist, ist die Wissenschaft unser bestes Werkzeug, um die Zukunft zu gestalten. Lass uns diese Superkraft nutzen.

3.2 Wissenschaft im Weltraum

Wissenschaft in extremen Umgebungen ist ein riesiges Feld, und wir werden uns ein paar Highlights anschauen, die mit Experimenten auf der *Fram2*-Mission verbunden sind. Es sei erwähnt, dass es so viele verschiedene Disziplinen gibt, in denen wir im Weltraum forschen, von Astrophysik über Materialwissenschaften bis hin zur Erdbeobachtung. Da der entscheidende Teil der Anwesenheit von Menschen im Weltraum darin besteht, uns am Leben zu erhalten, werden wir uns hier auf die Lebenswissenschaften fokussieren. Es gibt verschiedene Ausprägungen, wofür dieses Wissen genutzt werden kann: Missionen ins tiefe All, wobei das Wissen über den menschlichen Körper im Weltraum sowohl für Langzeitexpeditionen als auch für permanente und temporäre Weltraumsiedlungen relevant ist. Wenn wir dauerhaft im Weltraum leben und arbeiten, wie sollten wir unseren Körper am besten trainieren, uns verhalten und unsere Umgebung gestalten? Andererseits bedeutet das Verständnis des menschlichen Körpers für den Weltraum im Grunde, den menschlichen Körper generell zu verstehen. Es ist eine Art, uns in Extremsituationen zu beobachten, wobei die Auswirkungen auf den Körper ein Beispiel sind, aber Isolation, Gruppendynamik und das Arbeiten unter hoher Belastung an unbekannten Orten ebenso wichtig sind. Da wir an die Grenzen gehen, ändern sich die Regeln, und wir müssen vielleicht einen völlig anderen Ansatz wählen als in unserer Komfortzone. Die Lektionen, die wir aus Extremsituationen lernen, können wiederverwendet werden, um bessere Lebensbedingungen und ein besseres Zusammenleben auf der Erde und überall sonst zu erreichen.

3.2.1 Was macht Raumfahrt mit Menschen?

Die Auswirkungen

Wichtig ist hier, dass wir uns die Raumfahrt anschauen, die in der Regel darin besteht, dass ein Mensch sich entweder in einem Raumschiff oder in einem Raumanzug befindet. Wir betrachten nicht, wie der eigentliche Weltraum uns verändert, denn einen Menschen dem kalten Vakuum des Alls auszusetzen, ist ein anderes und eher unangenehmes Unterfangen. Nein, danke.

Was ist also im Weltraum anders? Die offensichtlichste Veränderung ist die Mikrogravitation, plötzlich sind wir schwerelos. Wir Menschen sind im Großen und Ganzen mit Flüssigkeit gefüllte Beutel und da Flüssigkeiten im Weltraum keiner Schwerkraft ausgesetzt sind, die sie nach unten zieht, verteilen sie sich um. Genauer gesagt, verschieben sich fast 2 Liter Flüssigkeit im

Körper von den Beinen in Richtung Oberkörper und Kopf.[114] Das führt dazu, dass die Gesichter von Astronaut*innen aufgedunsen aussehen, ein Effekt, der liebevoll „puffy face" genannt wird. Unser zirkulierendes Blutvolumen nimmt ab, und sogar das Herz kann kleiner werden: Es muss nicht mehr so hart arbeiten wie auf der Erde. Das Gleiche gilt für andere Muskeln, die durch den fehlenden Gebrauch an Masse und Volumen verlieren.[115] Und die Liste geht weiter: Die Knochendichte nimmt pro Monat Aufenthalt im All um etwa 0,8 % ab.[116;117] Für Muskeln und Knochen gilt also: Use it or lose it. Das ist einer der Gründe, warum Sport im All so wichtig ist.

Sobald wir im All sind, ist eine der ersten Auswirkungen das Raumadaptationssyndrom, mit seinem bekanntesten Symptom: der Weltraumübelkeit. Etwa zwei Drittel aller Raumfahrenden leiden in den ersten Tagen des Fluges unter einer Form von Raumkrankheit. Die Symptome klingen innerhalb der ersten drei bis vier Tage ab. Die gute Nachricht ist, dass dies nicht unbedingt mit Reiseübelkeit auf der Erde zusammenhängt. Selbst wenn dir im Auto oder auf dem Boot schlecht wird, könnte der Weltraum trotzdem genau der richtige Ort für dich sein.[118]

Eine beträchtliche Anzahl der *Apollo*-Astronauten litt entweder während oder nach ihren Flügen an Krankheiten. Das Immunsystem erfüllt seine Aufgabe im All offenbar schlechter als auf der Erde. Warum, das verstehen wir noch nicht vollständig. Allerdings ist es etwas, das generell von der Umgebung, der Ernährung und psychologischen Stressoren beeinflusst wird, sodass nicht unbedingt die Mikrogravitation der Übeltäter sein muss.[119;120] Es gibt noch mehrere andere Stressfaktoren, die wir auch auf der Erde finden: gestörte Schlafzyklen, Umgebungen mit hoher Arbeitsbelastung sowie Isolation und Enge. Weitere Beispiele für psychologische Stressoren sind Langeweile, Einsamkeit und zwischenmenschliche Konflikte. Da es nur wenige Daten aus der Raumfahrt gibt, stammen die meisten Erkenntnisse aus raumfahrtanalogen Einrichtungen. Es wurde festgestellt, dass je länger die Dauer der Isolation ist, desto mehr Verhaltensauswirkungen die Crew bemerkte,[121] und desto mehr betonten die Astronaut*innen die Bedeutung der Teamdynamik.[118] Studien haben jedoch auch Stimmung und Depression direkt mit Schlafstörungen in Verbindung gebracht, und da Raumfahrt ein bekannter Störfaktor für Schlafzyklen ist, könnte es sein, dass vielleicht gar nicht die Mikrogravitation der eigentliche Grund sein muss.[121]

Ein weiterer Faktor ist die ionisierende Strahlung. Bisher waren nur sehr wenige Astronauten außerhalb des schützenden und behaglichen Einflusses des Erdmagnetfelds. Du hast es erraten: Es waren die *Apollo*-Astronauten. Die Analogien, die wir für eine solche Strahlenexposition auf der Erde haben, sind

Überlebende von Nuklearkatastrophen oder Krebspatienten. Bei den meisten von ihnen ist die Dosis immens für einen kurzen Zeitraum, anstatt einer kleineren Strahlungsdosis über einen längeren Zeitraum. Am nächsten kommen wir dem mit Strahlentherapiepatienten und den Auswirkungen von Strahlung auf bestimmte Körperteile. Worüber machen wir uns bei Strahlung Sorgen? Die größte Unbekannte ist natürlich das Krebsrisiko. Bei den *Apollo*-Astronauten wurde jedoch kein Anstieg der Krebsraten festgestellt.[122;123]

Manche dieser Veränderungen wurden bereits nach ein paar Tagen Raumflug beobachtet.[124] Aber keine Angst: Bis auf allfällige Strahlungsschäden bilden sich alle Effekte größtenteils zurück, sobald wir wieder auf der Erde sind.[123]

Der Haken

Bei all diesen unterschiedlichen Herausforderungen ist es nicht einfach zu bestimmen, ob die beobachteten Effekte von einer Bedingung herrühren, die dem Raumfahrtumfeld selbst innewohnt (Mikrogravitation), oder von einer damit verbundenen Gegebenheit oder einer Kombination von Faktoren. Einige Bedingungen können wir näherungsweise isolieren: Strahlung, indem wir Patienten mit Krebstherapien untersuchen, Flüssigkeitsverschiebungen und Mikrogravitation teilweise durch Bettruhe- oder Kopftieflagerungsstudien sowie durch Isolation in abgeschlossenen Umgebungen wie antarktischen Forschungsstationen.

Weitere Faktoren, die es erschweren, aus Astronautendaten Schlüsse zu ziehen, sind die geringe Anzahl an Menschen, die im All waren, sowie uneinheitlich erhobene Messungen zu unterschiedlichen Zeitpunkten oder nach unterschiedlichen Protokollen.[125] Besonders schwierig ist es, auf den „Durchschnittsmenschen" zu schließen, wenn wir nur eine stark vorselektierte, medizinisch gesunde Gruppe betrachten, die für den Flug ins All ausgewählt wurde. Zeit, den Zugang für alle zu öffnen?

Im Folgenden schauen wir uns ein paar Beispiele für Weltraumexperimente an, die wir auf der *Fram2*-Mission dabei hatten.

3.2.2 Spotlight A: Nahrung

Essen auf Expeditionen ist essenziell: Für die Ernährung, um uns am Leben und gesund zu halten, aber auch für die Moral. Hier tauchen wir in eine besondere Art von Nahrung ein, nämlich Pilze im Weltraum, und zwar sowohl erwünschte als auch unerwünschte. Was steht auf dem Weltraummenü, und unterscheiden sich im All gezüchtete Pilze von ihren irdischen Verwandten?

Was essen Astronauten?

Expeditionsnahrung und Weltraumnahrung haben ähnliche Anforderungen. Beides sollte leicht und haltbar sein, nahrhaft und ohne großen Aufwand (also ohne Kochen) essbar sein.[126;127] Auf Polarexpeditionen sind die Entdecker*innen allerdings viel aktiver, sodass der Energiebedarf auf das bis zu Dreifache des normalen Tagesbedarfs ansteigt. Auch heute noch nehmen manche Polarexpeditionen Blöcke aus purem Fett auf ihren Schlitten mit (lecker!), um einen guten Kompromiss zwischen Gewicht und Kalorien zu erreichen.[128] Weltraumnahrung muss diese hohen Kalorienwerte nicht unbedingt erreichen, hat aber andere Eigenheiten: Sie sollte keine Krümel produzieren, die in Lüftungsschächte oder ins Auge gelangen.

Juri Gagarin war nicht nur der erste Mensch im Orbit, sondern auch der erste, der Weltraumnahrung zu sich nahm. Er durfte zwei Tuben püriertes Rindfleisch- und Leberpastete sowie eine Tube Schokoladensauce genießen.[52] Inzwischen sind wir sehr viel weiter. Sogar Eiscreme wird zur International Space Station (ISS) geliefert[129] und handelsübliche Produkte haben uns auf der *Fram2*-Mission begleitet. Wir hatten eine Mischung aus Fertiggerichten dabei, wie Linsen-Daal, vorverpackte Pizzastücke, Tortillas mit Erdnussbutter und Marmelade sowie frisches Wokgemüse für die ersten Tage. Snacks waren unter anderem Schokolade, Fruchtgummis und getrocknete Edamame. Nur Nahrung zum Überleben zu haben, ist das eine, aber eine gute Auswahl kann ebenfalls wichtig sein. Astronauten auf der ISS berichten von einem deutlichen positiven psychologischen Effekt, wenn sie Essenslieferungen erhalten.[126] Auf der ISS stellen häufige Nachschublieferungen mit frischen Lebensmitteln kein großes Problem dar, da der niedrige Erdorbit vergleichsweise leicht und schnell erreichbar ist. Bei längeren Missionen oder einer Besiedlung des Weltraums können wir jedoch nicht unendlich viel Verpflegung mitnehmen, und schon gar nicht frische Lebensmittel. Wir müssen also unsere eigene Nahrung anbauen.

Können wir im All Pflanzen anbauen?

Eine häufige Krankheit unter Seefahrern im Zeitalter der Entdeckungen war Skorbut, der durch einen Mangel an Vitamin C verursacht wurde. Ohne frisches Gemüse oder Obst auf See traten Symptome wie faulendes Zahnfleisch und ein geschwächter Körper auf, und die Krankheit forderte Millionen von Todesopfern.[130] Fridtjof Nansen zählte Skorbut zu den „unvorhergesehenen Hindernissen“ für die *Fram*-Expedition und wählte die Nahrung sehr abwechslungsreich, um sich davor zu schützen, darunter verschiedene Beeren: Preiselbeeren, Moltebeeren und Erdbeeren in Marmelade oder konservierter Form.[2] Die ISS beherbergt derzeit einige Miniaturgärten, in denen verschiedene Pflanzenarten erfolgreich angebaut wurden, darunter Salat, Blumen, eine Weizensorte. Sogar im Space Shuttle wurden schon Kartoffeln angebaut. Dank der aktuellen Nachschubflüge zur ISS müssen die Astronauten im niedrigen Erdorbit keine Angst haben, dass ihnen das frische Essen ausgeht, aber vorverpackte Vitamine könnten auf längeren Flügen zerfallen.[119;131] Das bedeutet, es ist an der Zeit, den eigenen inneren Mark Watney zu wecken und selbst Weltraumgärtner zu werden.

Aber jetzt wird es etwas ausgefallener. Was ist mit Pilzen, haben wir versucht, diese zu züchten? Die Antwort ist: irgendwie, und bisher meist unfreiwillig und definitiv nicht von der Sorte, die wir mögen. Frühe Weltraummissionen auf der *Mir*-Station berichteten von schwarzen Gebilden, die ungestört im Wasser schwebten, auf Raumanzügen und Kabelummantelungen wuchsen, nur um festzustellen, dass es sich um eine Schimmelart handelte, die sich durch Gummi und andere Materialien gefressen hatte.[132] Forscher haben auch Filter und Abfälle von der ISS untersucht und dort Schimmel gefunden.[133] Gut ist: Pilze lieben offenbar den Weltraum. Neben diesen Anekdoten haben gezielte Experimente eine hohe Strahlenresistenz bei Pilzen und sogar höhere Wachstumsraten beobachtet, sodass das Konzept der „Radiosynthese“, analog zur Fotosynthese vorgeschlagen wurde.[134] Pilze könnten tatsächlich von Strahlung profitieren. Mit diesen vielversprechenden Aussichten für Pilze schauen wir uns nun die essbare und viel verlockendere Variante an.

Das Leben eines Pilzes

Was wir als Pilz bezeichnen, ist in Wirklichkeit nur ein Teil eines gesamten Organismus. Fungus ist der Name für den gesamten Organismus, Myzelium der unterirdische Teil, ein Pilz der oberirdische Teil im klassischen Sinne. Das Myzelium ist das verborgene Netzwerk aus fadenförmigen Zellen, den Hyphen, das den Hauptkörper eines Pilzes bildet, meist im Boden, Holz oder sogar Kaffeesatz. Es nimmt Nährstoffe auf und breitet sich aus, fast wie Wurzeln auf der Suche nach Nahrung. Wenn die Bedingungen stimmen (genug Feuchtigkeit, Temperatur und Nährstoffe), schaltet das Myzelium in den Fortpflanzungsmodus und bildet einen Fruchtkörper (das, was wir gemeinhin als Pilz bezeichnen). Die Aufgabe des Pilzes ist es, Sporen zu produzieren und freizusetzen. Das sind winzige, staubähnliche Zellen, die mit Luft- oder Wasserströmungen davongetragen werden. Landet eine Spore an einem geeigneten Ort, keimt sie, bildet neue Fäden, die zu einem weiteren Myzeliumnetzwerk heranwachsen, und der Kreislauf beginnt von vorn.[135]

Pflanzen sind cool, aber Pilze ergänzen sie perfekt. Zumindest, wenn es darum geht, die Ernährungsanforderungen für Raumflüge zu erfüllen, denn sie enthalten viele nützliche Nährstoffe wie Magnesium und Zink.[127] Noch wichtiger ist jedoch: Wenn sie UV-Licht ausgesetzt werden, produzieren sie etwas, das Pflanzen nicht können, und zwar Vitamin D.[136] Vitamin D ist wichtig für das Knochenwachstum. Es beeinflusst aber auch viele weitere Aspekte der körperlichen und psychischen Gesundheit und sogar den Schlaf.[137] Der Körper kann Vitamin D bilden, wenn er UV-Licht ausgesetzt ist, aber man möchte im Weltraum lieber nicht direkt der Sonne ausgesetzt sein, und Astronaut*innen haben vermutlich keine Zeit, sich unter UV-Lampen zu sonnenbaden. Verschiedene Pilzarten können Vitamin D bilden, wenn sie UV-Licht ausgesetzt sind, und so auf natürliche Weise die Ernährung der Astronauten ergänzen. Sie sind außerdem, wie oben gesehen, nicht wählerisch, was die Wachstumsbedingungen angeht. Die NASA untersucht sogar, ob man sehr außerirdisch anmutende Habitate aus Pilzen züchten kann, die sich selbst reparieren.[138]

Experiment: Mission MushVroom

Wir hatten ein Experiment dabei, das die Machbarkeit von Pilzen als Nahrungsquelle im All untersucht hat.

Aufbau: Unser Pilzgarten für *Fram2* bestand aus zwei Teilen. Einer war ein handelsübliches Pilzzuchtset, zusammengesetzt aus einem Substratblock (Sägemehl, Wasser, Sojaschalen, Weizenkleie, Gips, Roggenkorn) mit *Pleurotus-ostreatus-*(Austernpilz-)Myzelium („Saatgut"). Normalerweise erscheinen Fruchtkörper nach drei bis vier Wochen, daher war dieses Set bereits vorkolonisiert, um sicherzustellen, dass wir das Wachstum beobachten können. Wichtig: Es wird weder Sonnen- noch LED-Licht benötigt, und unter perfekten Bedingungen verdoppelt sich das Wachstum alle 24 Stunden. Der zweite Teil bestand aus sechs Plastikröhrchen mit demselben Substrat wie der Block und dem Austernpilz-„Saatgut", um den Effekt von Mikrogravitation auf Kolonisierung und Wachstum zu testen. Der ausgewählte Pilz war eine spezielle sporenlose Variante von *P. ostreatus*, die keine Sporen bildet, um Gesundheitsrisiken durch frei schwebende Sporen in der Kabine bei zukünftigen Missionen zu minimieren. Beide Varianten hatten eine entsprechende Bodenkontrolle, das heißt, dasselbe Set unter kontrollierten Bedingungen auf der Erde, um Unterschiede zwischen den Experimenten zu beobachten.

Ziele: (1) Feststellen, ob die Kolonisierung durch die Weltraumbedingungen gehemmt wird; (2) Überprüfen, ob ein vorkolonisierter Block Fruchtkörper bildet; (3) Vergleich mit der Bodenkontrolle hinsichtlich Nährwerten und Kontamination (Schimmel)

Die Aufgabe: Dieses Experiment zeigt, wie viel Arbeit in die Vorbereitung vor und nach dem Flug sowie in die Forschungslogistik fließt. Die Röhrchen und Sets wurden einen Monat vor der Mission in die USA verschickt. Vier Tage vor der Frachtverladung wurde der vorkolonisierte Block vorbereitet, um die Fruchtungsbedingungen zu optimieren, indem Schlitze in die Plastikfolie geschnitten wurden, durch die Sauerstoff, den das Myzel zum Wachsen und Fruchten benötigt, eindringen kann. Zwei Tage vor dem geplanten Starttermin musste die letzte Fracht in das Raumschiff geladen werden. Die Röhrchen wurden am selben Tag befüllt. Beachte, dass hier auch das Timing eine Rolle spielt. Wir hatten Glück, dass wir an unserem geplanten Datum starten konnten, aber es kommt oft vor, dass Starts verschoben werden, was für die Forschenden eine weitere Ebene der Komplexität bei der Versuchsplanung bedeutet. Mit den befüllten Röhrchen und dem verpackten Kit starteten die zukünftigen Pilze mit uns ins All, während die Bodenkontrolle auf der Erde zurückblieb.

Im All war unsere Aufgabe im Vergleich zu den Forschenden am Boden einfach. Am dritten Tag des Flugs holten wir die Röhrchen und den Block heraus, machten Fotos und Videos und beschrieben, was wir sahen. Ich muss gestehen, wir waren ein wenig enttäuscht, als uns statt eines Pilzwaldes ein weißer, flauschig aussehender Block begrüßte; immerhin schien das besiedelte Substrat aber gesund zu sein.

Nachdem das Exemplar mit uns wieder auf der Erde gelandet war, wurde es innerhalb von vier Stunden nach der Wasserung aus dem Raumschiff entnommen, um es über unsere bloßen Beobachtungen hinaus weiter zu untersuchen. Proben wurden ins Labor geschickt, damit die Forschenden Masse, Form, Hyphendichte, Ausrichtung, Kontamination und Nährstoffgehalt der Weltraumproben bestimmen konnten. Um die Frische zu gewährleisten, wurden die Röhrchen sofort in ein Labor in Kalifornien gebracht und noch am selben Tag unter dem Mikroskop untersucht. Weitere Proben wurden eingefroren und an andere Universitäten zur weiteren Auswertung verschickt.

Ergebnisse: Es waren während des Flugs keine sichtbaren Fruchtkörper zu erkennen. Die Forschenden vermuten, dass die sporenlose Variante etwas länger zum Fruchten brauchte als erwartet. Es wurden trotzdem einige vielversprechende Antworten gefunden:

(1) Die Röhrchen zeigten eine erfolgreiche Kolonisierung, obwohl sie beim Start durchgeschüttelt wurden und die Wachstumsbedingungen suboptimal waren, da es keine kontrollierte Temperatur, Luftfeuchtigkeit und keinen ausreichenden Sauerstoff gab. (2) Der vorbesiedelte Block zeigte am Tag der Wasserung ebenfalls Anfänge von Fruchtkörpern und einen abgeflachten Pilz-„Pin". Das deutet darauf hin, dass die Pilze zu wachsen begannen, auch wenn nicht so schnell wie die Bodenkontrolle. Die Ergebnisse von besseren Augen als unseren, nämlich dem Mikroskop, bestätigten, dass die Hyphen auch in der Mikrogravitation erfolgreich mit intakten Merkmalen wuchsen, sogar auf mikroskopischer Ebene. (3) Es bildeten sich sporenlose „Hyphen", was zeigt, dass 3,5 Tage Mikrogravitation ihr Wachstum nicht verhinderten. Es wurde keine Kontamination festgestellt, was eine gute Nachricht für alle ist, die die Pilze als essbare Ernte nutzen wollen. Zum Zeitpunkt des Schreibens werden einige Analyseergebnisse, wie die Nährstoffwerte, noch ausgewertet.

Nicht alles lief von Erics und meiner Seite perfekt, da wir beim Herausnehmen des Blocks versehentlich den vorgeschnittenen Bereich etwas gedrückt haben. Auch das ist eine Lernerfahrung für zukünftige Abläufe, die in das Design des Handlings einfließen wird. Alles in allem können wir jedoch festhalten, dass einer zukünftigen Weltraum-„Pizza Funghi" mit selbst gezüchteten Pilzen nichts im Wege steht (Abb. 3.1).

Die oben genannten Ergebnisse sind in einem ersten Konferenzbeitrag zu diesem Thema zu finden: Fayet-Moore, F. et al., 2025. Mission MushVroom: pushing the boundaries of space nutrition with the first sporeless oyster mushrooms in space. *In:* Proceedings of the International Astronautical Congress (IAC 2025), International Astronautical Federation, Paper No. IAC-25-B3,7,10,x94499.[139]

Forschende: Leitung – FOODiQ Global, Mitwirkende – University of Newcastle, Australien, Texas A&M University, USA, Deep Space Food Consortium, USA

FOODiQ Global ist eine Beratungsfirma, die Ernährungswissenschaft in die Praxis bringt. Sie arbeiten mit Unternehmen und öffentlichen Organisationen zusammen, um Ernährungsforschung in Strategien, Produktentwicklung und Kommunikation zu übertragen, die Menschen gut verstehen können. Ihr Fokus liegt auf Evidenz statt Trends, sie übersetzen Forschung in klare und nützliche Empfehlungen. Das Team vereint Wissenschaftler*innen und Stra-

Abb. 3.1 Mission MushVroom: (*oben links*) Zustand des Substrats im Röhrchen während des Flugs. (*oben rechts*) Zustand des vorbesiedelten Blocks während des Flugs. (*unten links*) Nach dem Flug: Bild eines sichtbaren Pilzes. (*unten rechts*) Nach dem Flug: Mikroskopisches Bild der intakten Hyphen. Bilder © Flávia Fayet-Moore, alle Rechte vorbehalten

tegen, die die Lücke zwischen Forschung, Politik und alltäglicher Ernährung schließen wollen.

Die leitende Forscherin und Weltraumernährungswissenschaftlerin Dr. Flávia Fayet-Moore sieht das Potenzial ihrer Forschung nicht nur im All: „Das All hilft uns, innovativ zu sein, über den Tellerrand hinaus zu denken und Ernährungssysteme zu schaffen, die an die einzigartigen Bedingungen und Gefahren der Raumfahrt angepasst sind. Was ich an Weltraumnahrung und -landwirtschaft liebe, ist, dass sie schon heute unsere Ernährungssysteme beeinflussen. Der Anbau von Lebensmitteln im All hilft, effiziente, geschlossene landwirtschaftliche Kreisläufe zu schaffen, die mit minimalen Ressourcen wie Wasser und Dünger auskommen und maximale Erträge für die Erde liefern – und so letztlich dazu beitragen, unsere wachsende Bevölkerung nachhaltig und nährstoffreich zu ernähren. Auf die Erde gebracht, sind diese Ernährungssysteme nicht nur nahrhaft, sondern auch effizient und kompakt und könnten an vielen Orten eingesetzt werden, etwa in abgelegenen Regionen, bei Katastrophen- oder Konflikthilfe und auch in Städten."

3.2.3 Spotlight B: Frauengesundheit

Dieser Abschnitt war, glaub es oder nicht, am einfachsten und am schwierigsten zu recherchieren, einfach weil es nicht viele Daten gibt. Nach Valentina Tereshkovas dreitägigem Flug im Jahr 1963, der sie zur ersten Frau im All machte, waren bisher (Stand September 2025[140]) nur etwa 13 % aller Raumfahrer*innen Frauen. Genieße diese Ergebnisse also mit Vorsicht. Aufgrund des Mangels an Daten ist dieser Abschnitt eher ein Plädoyer für die Wichtigkeit von Forschung als eine Sammlung von kompletten und unumstößlichen Wahrheiten. Im Folgenden habe ich ein paar Fragen zusammengestellt, die ich immer mal wieder gestellt bekomme.

Bekommt man seine Periode im All?

Eine bekannte Geschichte besagt, dass die NASA Sally Ride vor ihrer siebentägigen Mission als erste amerikanische Frau im All fragte, ob sie hundert Tampons brauchen würde. Sie schlug vor, die Anzahl zu halbieren, was vielleicht nicht überraschend ist.[52] Das lässt uns also davon ausgehen, dass es eine Periode gibt. Tatsächlich haben wir nur anekdotische Belege von Rhea Seddon, einer weiteren US-Astronautin, die von den allgemeinen Sorgen über ausgemalte Horrorszenarien berichtet, aber mit folgendem Fazit schließt: „Ich bin mir nicht ganz sicher, wer die erste Periode im All hatte, aber sie kamen zurück und sagten: ‚Die Periode im All ist genau wie die Periode auf der Erde. Mach dir keine Sorgen.'"[141]

Es gibt noch einen weiteren Grund, warum wir so wenige Daten haben. Berichten zufolge entscheiden sich die meisten Astronautinnen dafür, im All gar keine Periode zu haben und nutzen hormonelle Verhütungsmethoden,[142] wie zum Beispiel die Pille. Das habe auch ich gemacht. Ich habe meine Spirale gegen die Pille getauscht, weil ich keine Informationen darüber finden konnte, ob eine Spirale und veränderte Schwerkraft riskant werden könnten. Die Pille bringt natürlich andere Probleme mit sich, wie ein erhöhtes Thromboserisiko. Der erste Fall einer Venenthrombose wurde 2019 auf der ISS dokumentiert, und es wird erwartet, dass dieses Phänomen in der Mikrogravitation verstärkt auftritt, es ist also ein echtes Risiko, das nicht vernachlässigt werden darf.[142]

Momentan können wir also wenig zufriedenstellend festhalten, dass die Periode theoretisch gesehen anscheinend problemlos funktioniert.

Hormone und der Menstruationszyklus

Ein Zyklus dauert normalerweise etwa 28–30 Tage, aber das ist bei jeder Person unterschiedlich. Tag eins ist der erste Tag der Blutung. Das ist die Menstruationsphase, in der niedrige Östrogen- und Progesteronspiegel dem Körper signalisieren, die Gebärmutterschleimhaut abzubauen. Die Follikelphase beginnt am ersten Tag der Periode. Das follikelstimulierende Hormon (FSH) signalisiert den Eierstöcken, dass sie Follikel wachsen lassen sollen, das sind kleine Säckchen, in denen die Eizellen liegen. Die Follikel wachsen und eine oder selten zwei Eizellen beginnen zu reifen. Dann steigt der Östrogenspiegel, was hilft, die Gebärmutterschleimhaut wieder aufzubauen und für eine mögliche Schwangerschaft vorzubereiten. Etwa in der Mitte des Zyklus löst ein Anstieg eines weiteren Hormons, des luteinisierenden Hormons (LH), den Eisprung aus und die Eizelle wird freigesetzt. Die Lutealphase beginnt in der zweiten Hälfte des Zyklus. Der Eierstock produziert mehr Progesteron, zusammen mit etwas Östrogen. Progesteron hält die Gebärmutterschleimhaut stabil und somit im Grunde die Tür für einen Embryo offen. Wenn keine Schwangerschaft eintritt, sinken Progesteron und Östrogen, die Schleimhaut wird abgebaut und die nächste Periode beginnt.

Östrogene sind eine Familie von Hormonen, die mehrere Aufgaben haben, die über die Reproduktion hinausgehen. Sie wirken sich auf den ganzen Körper aus: auf deine Stimmung, wie stabil deine Knochen sind, wie elastisch deine Haut ist und wie dein Körper Energie verbrennt. Auch Männer produzieren Östrogen, nur in geringeren Mengen. [143;144]

Wenn wir eine Ebene tiefer schauen, haben wir allerdings noch ein paar weitere Daten. Nicht von Menschen, sondern von Tieren. Zum Beispiel wurde festgestellt, dass Mikrogravitation den Menstruationszyklus von Mäusen unterbrechen oder stoppen kann. [145] Außerdem wurde gezeigt, dass in vitro gezüchtete Mäusefollikel ein vermindertes Wachstum aufweisen. [146]

Auch andere Faktoren beeinflussen den Menstruationszyklus, wie ein gestörter Schlafrhythmus, [147] unausgewogene Ernährung und übermäßiger Stress. Die Herausforderung liegt darin, den verantwortlichen Stressfaktor zu identifizieren und zu prüfen, ob er wirklich weltraumbedingt ist oder nur eine indirekte Folge.

Werden Frauen im All unfruchtbar?

Eine Arbeit aus dem Jahr 2024 mit dem Titel „Understanding how space travel affects the female reproductive system […]“ kommt zu dem Schluss, dass wir es tatsächlich nicht verstehen. [147] Aber schauen wir mal, was wir wissen.

Zuerst die Beobachtungen: Nein, wir haben Daten, die diese Behauptung nicht stützen.[148] Betrachtet man, wie viele Astronautinnen nach ihrem Raumflug Kinder bekommen haben, unterscheidet sich ihre Erfolgsrate nicht von der von Frauen gleichen Alters, die nicht ins All geflogen sind.[145]

Aber auch hier haben wir mehr Daten, wenn wir uns die zugrunde liegenden Mechanismen anschauen. Starke Strahlung ist weder für Frauen noch für Männer gut, wie zu erwarten, und nicht für deren Zellen. Wir haben keine direkten Daten aus dem All, aber einige Beobachtungen an Menschen, die einer Strahlentherapie ausgesetzt waren oder Überlebende von Nuklearkatastrophen sind. Hier wurde gezeigt, dass hohe Strahlendosen auf der Erde etwa die Hälfte aller Eizellen nach einer Strahlentherapie zerstören können[147] (bei einer äquivalenten Dosis von etwa 57.000 Transatlantikflügen). Der Unterschied ist, dass weibliche Eizellen sich nicht erneuern, während Spermien dies im Allgemeinen tun. Insbesondere nach einer Schädigung durch Strahlenbelastung wurden Spermien wieder regeneriert.[145]

Mikrogravitation ist ein weiterer bedeutender Stressfaktor. In der Shuttleära sind zum Beispiel einige Frösche mit ins All geflogen. Ihnen wurden Eier während des Flugs entnommen, in vitro befruchtet und die daraus entstehenden Embryonen sowie Kaulquappen mit einer Kontrollgruppe in normaler Erd-Schwerkraft verglichen. Die Embryonen zeigten kleine Unterschiede in der Entwicklung, aber die Kaulquappen hatten kleinere Lungen.[149] Weitere Studien wurden mit Fischen und Amphibien wie Salamandern durchgeführt. Bei Säugetieren wurden zwei Studien an Nagetieren durchgeführt, die sich in ihren Ergebnissen unterschieden. Eine Studie fand keine Veränderungen,[150] die zweite fand eine leichte Genveränderung in den Lebern der Nachkommen der ursprünglichen Weltraummäuse.[151] Mäusesperma wurde auch in gefrorener Form über fünf Jahre auf der ISS gelagert und zur Erde zurückgebracht, ohne beobachtete Veränderungen, und es wurde sogar hochgerechnet, dass es gefroren bis zu 200 Jahre im All überdauern könnte.[150]

Was wir daraus schließen können, ist, dass wir erwarten, dass Raumfahrt Fruchtbarkeit und Fortpflanzung beeinflusst, aber wir wissen nicht, in welchem Ausmaß oder wie genau. Um zukünftige unerwünschte Risiken zu vermeiden, ist einer der letzten medizinischen Checks in der Quarantäne für Astronautinnen tatsächlich ein Schwangerschaftstest.

Sind Männer oder Frauen besser geeignet, ins All zu fliegen?

Eine der ersten Reaktionen, die ich bekommen habe, war: Ist es nicht unnatürlich, dass eine Frau ins All fliegt? Und wie wir schon gesehen haben, ist die Antwort einfach, dass es für alle Menschen unnatürlich ist. Aber wir passen uns an. Die nächste Frage ist: Aber wer ist besser geeignet? Ich persönlich finde, das ist die falsche Frage, und wir sollten uns lieber eine andere stellen. In den Bereichen, in denen es Unterschiede gibt, wie können wir die Effekte ausgleichen? Es ist keine Schande, wenn es biologische Unterschiede gibt, aber es ist eine Schande, wenn sie zu wenig erforscht sind und Menschen schaden. Zum Beispiel haben Frauen oft später und schwerere Folgen von Herz-Kreislauf-Erkrankungen, weil es zu wenige Therapien und Screenings gibt, die auf die weibliche Physiologie zugeschnitten sind.[152] Es gibt eine Vielzahl von Bereichen, in denen Unterschiede beobachtet wurden und in denen keine Unterschiede festgestellt werden konnten. So wurden beispielsweise keine Unterschiede in Bezug auf Reisekrankheit, Muskelabbau oder Immunreaktion zwischen Männern und Frauen während des Fluges festgestellt. Ein Beispiel, bei dem Unterschiede beobachtet wurden: Männer sind anfälliger für Nierensteine, während Frauen häufiger Harnwegsinfektionen bekommen.[122] Eine weitere Studie, die es in die Medien geschafft hat, verglich den Sauerstoffverbrauch, die Wärmeproduktion und die CO_2-Produktion zwischen den Geschlechtern und schätzte, dass Frauen 5–29 % weniger verbrauchen. Die Schlussfolgerung war, dass Frauen effizientere Besatzungen darstellen. Allerdings verglich diese Studie theoretische Hochrechnungen anstelle tatsächlicher menschlicher Daten.[153]

Lass uns die nächste Schlagzeile vermeiden, in der gefordert wird, ausschließlich weibliche oder ausschließlich männliche Crews ins All zu schicken, und stattdessen einen kombinierten Ansatz verfolgen, der vor allem die Schwächen und Stärken von beiden versteht.

Experiment: Hormonregulation

Frage: Wie beeinflusst ein Raumflug die reproduktive Gesundheit von Frauen?

Ziele: In diesem Experiment, das wir auf der Fram2-Mission dabei hatten, wurden die Spiegel von zwei Hormonen gemessen, die den Menstruationszyklus beeinflussen. Diese waren Östrogen und follikelstimulierendes Hormon (FSH).

Die ersten Tests wurden durchgeführt, um die Machbarkeit von Selbsttests im All zu bestätigen. Langfristig besteht jedoch Interesse daran, zu erforschen, wie sich die Exposition gegenüber Weltraumstrahlung und Mikrogravitation auf die ovarielle Reserve und die Follikelgenese, der Eizellreifung, auswirkt.

Beide Hormone, FSH und Östrogen, beeinflussen den Menstruationszyklus (vgl. Infobox) und sind wichtig für das Wachstum der Follikel.

Die Aufgabe: Wir sammelten vor und während der Mission Urinproben mittels sogenannter lateraler Urinflusstests. Diese sahen im Prinzip aus wie Schwangerschaftstests. Auf der Erde war dies einfach, aber im All nicht so leicht durchzuführen. Bei der kleinen Stichprobengröße war das Hauptziel dieser Studie, eine gute Probennahmetechnik zu demonstrieren. Ich habe am Morgen des letzten Flugtags fast eine Stunde gebraucht, um herauszufinden, wie ich die Proben am besten sammeln kann, ohne eine riesige Sauerei in der Kabine zu verursachen. Ich trug eine Standardwindel, um zu vermeiden, dass sich Flüssigkeitströpfchen überall verteilen. Mit der richtigen Kontrolle hat es schließlich geklappt, und ich hoffe, dass das Feedback es Frauen in Zukunft erleichtert, diese Proben zu sammeln.

Vorläufige Ergebnisse: Dieses Experiment wurde als Spotlight für das Buch ausgewählt, nicht wegen eines erwarteten Durchbruchs, sondern um die Bedeutung des Themas hervorzuheben. Da ich ohnehin hormonell verhütet habe und es nur einen Datenpunkt geben würde, lag das Hauptinteresse darin, den Flusssensor zu demonstrieren. Und wie erwartet waren die Östrogen- und FSH-Testergebnisse aufgrund der Einnahme von Hormonpillen normal. Die Testtechnologie funktionierte reibungslos, unabhängig von den Umweltbedingungen im All.

Die Ergebnisse dieses Experiments bestätigten die Machbarkeit der Verwendung von lateralen Urinflusstests mit Smartphoneauslesetechnologie im All und weisen darauf hin, dass wir bestehende Lücken im Verständnis der menschlichen Physiologie schließen können.

Erkenntnisse: Das Feedback aus dem ersten Experiment zeigt, dass benutzerfreundliche Methoden zur Probenentnahme während Missionen priorisiert werden sollten, um die Durchführung und Praktikabilität zukünftiger Studien zu verbessern.

Die nächsten Schritte werden darin bestehen, zu untersuchen, wie kurz- und langfristige Exposition gegenüber Weltraumstrahlung und Mikrogravitation die Regulation des Reproduktionssystems und die Follikulogenese bei Astronautinnen während Raumflügen beeinflussen.

Obwohl bisher keine langfristigen Fruchtbarkeitsprobleme mit Raumfahrt in Verbindung gebracht wurden, ist es wichtig, genau zu verstehen, wie Raumfahrt und Mikrogravitation die inneren Prozesse beeinflussen, um längere Missionen mit Frauen zu planen und mögliche Nebenwirkungen dieser Flüge zu adressieren.

Forschungspartner: Diese Forschung wurde von der Firma Hormona geleitet, die ihren Firmensitz in Stockholm, Schweden, und London, Großbritannien, hat. Ihr Hauptprojekt ist eine nichtinvasive Hormonüberwachungslösung für Frauen für zu Hause. Derselbe Test, den wir im All durchgeführt haben, ist auch für alltägliche Analysen auf der Erde verfügbar.

Die Tests von Hormona messen FSH, das Urinmetabolit von Östrogen, Estron-3-Glucuronid (E1G), und das Urinmetabolit von Progesteron, Pregnandiol-Glucuronid (PdG), zu Hause. Sie funktionieren mit Kamerafunktion und KI-gestützten Algorithmen, um die Hormonkonzentration in Echtzeit vorherzusagen. Das kann genutzt werden, um körperliche Aktivität oder Routinen für mehr Produktivität zu optimieren. Die gleichen Effekte, die wir im All noch nicht vollständig verstehen, sind auch für Frauen auf der Erde relevant.[154]

3.2.4 Spotlight C: Das Gehirn

Navigation ist vielleicht die erste Fähigkeit, die wir mit Entdecker*innen verbinden. Aber was, wenn die Mikrogravitation unser Gehirn und damit unseren Orientierungssinn beeinflusst? Haben Weltraumforschende es schwerer, sich schwebend zurechtzufinden, und was können wir tun, um dem entgegenzuwirken?

Was passiert mit dem Gehirn im All?

Die Flüssigkeitswanderung zum Kopf kriegt auch das Gehirn zu spüren: Es verschiebt sich und wird gegen den oberen Teil des Schädels gedrückt.[155] Da das Gehirn das Kraftwerk unserer Fähigkeiten ist, beobachten wir Veränderungen im Sehvermögen, in der visuell-räumlichen Verarbeitung und in der sensomotorischen Kontrolle.[156] Letzteres beschreibt im Grunde, wie gut man seinen Körper koordinieren kann, und ist wichtig für Aufgaben, bei denen man seine Hände kontrolliert einsetzt, wie zum Beispiel für das Bedienen von Robotersystemen.[157] Die Raumfahrt verändert auch das Gehirn selbst. Die mit Flüssigkeit gefüllten Hohlräume, die sogenannten Ventrikel, neigen dazu, sich auszudehnen, und dieser Effekt kann noch lange nach der Rückkehr der Astronauten zur Erde anhalten. Verschiedene Studien haben regionsspezifische Verschiebungen in der grauen und weißen Substanz festgestellt. Die Veränderung im Gehirn bedeutet nicht zwangsläufig schlechte Nachrichten, sondern kann vielmehr darauf hindeuten, dass es sich an den neuen Zustand der Schwerelosigkeit anpasst.[121] Ein Beispiel ist, dass sich das Gehirn für Gleichgewicht und Orientierung unter neuen Bedingungen umstrukturiert. Normalerweise verlassen wir uns auf unser Innenohr und unsere Augen für das Gleichgewicht, zusammen mit anderen Sinneseindrücken auf der Erde. Da das Innenohr gleichermaßen von Flüssigkeitsverschiebungen betroffen ist und ohne Schwerkraft wenig nützt, werden visuelle Eindrücke stärker gewichtet und ihnen wird mehr vertraut.[158]

Wenn sich also das Gehirn verändert, können wir dann auch Veränderungen im Denken erwarten? Das schauen wir uns im Folgenden an.

Denken wir im All anders?

Wir befinden uns in einer Umgebung mit schwerwiegenden Konsequenzen, daher wollen wir Fehler noch mehr als sonst vermeiden. Leider sind davon nicht einmal Astronaut*innen ausgenommen: Es wurden Fehler bei der Landung von Raumfahrzeugen und bei Teleoperationen auf der ISS gemacht.[159] Es wurde festgestellt, dass Astronaut*innen fehleranfälliger und langsamer bei der Aufgabenerfüllung im All sind sowie eine verminderte Aufmerksamkeit zeigen.[157] „Space fog" ist etwas, das in den Beschreibungen von Astronaut*innen anekdotisch auftaucht, und es wird ein allgemeiner Trend eines wahrgenommenen kognitiven Abbaus festgestellt. Die aus den Daten gezogenen Schlussfolgerungen sind jedoch gemischt: Nicht alles deutet darauf hin, dass unsere kognitive Leistungsfähigkeit generell abnimmt. Tatsächlich ergab eine aktuelle Studie, dass es über 6-monatige Missionen auf der ISS keinen allgemeinen Trend zum kognitiven Abbau gab, auch wenn sich einige Effekte vor allem in den ersten Flugtagen zeigten. Die Aufgaben, bei denen der größte Rückgang festgestellt wurde, waren solche, die mit nichtraumfahrtspezifischen Faktoren zusammenhängen: Arbeitsgedächtnis, Aufmerksamkeit und kognitive Verarbeitungsgeschwindigkeit. Diese können auch durch Schlafmangel, Stress und Dehydrierung beeinflusst werden.[125] Schon eine hohe Arbeitsbelastung allein kann zu beeinträchtigter Aufmerksamkeit oder mentaler Ermüdung führen.[157] Zum Zeitpunkt des Schreibens war dies die größte Studie ihrer Art, umfasste jedoch nur 25 Astronaut*innen.[125] Unabhängig von den wenigen Daten aus Raumflügen wissen wir, dass Teile des Gehirns, insbesondere der Frontallappen und der Hippocampus, individuell von Mikrogravitation, Isolation und Enge, Strahlung und Stress betroffen sind. Auch wenn die Leistung in abstraktem Denken, visuell-räumlichem Lernen und Gedächtnis in dem oben genannten „großen" Datensatz weitgehend konstant blieb, gibt es Hinweise darauf, dass sich die zugrunde liegenden Mechanismen verändern. Beachte erneut die kleine Datenmenge, und dass es schwierig ist, die tatsächlichen Faktoren, welche die Leistung bestimmen, zwischen Schlafmangel, Ermüdung, Mikrogravitation und Umweltstressoren wie Isolation, Enge und hoher Arbeitsbelastung zu unterscheiden. Was bedeutet das? Es braucht mehr Forschung!

Können wir uns auf neuen Planeten gut orientieren?

Navigation ist nicht nur die auffälligste Fähigkeit von Entdecker*innen, sondern war historisch oft eine Frage des Überlebens.[159] Während der Antarktisexpedition von Ernest Shackleton an Bord der *Endurance* wurde das Schiff im Eis eingeschlossen und die Besatzung strandete. Wie durch ein Wunder kehrten Shackleton und seine gesamte Crew lebend zurück: Ein Schlüsselfaktor war die navigatorische Expertise seines Kapitäns, der ein offenes Boot über das eisige Meer steuerte und sich dabei an den Sternen orientierte, zunächst nach wochenlangem Treiben auf dem Eis eine kleine Insel erreichte und dann Shackleton nach Südgeorgien führte, um Rettung zu holen.[160] Navigation ist in der visuell-räumlichen Fähigkeit verwurzelt, also Aufgaben, bei denen wir das, was wir sehen, mit unserem Standort in Verbindung bringen. Sie ist folglich Teil des Situationsbewusstseins, das wir zuvor besprochen haben.

Ein Beispiel von *Apollo 14*: Die beiden Astronauten auf der Mondoberfläche verfehlten nur knapp einen Krater, den sie erkunden wollten. Nachdem sie sich desorientiert fühlten, beschlossen sie, umzukehren. Im Nachhinein stellte sich heraus, dass sie die 1400 m dorthin in 2,5 Stunden sicher zurückgelegt hatten, den Krater aber um 40 m verfehlten.[161] Alan Shepard berichtete später von Schwierigkeiten, Entfernungen einzuschätzen und Orientierungspunkte auf dem Mond zu erkennen.

Die Landschaft des Mondes wurde von Buzz Aldrin als „magnificent desolation", großartige Trostlosigkeit, beschrieben. Und die Mondlandschaft mag großartig sein, sie ist aber vor allem: trostlos. Es stellte sich heraus, dass das Betrachten eintöniger Landschaften nicht nur verwirrend ist, sondern auch nicht zu den Lieblingsaufgaben unseres Gehirns gehört. Dieser Reizentzug ist ein weiterer Faktor, der zum Abbau des Gehirns beitragen kann. Bei einer Gruppe von Überwinterern in der Antarktis wurde über 14 Monate eine signifikante Reduktion der grauen Substanz im Hippocampus festgestellt.[159] Auch Daten aus der astronautischen Raumfahrt weisen auf eine Abnahme des Hippocampus hin.[162]

Von Seepferdchen und dem Gehirn

Das Gehirn ist das Steuerzentrum des Körpers, bestehend aus Milliarden von Neuronen, die elektrische und chemische Signale senden. Es steuert alles, vom Gleichgewichthalten, über das Speichern von Erinnerungen bis hin zum Entfachen der Fantasie. Bestimmte Regionen des Gehirns lassen sich verschiedenen Fähigkeiten zuordnen. Eine Schlüsselregion für Navigationsfähigkeiten ist eine tief in der Mitte des Gehirns verborgene, seepferdchenförmige Struktur, der Hippocampus, benannt nach dem griechischen Wort für Seepferdchen. Der Hippocampus ist entscheidend für das Bilden neuer Erinnerungen, das Lernen, die Navigation im Raum und die Orientierung in deiner Umgebung. In der Mikrogravitation scheint er besonders anfällig zu sein: Veränderungen im räumlichen Bewusstsein, Gedächtnis und in Stressreaktionen lassen sich zum Teil auf dieses kleine, aber lebenswichtige Zentrum zurückführen.[162;163]

Hier findet der Großteil der Navigationsmagie statt: im Hippocampus. Es ist eine hoch anpassungsfähige Region in deinem Gehirn (siehe Infobox), die von einer Vielzahl von Stressoren beeinflusst werden kann: darunter Strahlung, Schlafstörungen, Isolation und, wie oben gesehen, sensorischer Reizentzug. In Studien mit Bettruhe in Kopftieflage wurde ein Abbau der Gedächtnisfunktionen festgestellt. Im Gegensatz dazu zeigten Personen, die zusätzlich zur Bettruhe Sport trieben, tatsächlich eine höhere Effizienz bei Gedächtnisaufgaben.[164]

Das heißt, Gegenmaßnahmen sind in Sicht. Körperliche Bewegung ist ein bekannter Faktor zur Erhaltung kognitiver Fähigkeiten. In Kombination mit visueller Stimulation zeigte sich, dass sie die Gehirnfunktionalität verbessert und dieser Effekt wurde nicht nur im All beobachtet. Was ist visuelle Stimulation? Es kann visuelle Inhalte beinhalten, die beispielsweise mit Virtual Reality vermittelt werden, sowie Pflanzen und das Beobachten ihres kleinen, aber stetigen Wachstums über die Zeit. Weitere Gegenmaßnahmen könnte eine individuelle Mischung aus den genannten Punkten sein, plus allem, was zu einer guten Work-Life-Balance beiträgt: Zeit mit Familie, Teambuilding, neue Fähigkeiten lernen, gutes Essen, Entspannung und sogar das Design des Wohnraums.[159] Auch soziale Roboter sowie Chat-KI wurden als Gegenmaßnahmen vorgeschlagen.[165] Wir müssen nur sicherstellen, dass unser Sprachassistent uns nicht die Schleusentüren vom Raumschiff verriegelt, das könnte den Stresspegel wohl eher erhöhen. Ein Blick zurück auf die Methoden, mit denen Menschen während historischer Polarexpeditionen geistig fit blieben, zeigt: Vieles davon ist nicht neu. Theatervorstellungen, Vorträge und das Feiern großer Feiertage mit besonderem Essen waren die Höhepunkte vieler dunkler Nächte im Eis.[166]

Navigation kann auf neuen Planeten und Raumstationen nicht nur aufgrund der Mikrogravitation schwieriger sein, sondern auch wegen trostloser Landschaften, neuer Orientierungsachsen und Stress, der mit Raumflügen einhergeht. Aber das Gehirn passt sich an, und die kognitive Leistungsfähigkeit kann durch eine Reihe unterhaltsamer Aktivitäten aufrechterhalten werden. Wir müssen nur verstehen, wie und auf welche Weise sich das Gehirn anpasst. Dein Gehirn im All beschäftigt zu halten, unterscheidet sich also grundsätzlich nicht wesentlich davon, generell gut als Mensch zu funktionieren.

Experiment: Räumliches Orientieren

Ziele des Experiments: (1) Wie schnell passt sich das Gehirn an unbekannte Umgebungen an? (2) Wie hängen Veränderungen im Gehirn mit der kognitiven Leistungsfähigkeit zusammen?

Die Aufgabe: Für dieses Experiment auf der Fram2 Mission wurden die Veränderungen in unseren Gehirnen durch Magnetresonanztomographie (MRT) gemessen, welches vor und nach der Mission aufgenommen wurde. Der wichtigste dieser Messpunkte war der unmittelbar nach der Wasserung, um die Veränderungen zu erfassen, bevor sich das Gehirn wieder an die Schwerkraft anpasst.

Die kognitive Leistungsfähigkeit wurde daran gemessen, wie gut wir mehrere 2D- und 3D-Navigationsaufgaben vor dem Flug, einmal während des Flugs und nach dem Flug absolvierten. Unsere erste Aufgabe handelte von räumlicher Aktualisierung. Räumliche Aktualisierung ist die Fähigkeit, während der Fortbewegung kontinuierlich die eigene Position relativ zu anderen Objekten zu verstehen und zu updaten. Unsere konkrete Aufgabe beginnt mit der Darstellung der virtuellen Umgebung und zwei Astronauten, die sich an zwei verschiedenen Positionen befinden. Als Nächstes sinken die Astronauten allmählich in den Boden ein, bis sie vollständig verschwunden sind. Nach einer virtuellen Vorwärtsbewegung von 45 m wird einer der beiden Astronauten in der Mitte des Bildschirms dargestellt, und wir mussten einen 3D-Pfeil in Richtung der ursprünglichen Position des Astronauten drehen.

Bei einer weiteren Aufgabe haben wir eine Landschaft betrachtet und mussten anschließend aus mehreren Landschaften unter verschiedenen Lichtverhältnissen und aus unterschiedlichen Blickwinkeln die ursprüngliche identifizieren. Die schwierigste und am wenigsten beliebte Aufgabe war eine, bei der man in ein virtuelles Sternenfeld versetzt, in verschiedene Richtungen bewegt und anschließend aufgefordert wurde, zum Ausgangspunkt zurückzuweisen.

Aus subjektiver Sicht hatte ich das Gefühl, dass ich im All schlechter abschnitt als vor der Mission. Noch ausgeprägter, aber in die andere Richtung, war dieses Gefühl jedoch am Tag nach der Wasserung: Ich hatte mich gefragt, warum die Aufgaben plötzlich leichter wirkten. Es stellte sich heraus, dass es einfach die gleiche Testbatterie war, aber die räumliche Navigation sich viel einfacher anfühlte.

Ergebnisse: Die Daten aus der ersten Aufgabe, der räumlichen Aktualisierungsaufgabe, bestätigten tatsächlich meine eigene Wahrnehmung – ich schnitt auf der Erde viel besser ab als in der Schwerelosigkeit im Weltraum. Dies entspricht weitgehend der ursprünglichen Hypothese und den Daten, die bereits vorab während eines Parabelflugs gesammelt wurden. Diese zeigten eine Abnahme der Fähigkeit, die eigene Position unter Schwerelosigkeit im Vergleich zu normalen Schwerkraftbedingungen einzuschätzen.[167] Solche Daten könnten für zukünftige Raumflüge wichtig sein, da die räumliche Aktualisierung für die Navigation entscheidend ist, wenn die Sicht schlecht oder unzuverlässig ist und Objekte aus dem Blickfeld verschwinden, beispielsweise bei Weltraumspaziergängen oder bei der Erkundung unbekannter Umgebungen. Natürlich sind diese Ergebnisse sehr vorläufig, und es bleibt noch zu klären, ob und inwieweit diese Daten auch mit Veränderungen im Gehirn zusammenhängen.

Da diese Studie nur wenige Datenpunkte enthält, kann sie nicht als Grundlage für verallgemeinernde Beobachtungen dienen. Sie zeigt jedoch, wie wichtig es ist, die Frage genauer zu untersuchen.

Forschende: Leitung – Prof. Dr. Alexander Stahn, Arbeitsgruppe Extreme Umwelten und Weltraummedizin, Charité – Universitätsmedizin Berlin, Deutschland

„Navigation ist ein Schlüssel zum Überleben", sagt Prof. Dr. Alexander Stahn von der Charité – Universitätsmedizin Berlin, Forschungsleiter des Projekts. „Sich in einem neuen Gebiet zurechtzufinden, war für Entdecker*innen schon immer eine große Herausforderung. Ebenso erfordert die erfolgreiche Durchführung komplexer operativer Aufgaben, wie das Andocken eines Fahrzeugs, die Steuerung von Roboterarmen oder die Landung eines Raumfahrzeugs, grundlegende visuell-räumliche Fähigkeiten. Die akute Belastung durch Schwerelosigkeit und Übergänge zwischen verschiedenen Schwerkraftniveaus, beispielsweise während des Starts und der Landung, kann die Integration neurovestibulärer Signale erheblich beeinträchtigen. Diese Daten sind jedoch während Standard-Raumfahrtmissionen in der Regel schwer zu erfassen. Kurzzeitmissionen von wenigen Tagen, wie sie typischerweise mit aktuellen zivilen Raumfahrtcrews verbunden sind, beispielsweise die Mission *Fram2*, ergänzen hervorragend längere Raumfahrt-Expeditionen, die sich über Monate bis zu einem Jahr und länger erstrecken. Zusammen könnten diese Daten uns helfen, die akuten und chronischen Auswirkungen der Schwerelosigkeit auf die räumliche Wahrnehmung und ihre neuronalen Grundlagen besser zu verstehen. Wir vermuten, dass einige der Auswirkungen, die wir bei unmittelbarer Schwerelosigkeit auf die räumliche Wahrnehmung beobachten, mit der engen Wechselwirkung zwischen dem Gleichgewichtssystem in unserem Innenohr und bestimmten Hirnregionen, darunter unter anderem dem Hippocampus, zusammenhängen könnten. Die aus diesen Projekten gewonnenen Daten könnten daher auch wertvolle Informationen darüber liefern, wie sich das menschliche Gehirn an den dreidimensionalen Raum anpasst und zu einem besseren Verständnis der Rolle der Wahrnehmung von Schwerkraft für eine erfolgreiche Navigation auf der Erde beitragen."

3.3 New Space

Neben der Wissenschaft ist auch technologische Innovation ein Werkzeug zur Zukunftsgestaltung. Wir tauchen ein in aktuelle Weltraumtechnologien und wie viel sich gerade vor unserer Nase ändert. Heute kann man zum Beispiel:

- Täglich Bilder vom Mars herunterladen
- Die Ozeane weltweit jeden Tag aus dem All beobachten
- Ein Moon-Startup gründen
- Einen eigenen Satelliten launchen

Das sind alles echte Aktivitäten, denen du als Privatperson heute nachgehen kannst, wenn du möchtest. Mit den Entwicklungen im Raumfahrtsektor Schritt zu halten, fühlt sich immer an, als würde man einen Blick in eine Kristallkugel erhaschen, nur dass es die Realität ist. In diesem Kapitel teile ich einige der spannenden Veränderungen, die mich in Bezug auf das Innovationstempo inspirieren und erstaunen.

Nachdem das *Apollo*-Programm den Traum verwirklicht hatte, den ersten Menschen auf den Mond zu schicken, und dies sogar mit fünf weiteren Missionen wiederholt wurde,[168] richtete sich die Aufmerksamkeit wieder auf den niedrigen Erdorbit. Die USA und die Sowjetunion starteten die ersten Raumstationen, ein Weg, der zur heutigen ISS führte. Kurioserweise wurde die ISS im Orbit aus mehreren Teilen zusammengebaut, und die ersten Astronauten schwebten im Jahr 2000 hinüber.[169] Die Montage im All wurde durch das Shuttle-Programm ermöglicht, das von 1981 bis 2011 flog. Ein neuer Traum wurde verwirklicht: die dauerhafte menschliche Präsenz im All. Seit dem Start der ISS bis heute befinden sich ununterbrochen Astronaut*innen im Orbit. Während das Shuttle-Programm viele wissenschaftliche Experimente und Expertise im Steuern von Raumfahrzeugen ermöglichte, stellte sich heraus, dass es weitaus teurer und weniger zuverlässig war als geplant, wobei mehr als die Hälfte der geplanten Flüge nie stattfand. Mit zwei verheerenden Unfällen verlor das Programm zusätzlich an Schwung und hinterließ ein Vakuum in den Raumfahrtaktivitäten und -ambitionen.[170]

Doch eine neue Ära begann. Vielleicht hast du den Begriff „New Space" schon einmal gehört, aber er ist schon seit den 2000er-Jahren in Gebrauch. Wenn die gesamte Ära der Raumfahrt seit Sputnik noch nicht einmal hundert Jahre umfasst, sollten wir das eigentlich nicht mehr als „neu" bezeichnen. Und trotzdem möchte niemand wirklich Old Space sein, also lassen wir diese vage Definition gleich wieder fallen. Vielleicht steht uns eine Renaissance oder ein zweites goldenes Zeitalter der Raumfahrt bevor. Wie auch immer wir es nennen möchten, Fakt ist, dass sich der Raumfahrtsektor von den *Apollo*- und Shuttle-Programmen bis heute erheblich verändert hat. Aber warum gerade jetzt, und was hat sich verändert? Wir können die Veränderungen in der Technologie messen, aber ich finde es noch aufschlussreicher, die Veränderungen in der Denkweise zu betrachten.

Im Folgenden soll kein vollständiger Überblick über die Branche gegeben werden, sondern vielmehr ein Einblick, wie verschiedene Technologien und Perspektivenwechsel Hand in Hand gegangen sind.

3.3.1 Zugang zum All

Viele nennen die Gründung kommerzieller Raketenunternehmen wie SpaceX als Ausgangspunkt für ein neues Raumfahrtzeitalter.[170] Das All ist riesig, und wir haben bereits erkannt, dass es dort viel zu tun gibt. Aber die Veränderung begann ganz am Anfang: überhaupt etwas ins All zu bringen. Als Idee seines Gründers Elon Musk startete SpaceX, indem es seine ersten Raketen auf einer abgelegenen tropischen Insel im Pazifik baute und startete. Nach drei erfolglosen Starts war der vierte erfolgreich und katapultierte nicht nur die Rakete ins All, sondern auch das Unternehmen in den Kreis der ernstzunehmenden Akteure. Eine Rakete zu starten, war nur der Anfang; das eigentliche Ziel war ein anderes, nämlich dieselbe Rakete wiederzuverwenden. Das würde nicht nur Kosten, sondern auch Zeit für den nächsten Flug sparen. Der Mentalitätswechsel, den wir hier sehen, ist **von Einweganwendungen zu Wiederverwendbarkeit.** In Europa galt Wiederverwendbarkeit damals allgemein als weit entfernte Zukunftsmusik. Bei der NASA war dies schon einmal Thema, da das Shuttle wiederverwendbar war, seine Booster jedoch nicht. Hinzu kam, dass NASA-Verträge meist nach dem „Cost-plus-fee"-Prinzip funktionierten, also mit festem Budget und geringem Risiko, was nicht unbedingt dazu anregte, günstigere Raketen zu bauen.[171] Da private Unternehmen profitabel sein müssen, ist Kosteneinsparung ein Faktor, der unter anderem zum wiederverwendbaren Design von Raketen geführt hat. Nach dem ersten Erfolg im Jahr 2008 wurde die nächste größere Rakete, *Falcon 9*, erstmals im Juni 2010 gestartet. Es dauerte bis 2017, bis die Booster nicht nur einmal, sondern nach Bedarf wiederverwendet wurden.

Falcon 9, Start- und Bergungszeitplan

Wie lange glaubst du, dauert es, ins All zu fliegen? Tatsächlich sind es nur zehn Minuten! In diesen ersten Minuten bis zum Erreichen des Orbits gibt es einige wichtige Meilensteine. Die genauen Zeiten variieren, basierend auf dem *Fram2*-Start sind es die folgenden (du kannst sie gerne beim erneuten Anschauen des Starts nachverfolgen):

- T+0:00 (Minuten): Start
- T+1:10: Max-Q: Die maximale Belastung des Fahrzeugs
- T+2:40: Haupttriebwerksabschaltung (Main Engine Cutoff, MECO) und Abtrennung der ersten Stufe (Booster). Die erste Stufe fliegt nun zurück zur Erde, um auf einem Drohnenschiff eingefangen und wiederverwendet zu werden. Das zweite Triebwerk übernimmt, ein Triebwerk, das für den Betrieb im Vakuum des Alls ausgelegt ist.
- T+8:15 Boosterlandung: Der Booster landet auf einem autonomen Drohnenschiff und wird für seinen nächsten Flug aufbereitet.
- T+9:00: Abschaltung der zweiten Stufe (Second Engine Cutoff, SECO): Wir haben die Orbitalgeschwindigkeit erreicht und das Triebwerk der zweiten Stufe wird abgeschaltet.
- T+9:55: Nutzlastabtrennung: Die zweite Stufe trennt sich, um in der Atmosphäre zu verglühen. Nun befindet sich die Nutzlast (in unserem Fall: das Raumfahrzeug) eigenständig im Orbit.

In dieser Entwicklungszeit sehen wir eine Mentalität aus dem Silicon Valley, die in den Raumfahrtsektor übertragen wurde: **Früh scheitern und oft scheitern.** Als Lernstrategie widerspricht sie dem traditionellen Ansatz, beim ersten Versuch alles zu perfektionieren, und die Entwicklung hat viele explodierende und umgekippte Raketen gesehen.[172] Während die wiederverwendbare Rakete damals eine beeindruckende Leistung war, ist noch beeindruckender, dass sie mittlerweile zur Routine geworden ist. Zum Zeitpunkt des Schreibens ist *Falcon 9* insgesamt über 400 Mal gestartet, allein 2024 mit 134 Starts. Zum Vergleich: Das Shuttle startete in 30 Jahren insgesamt 135 Mal. Im Jahr 2024 sprechen wir davon, mehrmals pro Woche zu starten. Beim Shuttle war jeder Start ein individueller Booster, während *Falcon 9* im Jahr 2024 Berichten zufolge etwa 25 Booster durchlaufen hat.[100] Nicht nur die Rakete wird wiederverwendet, sondern auch das darauf befindliche Raumfahrzeug. Ursprünglich für Frachtflüge genutzt, wurde das Raumfahrzeug *Dragon* mit der *Demo-2*-Mission zur ISS im Jahr 2020 für den Transport von Menschen aufgerüstet. Die Flotte aus wenigen *Dragon*s ist nun an verschiedenen astronautische Missionen beteiligt, zusammen mit mehreren Frachtmissionen. Heutzutage ist das *Dragon*-Raumschiff eine von wenigen Optionen (eine andere ist die russische Sojus), die Ländern zur Verfügung stehen, um Menschen und Fracht zur ISS zu bringen.

Falcon 9 ist nicht nur ein technologisches Wunderwerk, sondern auch ein Disruptor beim Zugang zum All. Die Wiederverwendbarkeit bedeutete, dass es sich um eine deutlich günstigere Rakete handelt, die die Kosten mindestens um den Faktor 10 senkt.[173] Hier finden wir den nächsten Mentalitätswechsel: **Von teuren Einzelstücken zu günstiger Massenproduktion.** Das All scheint plötzlich nicht mehr so weit entfernt. Und während ein beträchtlicher Teil der Missionen von nationalen Agenturen in Auftrag gegeben wird, haben private Unternehmen nun die Möglichkeit, einen Platz oder sogar einen ganzen Start für sich zu buchen. SpaceX ist derzeit der dominierende Akteur; es gibt jedoch viele weitere Raketenunternehmen, die gerade entstehen, wie wir in den folgenden Abschnitten sehen werden.

Am Horizont: SpaceX hat sich von der Entwicklung einer einmotorigen, 21 m hohen Rakete zu seinem neuesten Projekt weiterentwickelt: einer Rakete für astronautische interplanetare Reisen, *Starship*, die ganze 123 m hochragt. *Starship* ist außerdem Teil des kommerziellen Programms der NASA, um Astronaut*innen zum Mond zu bringen. Doch das eigentliche Ziel liegt weiter entfernt: Mars.[174]

Im Gegensatz zu früheren Raketen, die hauptsächlich mit einer hochraffinierten Form von Kerosin namens RP-1 betrieben wurden, wird diese mit Methan betrieben. Auch wenn Methan zunächst nach etwas klingt, das wir genauso wenig mögen und bestenfalls von blähenden Kühen kennen, die zu den globalen Treibhausgasen beitragen, ist es für Zukunftsvisionäre im Weltraum relevant. Die berüchtigte Sabatier-Reaktion (siehe Infobox) beschreibt, wie sich Kohlendioxid und Wasserstoff zu Methan und Wasser kombinieren lassen. Das bedeutet: Wenn wir das gerade ausgestoßene CO_2 zurückgewinnen und Wasserstoff hinzufügen, erhalten wir Raketentreibstoff plus Wasser zurück. Das sind zwei Ressourcen, auf die wir in zukünftigen Weltraumbasen auf keinen Fall verzichten wollen. Besonders wenn wir Rückflüge in Betracht ziehen, möchten wir nicht unseren gesamten Raketentreibstoff mitnehmen, da dies eine erhebliche Menge an Gewicht verbrauchen würde.[52]

3.3.2 Von kleinen Raketen und noch kleineren Satelliten

Satellitenmegakonstellationen: Satellitenkonstellationen sind nicht gerade der beliebteste Trend und haben in letzter Zeit wegen der Lichtverschmutzung einen schlechten Ruf bekommen. Der entscheidende Wandel begann jedoch als edles und fast idealistisches Projekt mit einem Startup namens *Planet Labs*. Die Idee war, überall auf der Welt Zugang zu aktuellen Bildern unseres Planeten zu ermöglichen, und zwar täglich. Die dafür benötigte Hardware: eine Flotte kleiner Satelliten, die aus ihren Umlaufbahnen die gesamte Erdoberfläche beobachten können und schnell gestartet werden können. Zu einer Zeit, als Bilder aus dem All hauptsächlich Geheimdiensten und anderen staatlichen Akteuren zugänglich waren und große Satelliten nur bestimmte Interessensgebiete abdeckten, war es fast schon kühn, einen Schwarm von Minisatelliten und den öffentlichen Zugang zu den Bildern vorzuschlagen. Heute gibt es viele Anwendungsfälle und Nutzer*innen, darunter Landwirt*innen, die die Gesundheit ihrer Felder überwachen. Im Vergleich zu deiner Lieblingsnavigationsapp mit Satellitenansicht ist der entscheidende Unterschied, dass du von jedem beliebigen Ort täglich neue Fotos hast, anstatt nur eine Momentaufnahme von vor mehreren Jahren zu sehen. Das hat große Auswirkungen darauf, wie wir unsere Erde wahrnehmen und auf laufende Ereignisse reagieren können: Echtzeitüberwachung von Veränderungen und Frühwarnsysteme für Katastrophen wie Waldbrände werden möglich. Und, ganz wichtig, Verantwortlichkeit und Transparenz sind erreichbar. Ein Beispiel ist die Überwachung der Größe des brasilianischen Regenwaldes, wobei mehrere Klagen gegen illegale Abholzung mithilfe von Satellitenbildern als Beweismittel gewonnen wurden.[175]

Der Wandel des Tempos hat auch Konstellationen für Konnektivität angestoßen, die größte davon ist SpaceX' *StarLink*. Es handelt sich um eine andere Art von Infrastruktur, mit der Idee, dass die Konstellation überall Internetzugang bietet. Für den Einzelnen mag das vielleicht nicht so spannend sein, es sei denn, man lebt abgelegen. Für eine ganze Flotte autonomer Anwendungen wie selbstfahrende Autos, Flugzeuge und Schiffe wird es jedoch der Schlüssel für weitreichende Operationen sein.

Die Verfügbarkeit des Internets auf der ganzen Welt, besonders auf dem Ozean und in Polarregionen, ist ein Beispiel dafür, wie extreme Umgebungen weniger extrem werden können. Wir nehmen eine bestimmte Eigenschaft, nämlich Abgeschiedenheit, und machen diese Regionen durch den Aufbau von Infrastruktur weniger abgelegen. Die ständige Verfügbarkeit von Positionsinformationen und Kommunikation verändert bereits nicht nur die Einsatzmöglichkeiten von Maschinen, sondern auch, wie Menschen sich während Expeditionen auf das Internet verlassen können.

Microlauncher: Wenn wir eine Flotte von Nanosatelliten haben, ist es nicht abwegig, zu denken, dass wir auch kleinere Raketen gebrauchen können. Während größere Trägerraketen wie *Falcon 9* Mitfahrgelegenheiten für kleine Nutzlasten anbieten, bedeutet das immer noch, auf ein größeres Projekt warten zu müssen, das ins All fliegt. Willkommen in der Welt der Microlauncher: Raketen, die zwar nicht viel Gewicht transportieren, aber günstiger und leichter zugänglich ins All starten können. SpaceX, das mit der *Falcon 1* begann, hat diesen Markt schnell zugunsten der größeren *Falcon 9* verlassen. Die entstandene Lücke wurde von einer Vielzahl von Microlauncherunternehmen gefüllt. Zu den Pionieren des Konzepts gehört Rocket Lab aus Neuseeland. Ursprünglich aus einem Land ohne Raumfahrtindustrie stammend, begann Rocket Lab als Garagenprojekt seines Gründers Peter Beck.[175] Während die *Falcon 9* etwa 22.800 kg Nutzlast in den Orbit bringen kann,[174] kann Rocket Labs Hauptträger *Electron* bis zu 300 kg Nutzlast transportieren.[176] Das Team (übrigens ohne akademischen Hintergrund) argumentierte: Die Technologie ist so weit fortgeschritten, dass die Entwicklung von Raketen für jeden zugänglich geworden ist.[175] Hier begegnet uns ein weiterer Mentalitätswandel: **Standardkomponenten statt Spezialhardware.** Die eigentlichen Bausteine von Raketen und Satelliten haben sich verändert. Wir sehen den Einzug von 3D-Druck, günstigeren Rechenkapazitäten und die Nutzung von Standardkomponenten anstelle von eigens angefertigten Teilen. Einen Schritt weiter geht die Verfügbarkeit von Bauteilen für Satelliten: Anstatt einen ganzen Satelliten von Grund auf zu entwerfen, gibt es mittlerweile genug Anbieter für Solarpanels, Strukturen, Batterien, Avioniksysteme und sogar Bordcomputer, um diese einfach zu kaufen und zusammenzubauen. Das nimmt einem Team, wenn gewünscht, viel Arbeit bei der Hardwareentwicklung ab, lässt aber die Testarbeit bestehen. Insgesamt senkt es die Schwelle für den Bau eines Satelliten, da man keine maßgeschneiderte Hardware mehr benötigt.

Zurück zu Rocket Lab: Ihre erste *Electron*-Rakete startete von einer umgebauten Schaffarm und hätte beinahe etwas geschafft, das in der Raumfahrtindustrie fast undenkbar ist: einen erfolgreichen Start beim ersten Versuch. Die Idee dahinter, vermutlich ebenso idealistisch, ist es, zunächst kleineren Unternehmen den Zugang zum niedrigen Erdorbit auf Abruf zu ermöglichen. Und zweitens, Zugang zu kritischer Infrastruktur innerhalb weniger Stunden zu gewähren. Wenn Kommunikations- und Beobachtungsinfrastruktur ins All verlagert wird, ist das Argument, dass auch ein schnellerer Zugang zu Reparaturen notwendig ist. Inzwischen ist viel passiert, und Rocket Lab produziert weit mehr als nur Raketen, zum Beispiel eigene Raumfahrzeuge. Sie planen nun ihre erste Mission zu einem anderen Planeten: Venus.

Weltraumschrott: Die Aufstockung von 1200 Satelliten im Jahr 2017 auf angestrebte 12.000 Satelliten im Jahr 2027 stellt einen erheblichen Anstieg dar.[175] Das Problem sind jedoch nicht die funktionierenden Satelliten, sondern vielmehr defekte oder in Stücke zerbrochene Strukturen.[52] Bisher bleiben viele Satelliten nach Erfüllung ihrer Aufgaben in der Umlaufbahn. Im Allgemeinen gilt: Je höher die Umlaufbahn, desto länger bleibt der Satellit im All, bevor die Schwerkraft seine Umlaufbahn reduziert.

Noch schlimmer als tote Satelliten sind Raketentests, bei denen Länder ihre Fähigkeiten demonstrieren, indem sie ihre eigenen Satelliten im Orbit zerstören.[52] Eine Kollision von Teilen ist bereits kritisch. Noch gravierender ist jedoch das Kessler-Syndrom: Dabei erzeugt ein Zusammenstoß Trümmer, die weitere Objekte treffen und eine lawinenartige Kettenreaktion auslösen, welche den niedrigen Erdorbit weitgehend unbrauchbar machen kann. Als zusätzliches Sahnehäubchen: Jetzt, da wir wissen, wie sehr wir bereits auf Infrastruktur im All angewiesen sind und in Zukunft noch mehr sein werden, wäre ein kompletter Ausfall wirklich nicht das, was wir brauchen. Die Kommunikation würde zusammenbrechen, Navigation wäre unzuverlässig, Wettervorhersagen wären deutlich ungenauer, und vieles mehr, worauf wir täglich angewiesen sind, würde beeinträchtigt. Zum Glück gibt es Bodendienste, die alle Teile des Weltraums überwachen, insbesondere Objekte größer als 10 cm. Eine solche Firma ist LeoLabs, die ein weltweites Netzwerk von Bodenstationen besitzt, Objekte überwacht und an Satellitenfirmen berichtet, deren Satelliten daraufhin ihre Umlaufbahnen anpassen können.[175]

Wir haben noch andere Stellschrauben, um die Situation zu kontrollieren, wie zum Beispiel die Anpassung von Vorschriften. Alte Vorschriften der Europäischen Weltraumorganisation begrenzten beispielsweise die maximale Lebensdauer eines Satelliten auf 25 Jahre. Ab 2023 wurde dies auf fünf Jahre reduziert.[181] In diesem Fall sind schnelllebige Konstellationen tatsächlich nicht die schlechteste Option. Wir sollten das Management des niedrigen Erdorbits zukünftig weiterhin im Blick behalten, um uns nicht wortwörtlich den Weg zu verbauen.

Am Horizont: Nicht nur Bilder sind für die Erdbeobachtung relevant, sondern eine ganze Bandbreite an Sensordaten. Für exakte Echtzeitmodelle der Gesundheit unseres Planeten ist ein schneller, durchgehender Datenzugang unverzichtbar. Besonders in Kombination mit Bilderkennung können die verfügbaren Bilder und Radardaten genutzt werden, um Ölkatastrophen, Plastikverschmutzung und Schiffe auf dem Ozean zu erkennen.[177] Eine Möglichkeit, die mich begeistert, ist die Automatisierung der Erkennung illegaler Fischereifahrzeuge weltweit. Anstatt auf See zu sitzen und manuell nach verdächtigen Schiffen Ausschau zu halten, kann der Zugang zu kombinierten, aktuellen Datenquellen Täter in viel größerem Maßstab identifizieren. Schiffe senden normalerweise ihre Positionen, wodurch man unter Umständen illegale Aktivitäten erkennen kann. Ansätze dazu, wie man aus den Positionsdaten solche Muster erkennt, existieren bereits.[178] Aber was passiert, wenn ein Schiff aufhört zu senden? Es wäre für den Datensatz nicht existent. Hier kann die Satellitenbildgebung mehr Informationen liefern. Global Fishing Watch, eine Plattform mit dem Ziel, „alle menschlichen Aktivitäten auf See zu verfolgen",[179] schätzt und verfolgt zum Beispiel jetzt die Bewegung und den Typ von Schiffen anhand von Satellitenbildern und nutzt maschinelles Lernen, um zu verstehen, ob es sich um ein Fischereifahrzeug handelt.[180]

3.3.3 Ressourcen im Weltraum

Was gibt es überhaupt im kalten Vakuum des Weltalls? Dieses Thema könnte sicherlich ein eigenes Buch füllen, aber wir schauen uns zwei Beispiele genauer an: Asteroidennutzung und die Mondwirtschaft. Die noch nicht existierende Mondwirtschaft sollte man dazu sagen. Wenn wir den Mond betrachten, scheint es viel weniger interessant, dass es dort Ressourcen gibt, die wir extrahieren und zur Erde zurückbringen können. Es stellt sich vielmehr die Frage, wie wir Ressourcen gewinnen können, um überhaupt etwas auf dem Mond zu bauen, beispielsweise eine Erkundungsbasis. Eine Ausnahme ist Helium-3, ein Isotop von Helium, das auf der Erde selten zu finden ist. Durch Science-Fiction popularisiert, ist es ein Isotop, das auf dem Mond natürlicherweise häufiger vorkommt als auf der Erde, und es wird vermutet, dass es für die sauberste Energieinnovation am Horizont wichtig sein könnte: Fusionsenergie.[182] Die Meinungen gehen auseinander, ob der Anwendungsfall solide ist, ob die Abbaueffizienz ausreicht, und es gibt das kleine Problem, dass die Fusionstechnologie existieren müsste, um einen sinnvollen Anwendungsfall zu schaffen. Aber das wirtschaftliche Interesse ist groß genug, dass zukünftige Missionen geplant sind, um den Mond nach Helium-3 abzusuchen.[183]

Um eine komplette Produktionskette aufzubauen, muss zuerst die notwendige Ausrüstung und Infrastruktur geschaffen werden. Proben, die von einer *Apollo*-Mission sowie von russischen und chinesischen Sonden zurückgebracht wurden, haben gezeigt, dass das Mondgestein ein Geheimnis birgt: Wasser. Auch wenn Wasser zunächst nicht besonders aufregend klingt, ist es doch eine Grundlage für die menschliche Präsenz auf dem Mond. Hinzu kommt, dass andere Mineralien sowie Wasser auch Formen von extrahierbarem Sauerstoff enthalten. Im Moment beschäftigen wir uns mit einem Material, das sich noch etwas unspektakulärer anhört, nämlich Gestein. Die NASA hat 2020 einen Aufruf an private Unternehmen gestartet, die Gewinnung von Gestein auf dem Mond zu demonstrieren. Es war nicht erforderlich, das Material zur Erde zurückzubringen, allein das Extrahieren und Zurücklassen wäre auch in Ordnung gewesen. Es handelt sich um eine Übung in einem viel breiteren Feld als der Technologie, nämlich im Bereich Recht und Regulierung. Der Auftrag wurde schließlich an mehrere Unternehmen vergeben, darunter das in Colorado ansässige Unternehmen Lunar Outpost. Sie gewannen den Vertrag mit der Vereinbarung, für die beschafften Güter unglaubliche 1 US-Dollar zu erhalten. Die Motivation für diese Ausschreibung ist, zu zeigen, dass das zugrunde liegende Prinzip für eine lunare Ökonomie unter den aktuellen Gesetzen und Vorschriften funktioniert.[52;182]

Wo wir im Moment stehen, ist noch weit entfernt von einer funktionierenden Förderkette oder einem Zugang zum Mond. Aber auch nicht unendlich weit entfernt. Chinas *Chang'e*-Missionen bringen seit 2007 Regolith, der von Robotersonden gesammelt wurde, in laufenden Missionen zurück. Auch viele kommerzielle Lander haben es in letzter Zeit auf den Mond geschafft. Im Jahr 2025 konnten wir beobachten, wie der Rover von Lunar Outpost auf einem Lander von Intuitive Machines auf der Mondoberfläche aufsetzte, vier Tage nachdem ein anderes US-Unternehmen, Firefly, die erste erfolgreiche kommerzielle Mondlandung überhaupt markierte. Der Mond wird tatsächlich zum Ziel eines neuen Wettlaufs ins All, diesmal nicht nur mit Russland und den USA, sondern auch mit China als starkem Konkurrenten.[184]

Aber der Mond ist nur eine Option. Asteroiden sind vielleicht mehr als nur Felsbrocken, die durch das All fliegen. Die japanische *Hayabusa*-Mission hat erstmals festgestellt, dass die Zusammensetzung eines Asteroiden nicht nur aus Eisen, sondern auch aus Edelmetallen besteht. Das hat den Anreiz geschaffen, diese Ressourcen abzubauen. Schwermetalle wie Iridium, Platin,

Palladium, Gold und Rhodium werden immer häufiger in der Elektronik und neuerdings auch in Batterien für Elektrofahrzeuge verwendet. Auf den ersten Blick mögen wir Asteroiden, weil sie klein sind, was bedeutet, dass man nicht viel Energie benötigt, um von ihnen zu starten.[182] Zwei Probleme stellen sich bei solchen kleinen Weltraumgesteinen: Aufgrund der fehlenden Schwerkraft sammelt sich viel Geröll an der Oberfläche und bildet eine schwebende Schicht. Zweitens können sie sich schneller order langsamer um die eigene Achse drehen. Beide Faktoren erschweren die Landung. Die Bemühungen in diese Richtung waren bisher hauptsächlich wissenschaftliche Missionen, darunter die *Hayabusa*-Sonden und NASAs *OSIRIS-REx*.[182] Im kommerziellen Sektor sehen wir, dass Startups ernsthaft darüber nachdenken, Geschäfte aufzubauen, wie das US-Startup AstroForge. Sie haben kürzlich die erste Mission gestartet, um einen Asteroiden zu kartieren und in Zukunft mit dem Abbau zu beginnen. Ein Nachteil ist, dass der Abbau Zeit benötigt. Die bisherigen wissenschaftlichen Missionen haben von Start bis Landung jeweils zwischen sechs und sieben Jahre gebraucht. Der Perspektivenwechsel in diesem Abschnitt lautet: **Von der Erforschung zur Nutzung.**

Am Horizont: Anstatt morgen direkt gigantische Infrastrukturen auf dem Mond zu errichten, befinden wir uns noch in der Phase, herauszufinden, wie wir Ressourcen vom Mond erschließen, nutzen und in sinnvolle Komponenten umwandeln können. Wenn 3D-Druck schon das große Thema der Fertigung ist, warum sollten wir dann nicht Mondregolith einspeisen und Bausteine produzieren? Oder können wir unser neues Mondhabitat aus Mondstaub und anderen Ressourcen, die wir finden, drucken? Das ist ein aktives Forschungsfeld: Dank *Apollo*-Proben war es möglich, die chemische Zusammensetzung des Mondstaubs und damit die Grundbestandteile zu bestimmen.[185] Jetzt werden verschiedene Fertigungsmethoden untersucht und mit Mondstaubsimulanten getestet, wie das Schmelzen von Regolith mit Lasern oder das Mischen des Regoliths mit Zusatzstoffen, um flexible Baumaterialien zu erhalten.[186] Die ESA hat bereits 2013 den 3D-Druck eines Blocks aus Mondstaubsimulant demonstriert.[187] Zusammen mit Airbus gab es einen weiteren Durchbruch: 2024 wurde das erste Mal Metall im 3D-Druck auf der ISS im All hergestellt. Ein langfristiger Gedanke dahinter ist, alte Satellitenteile direkt im Orbit in nützliche Strukturen umzuwandeln, zum Beispiel in Werkzeuge, die Astronaut*innen benötigen.[188] Als Fun Fact zum Schluss: Es gibt sogar Forschende, die untersuchen, wie Astronautenblut, Schweiß und Tränen zum Bau einer Marsbasis verwendet werden könnten.[189]

3.3.4 Mehr Menschen im All

Ein Adler, der einen Olivenzweig trägt. Das war das Abzeichen der *Apollo-11*-Mission und sollte symbolisieren, dass die Crew in Frieden für die gesamte Menschheit ankam. Bisher war das All jedoch in erster Linie Mitgliedern nationaler Raumfahrtagenturen vorbehalten. Es ist an der Zeit, die Weiten des Weltraums für alle zu öffnen. Du hast es erraten, der Perspektivenwechsel lautet: **Von Exklusivität zu inklusivem Zugang für alle.**

Die Zeiten ändern sich nicht nur für die Technologie, sondern auch für uns Menschen. In den letzten Jahrzehnten sind einige hundert Menschen ins Weltall gereist. [140] Allerdings wurden nicht alle von Raumfahrtagenturen entsandt. Willkommen im Zeitalter der privaten Astronaut*innen, und lass uns über all die Begriffe sprechen: „Astronaut", „Raumfahrer", „privater Astronaut" und „Tourist". Es gab einzelne Fälle von privat zahlenden Weltraumreisenden in nationalen Programmen. Der erste war Dennis Tito, der 2001 auf einem freien Sitz in einer Sojus zur ISS flog.

Die eigentliche Veränderung geschah jedoch erst vor Kurzem, als ganze Missionen für Privatpersonen verfügbar wurden. Im Jahr 2021 fand die erste rein kommerzielle astronautische Raumfahrtmission, *Inspiration4*, statt. Kurz darauf folgte der erste kommerzielle Weltraumausstieg der *Polaris-Dawn*-Mission im Jahr 2024. Es gibt auch hybride Formate. Private Unternehmen wie Axiom Space nehmen zahlende Passagiere im Allgemeinen mit zur Internationalen Raumstation, ein Angebot, das sowohl von Privatpersonen als auch von Ländern genutzt werden kann. Auf diese Weise konnten Astronauten aus Ländern wie Schweden, Ungarn, Polen, der Türkei und Indien ins All fliegen. Das ist ein weiterer Weg, auf dem wir eine größere Vielfalt an Nationalitäten im Weltraum vertreten sehen.

Der klassische Hintergrund als Testpilot, vor allem mit militärischer Herkunft in den Programmen *Mercury* und *Gemini*, hat sich im Shuttlezeitalter zur Einbeziehung von Wissenschaftlern als Missionsspezialisten gewandelt und steht nun einer breiteren Gruppe von medizinischem Personal, Künstlerinnen und Pädagogen offen. Tatsächlich gibt es mit dem Eintritt privater Personen als Entscheidungsträger keine Einschränkungen hinsichtlich des Hintergrunds mehr. *Fram2* war die erste Mission, bei der keine Person an Bord einen luftfahrtbezogenen Hintergrund hatte. Das ist jedoch erst der Anfang. Wenn wir eine Gesellschaft im All aufbauen wollen, brauchen wir all jene Menschen, die eine solche ausmachen, von Köchen, Tischlerinnen, Landwirten und vielen anderen.

Interessanterweise ist es der Anstieg der Autonomie, der die Einbeziehung von mehr Menschen im All beschleunigt hat. Maschinen haben uns Menschen den Weg geebnet. Immer mehr Aufgaben werden von datengestützter Technologie übernommen. Raumfahrzeuge sind bereits in der Lage, ihre eigenen Manöver zu fliegen, und in Zukunft können viele der Autonomieaufgaben, die wir im vorherigen Kapitel gesehen haben, hinzukommen: Überwachung der eigenen Systeme, Beratung bei Entscheidungen und Reduzierung der mentalen Belastung der Astronaut*innen. Das bedeutet immer noch, dass der Mensch die Systeme überwachen sollte, aber auf einem viel höheren Niveau, als ständig alle Teilsysteme einzeln im Blick haben zu müssen.[190] Vergleicht man das mit dem Shuttle, das über 2000 einzelne Bedienelemente und Anzeigen hatte,[191] haben Astronaut*innen heute weniger Aktionen auszuführen und können sich auf andere Aufgaben konzentrieren. Ein Testpilotenhintergrund ergab anfangs viel Sinn, weil die Aufgaben wortwörtlich darin bestanden, ein (Raum-)Flugzeug zu testen. Heute ist das, was eine Mission ausmacht, nur noch durch die Vorstellungskraft begrenzt.

Weltraumtourismus taucht immer wieder als Diskussionsthema auf, besonders bei suborbitalen Flügen. Mehr als die Reisedauer oder erreichte Höhe, die zwar leicht messbar sind, zeichnen sich Astronaut*innen für mich durch etwas anderes aus: wie aktiv wir handeln müssen und ob auf der Reise ein echter Mehrwert entsteht. Jeder kann für sich selbst beurteilen, was als touristisch gilt und was nicht. Weltraumflüge können touristisch sein, oder sie können mehr sein. Es liegt an den Teilnehmenden, was sie daraus machen wollen. Das macht es schwieriger, eine einfache Kennzahl zur Beurteilung zu haben, bereichert aber das Spektrum der Möglichkeiten. Genauso wie nicht jedes wissenschaftliche Experiment gleich relevant oder von gleicher Qualität ist, haben verschiedene Flüge unterschiedliche Eigenschaften und sollten individuell bewertet werden.

Mit mehr Zielen und einer größeren Vielfalt an Aufgaben im All ist es kein Wunder, dass sich der Beruf der Astronaut*in vom ursprünglichen Testpiloten zu einem bunten Spektrum an Facetten erweitert. Wir werden die Wissenschaftsastronautin sehen, die Experimente auf Raumstationen oder geologische Studien auf neuen Planeten betreibt. Den Siedlerastronauten,[190] der sich darauf vorbereitet, lange Zeit fern ab der Erde zu leben. Die Industrieastronautin, die Rohstoffgewinnung und Bauarbeiten überwacht. Den Weltraumtouristen, der den Nervenkitzel und das Abenteuer sucht. Am wichtigsten ist, dass wir, denke ich, immer die Entdeckerversion eines Astronauten bewahren werden: den OG-Astronauten, Protoastronauten, die Heldenastronautin. Wir werden immer Menschen brauchen, die Grenzen verschieben, sodass es keinen Mangel an der Erfüllung des klassischen Heldentopos geben wird. Ich denke, manchmal besteht die Angst, dass der erhöhte Zugang zum All das Idealbild der abgehärteten Entdeckerin, zu dem wir aufschauen, verwässert. Aber das ist nichts, was wir verlieren. Stattdessen erweitern wir die Aufgabenbeschreibung des Astronautenentdeckers um neue Ziele und gewinnen dabei mehr spannende Möglichkeiten, zum Leben im All beizutragen. Da mehr Berufsfelder Zugang zum All erhalten, ergibt es Sinn, mehr Expertinnen und Experten in ihren jeweiligen Fachgebieten zu haben. Das sind großartige Neuigkeiten, denn es bedeutet zwangsläufig, dass wir besser werden in dem, was wir im All erreichen wollen.

Mit den verschiedenen Ausprägungen werden sich die Anforderungen an das Training ebenso unterscheiden wie die benötigten Fähigkeiten. Die Frage, die wir klären müssen, ist: Was ist der gemeinsame Nenner, um Menschen *allgemein* auf das All vorzubereiten? Und darauf aufbauend: Welche Fähigkeiten benötigt jede Schule von Astronaut*innen im Besonderen? Der Siedler braucht vielleicht bessere Werkzeuge, um mit Isolation umzugehen. Der Entdecker braucht vielleicht mehr technologische Expertise, um neue Systeme zu testen. Die Wissenschaftlerin braucht mehr Training an den Instrumenten. Wenn Technologie mehr Aufgaben übernimmt, ist es nur logisch, dass technologische Expertise weniger gefragt sein wird. Was an Bedeutung gewinnt, sind zwischenmenschliche Fähigkeiten, da die Crews in jedem Fall lernen müssen, auf engem und möglicherweise isoliertem Raum zusammenzuleben, und Konflikteskalation ein größeres Risiko darstellt als die Interaktion mit dem Raumfahrzeug. Dazu gehören Konfliktlösung, Emotionsregulation, Resilienz und gute Kommunikation als Notwendigkeiten.[190] Ich würde Empathie, aktives Zuhören, das Zeigen von Verletzlichkeit und Selbstreflexion ergänzen. Anstatt einen starken und unfehlbaren Helden zu repräsentieren, ist es entscheidend, offen zu sein, Fehler und Unvollkommenheiten zuzugeben, um das richtige Ergebnis zu erzielen. Wenn es ein Stigma gibt, Fehler zuzugeben, werden wir nicht lernen, und es könnte uns viel mehr kosten. Wir sind weit gekommen von den anfangs eher starren militärischen Fähigkeiten hin dazu, uns auf die vielen Kompetenzen zu konzentrieren, die einen guten Menschen im Allgemeinen ausmachen.

Heißt das, dass jede Person, die ins All fliegt, automatisch ein Heiliger ist? Nein. Die Möglichkeit, etwas falsch zu machen, ein schlechter Teamplayer zu sein, überhaupt nichts zur Gesellschaft beizutragen und Profis bei ihrer Arbeit zu behindern, besteht. Aber wir können versuchen, das Beste in uns anzusprechen, besonders da es in diesen frühen Tagen immer noch ein Privileg ist, ins All zu fliegen. Wenn wir die Zukunft gestalten, sollten wir nur die konstruktiven Eigenschaften des Menschen mitnehmen, und nur diese Eigenschaften sichern den Erfolg der Mission. Wichtig ist, dass alle oben genannten Ausprägungen sowohl staatlich als auch privat motiviert sein können. Es gibt keine Regel, dass einer dieser Jobs ausschließlich für Privatpersonen oder Raumfahrtagenturen gedacht ist.

Die kontroversen Diskussionen drehen sich meist um den Weltraumtourismus, vor allem wegen Fragen des ökologischen und finanziellen Privilegs. Während wir uns in einer Phase des Wandels befinden, ist der Zugang für alle noch keine Realität, hauptsächlich wegen finanzieller Hürden. Aber Raumfahrt ist heute schon günstiger, vielfältiger und technologisch fortschrittlicher als vor 40 Jahren. Wenn dieser Trend anhält, werden wir auf weniger Barrieren stoßen. Die Freiheit, die wir als private Astronaut*innen gespürt haben, war, dass wir unsere eigenen Akteure waren und niemanden außer uns selbst repräsentiert haben. Das neue Bild ist noch zu diskutieren, aber ich denke, ein Entdecker oder eine Entdeckerin der neuen Welle sollte die besten alten Eigenschaften von Neugier, Mut und Resilienz mit den neuen Werten von Verletzlichkeit, Authentizität und Integrität verbinden.

3.3.5 Mehrere Akteure, Machtverschiebungen

Wir haben gesehen, wie technologische Veränderungen neue Regeln für den Zugang zur Infrastruktur und die Nutzung des Weltraums geschrieben haben. Die Akteure in der Ära des Kalten Krieges waren hauptsächlich staatliche Agenturen, vor allem die USA und die Sowjetunion. Heute sehen wir viel mehr Akteure, die das Feld betreten haben: staatliche Agenturen, große Unternehmen, kleine Startups, Einzelpersonen, kleine Staaten, Studierendengruppen und alles dazwischen. Eine implizite Auswirkung und ein Perspektivenwechsel ist **eine Vielzahl globaler Weltraumteilnehmer statt weniger nationaler Akteure.** Die Endnutzer der Weltrauminfrastruktur sind heute schon alle Menschen. Die Vielzahl der Akteure bedeutet ein schnelles Innovationstempo. Wohlstand, Ideen und Infrastruktur sind Wege, um Einfluss zu gewinnen, und da mehr Akteure Zugang dazu haben, ist Macht theoretisch dezentraler verteilt.[192] Es kann aber auch das Potenzial für Monopole bedeuten. Ob das tatsächlich der Fall ist, wird die Zeit zeigen: Wenn ein Engpass, wie etwa der Zugang zum Weltraum, von einzelnen Akteuren kontrolliert wird, ist die Macht wieder nicht gleich verteilt. Aber der Punkt ist: Sie könnte es sein. Der Weltraum hat einen wachsenden strategischen Wert, genauso wie Land, Ozean, Luft und der Cyberspace, daher nehmen politische und wirtschaftliche Interessen zu.[192]

Das Thema Weltraumrecht ist ein eigenes Kapitel, auf das wir hier nicht im Einzelnen eingehen werden. Aber es gibt einen Vertrag, von dem du gehört haben solltest: den Weltraumvertrag oder *Outer Space Treaty* im Englischen. Unterzeichnet 1967, ist er der Weltraumvertrag, der im Vergleich zu allen nachfolgenden Weltraumverträgen von den meisten Nationen ratifiziert wurde. Ein Grund dafür ist, dass die politischen Spannungen zu dieser Zeit hoch waren, und es auch das kürzeste und am allgemeinsten gehaltene Dokument der Reihe ist.[52] Die wichtigste Aussage hierin ist, dass keine Nation Souveränität über den Weltraum beanspruchen oder Atomwaffen im Weltraum stationieren darf. Die Absichten sind gut, aber das Dokument ist sehr schwammig. Das ist sowohl gut als auch schlecht: gut für das schnelle Entwicklungstempo, aber schlecht, weil es leicht ist, uneinig in der Interpretation zu sein. Der Weltraum ist ein Gemeingut, wie die Antarktis oder das Funkspektrum. Letzteres ist bis zur letzten Frequenz reguliert, während das Weltraumrecht noch in Arbeit ist, besonders da neue Szenarien wie kommerzieller Weltraumbergbau und Satellitenkonstellationen entstehen. Die Frage, wie viel Regulierung nötig ist und zu welchem Zeitpunkt, ist schwierig und bietet Stoff für viele hitzige Diskussionen. Das nächste Mal, wenn du mit einer Kollegin sprichst, die ein Weltraumstartup hat, schnapp dir Popcorn und wirf einfach den Satz ein: „Ich finde, der Weltraum sollte stärker reguliert werden."

Auf unserer Reise durch die sich wandelnde Landschaft haben wir nun gesehen, dass es Probleme zu lösen gibt, wie das Management von Objekten im Orbit, die Verwaltung von Infrastruktur und die gerechte Verteilung von Macht. Positiv ist, dass das schnelle Tempo der Ideen täglich neue Möglichkeiten schafft und der Weltraum sich von einer fernen und exklusiven Zukunft zu einer zugänglichen und vielfältigen Gegenwart entwickelt.

In dieser aufblühenden Landschaft hat Deutschland seine eigenen Helden. Es gibt eine florierende Small-Launcher-Community, mit Rocket Factory Augsburg und Isar Aerospace als führenden Unternehmen, sowie ausgefallenere Ideen wie alternative Treibstoffe, die bei HyImpulse erforscht werden. ExoLaunch bietet Launchdienstleistungen an und Morpheus Space elektrische Antriebssysteme. Deutschland hat zudem im November 2025 gerade eines der größten Förderpakete für die Raumfahrt seither beschlossen. Währenddessen entstehen neue Startups, und spannende Zeiten stehen uns bevor.

3.3.6 Die Nachhaltigkeitsfrage einer Big F***ing Rocket

Die Nachhaltigkeitsfrage hat mich schon im Vorfeld sehr beschäftigt. Mir wurde klar, dass ich vor dem Flug nicht viel über das Thema wusste, und es stellte sich heraus, dass es ziemlich komplex ist, Fakten herauszufinden. Ja, Raketenantriebe sind in Sachen CO_2 nicht die besten, aber können wir das in Zahlen fassen? Die folgenden Betrachtungen sind nicht als Zahlennachschlagewerk gedacht, sondern als kleine Rechnung, um zu verstehen, worauf wir uns fokussieren sollten.

Das erste Bild, das einem beim Raketenstart in den Sinn kommt, ist die weiße Wolke, die ihn begleitet. Das ist Wasserdampf. Das zweite ist der gelblich-transparente Schweif, der folgt und das farblose CO_2 enthält. Wir werden nicht tief in verschiedene Raketentreibstoffe eintauchen, sondern uns hauptsächlich auf unser Trägerraketenmodell, die *Falcon 9*, konzentrieren, die derzeit am häufigsten startet. Die *Falcon 9* läuft mit einer Kerosinart namens RP-1. Kerosin ist der Treibstoff, den Flugzeuge verwenden, und das hier ist eine noch hochraffinierte Version davon. Wenn wir uns die globalen Emissionen anschauen, dann kippen Raketenstarts das Gleichgewicht nicht: 0,0000059 % der weltweiten CO_2-Emissionen wurden im Jahr 2018 durch Raketenstarts verursacht, während die Luftfahrtindustrie insgesamt 2,4 % der Emissionen ausmacht.[193] Um auf das gleiche Niveau wie die Luftfahrt zu kommen, wären über 12.000 Raketenstarts pro Tag das ganze Jahr über nötig[193] Das ist also nicht wirklich das, was uns stört. Was aber das moralische Dilemma auslöst, ist das Verhältnis pro Person.

Wenn wir uns eine normale Boeing 747 für einen Transatlantikflug anschauen, liegen die CO_2-Emissionen bei circa 300 Tonnen, was in der gleichen Größenordnung wie die Schätzungen für einen *Falcon-9*-Start liegt, die von 136 Tonnen[194] über 425[193] bis zu etwa 800 Tonnen[195] reichen. Der Punkt, an dem es einen signifikanten Unterschied macht, ist, dass wir mit einer *Falcon* derzeit vier Personen starten, während eine Boeing über 400 Passagiere aufnehmen kann, also mehr als das Hundertfache. Das bedeutet, dass die CO_2-Emissionen pro Kopf und Passagier 100-mal schlechter sind bei einem Raketenstart. Wir ärgern uns also nicht in absoluten, sondern in relativen Zahlen. Wenn wir *Starship* als nächste Generation von Raumfahrzeugen betrachten, sehen die relativen Emissionen besser aus. Absolut gesehen ist es fünfmal schlechter als die *Falcon 9*, aber es hält ungefähr das gleiche Emissionsverhältnis pro kg.[195] Wenn in der astronautischen Raumfahrt nun bis zu 100 Personen transportiert werden, ist es relativ besser und jetzt nur noch etwa 27-mal so schlecht wie ein Transatlantikflug.[193] Immer noch nicht großartig, aber es ist ein Fortschritt. Bei Raketen ist es ein komplexes Problem, denn mehr Gewicht bedeutet mehr Energie, um in den Orbit zu gelangen, was mehr Treibstoff bedeutet, was wiederum mehr Gewicht bedeutet.

Neue Studien fassen zusammen, dass die CO_2-Emissionen nicht der besorgniserregende Faktor sind, da sie nicht signifikant zu den globalen Emissionen beitragen. Wichtiger ist, dass die derzeit verwendeten Treibstoffe mit unerwünschten Nebenprodukten verbrennen.[196] Das sind Ruß und, je nach Treibstoffart, Stickoxide, die ozonschädigend sind, Chloride und Schwefel. Das klingt nicht besonders gesund und ist es auch nicht. Wir mögen Nebenprodukte nicht, da sie teilweise zum Treibhauseffekt beitragen, besonders wenn sie hoch oben in der Atmosphäre freigesetzt werden. Der aktuelle Fokus verschiebt sich daher mehr darauf, diese zu vermeiden, als gezielt CO_2-Emissionen zu reduzieren.

Die gute Nachricht ist, dass der neue Raketentreibstoff Methan, dem wir schon begegnet sind, mit weniger Nebenprodukten verbrennt. Es gibt in beide Richtungen mehrere Einschränkungen: (a) Was bei den Emissionsrechnungen nicht berücksichtigt wird, sind die Einsparungen bei der Produktion. Wiederverwendbare Systeme sollen die Emissionen deutlich senken, mit Schätzungen von 95 Prozent weniger bei der Herstellung und 27 Prozent insgesamt[195] (b) Längere Reisen bedeuten eine geringere Passagierzahl, was das Pro-Kopf-Verhältnis wieder erhöht.

Ich denke, am Ende geht es in der Diskussion weniger darum, wie hoch die Emissionen sind, sondern vielmehr darum, wofür sie verwendet werden, was die Debatte anheizt. Die eigentliche Frage, die wir uns hier stellen sollten, ist: Wie kommen wir zu einer Zukunft, in der wir dieses Problem gelöst haben? Wir können einige Erkenntnisse für zukünftige Designs zusammenfassen, wie zum Beispiel, dass wir Treibstoffe vermeiden sollten, die mit Nebenprodukten verbrennen (u. a. Feststoffbooster), und dass Wiederverwendbarkeit ein Pluspunkt ist.

Auch wenn die Situation nicht optimal ist, hilft es, dass die Raumfahrt noch keine allzu etablierte Infrastruktur hat. Es gibt viel Spielraum, um mit neuen Treibstoffarten zu experimentieren, und die richtigen Anreize sind da, um Wiederverwendbarkeit weiter voranzutreiben (um die Kosten niedrig zu halten) sowie angrenzende Technologien zu entwickeln (um im Weltraum autark zu sein). Eine Technologie, die für unsere Sabatier-Reaktion (siehe Infobox) angesprochen werden muss, ist die Kohlenstoffabscheidung. Ohne Kohlenstoffabscheidung und -speicherung (Carbon Capture) wird es keinen kostenlosen Raketentreibstoff und keine einfache Rückkehr nach Hause geben. Der andere Teil, der viel effizienter werden muss, ist die Energiegewinnung, bei der Solarpanels eine große Rolle spielen. Das sind zwei Technologien, die wir auch auf der Erde sehr gut gebrauchen können.

Die Sabatier-Reaktion

Die *Sabatier-Reaktion* ist ein Prozess, der Kohlendioxid und Wasserstoff in Methan und Wasser umwandelt. Sie wurde erstmals 1897 von Paul Sabatier beschrieben und wird häufig in geschlossenen Lebenserhaltungssystemen eingesetzt, wie sie beispielsweise für die Internationale Raumstation entwickelt wurden, um Wasser zu recyceln. Die Reaktion läuft nach folgender Gleichung ab:

$$CO_2 + 4H_2 \rightarrow CH_4 + 2H_2O$$

Ein Teil Kohlendioxid interagiert also mit vier Teilen molekularem Wasserstoff zu einem Teil Methan und zwei Teilen Wasser. Für die Raumfahrt ist dies insofern interessant, als dass ein Raumschiff, das mit Methan als Treibstoff betrieben wird, CO_2 ausstößt. Die Idee ist, das CO_2 zurückzugewinnen, um daraus wieder Methan herzustellen und es erneut als Raketentreibstoff zu verwenden und somit Treibstoff für den Rückflug zu haben. Aktuelle Forschung untersucht weiterhin Möglichkeiten für Anwendungen im Weltraum und die Synthese erneuerbarer Treibstoffe. [197]

Es gibt einige Nachhaltigkeitsirrtümer, die immer wieder auftauchen. Sich auf anderen Planeten niederzulassen, wird die Erde vor einer Übernutzung retten (falsch: Wenn wir uns nicht davon abhalten können, Ressourcen auszubeuten, wird uns auch ein anderer Planet nicht helfen). Der Mars ist ein großartiger Planet B (falsch: Er ist eine raue Umgebung, selbst im Vergleich zu einer postapokalyptischen Erde. [52]). Ressourcenabbau im Weltraum wird sofort sämtliche schmutzige Industrie von der Erde verbannen (falsch: Es wird eine ganze Weile dauern, bis die Produktion wirtschaftlich tragfähig ist). Im Grunde ist jedes Argument, das behauptet, Raumfahrt löse Nachhaltigkeitsprobleme auf einfache Art und Weise, fehlerhaft. Oder das so tut, als wäre es einfach, die Erde zu verlassen und sich an den nächsten Ort zu klammern. Wir sollten die Erde nicht aufgeben, weder in unseren Gedanken noch in unseren Handlungen. Wir können sie verlassen, aber nicht im Stich lassen. Gleichzeitig ist das jedoch kein Argument, mit der Erforschung und der Suche nach Lösungen aufzuhören. Es gibt keinen einfachen Ausweg, aber einen sinnvollen Weg nach vorn. Was mir Hoffnung gibt, ist, dass alle Veränderungen in die richtige Richtung zeigen: die Nutzung alternativer Raketentreibstoffe, neue Raketendesigns, die Wiederverwendbarkeit aller Teile und angrenzende Technologien, die entwickelt werden.

Zum Schluss dieses Kapitels sehen wir, dass Veränderung in der Weltraumbranche allgegenwärtig und schnell ist und genau jetzt passiert. Von dem Moment, in dem ich dieses Buch geschrieben habe, bis zu dem Moment, in dem du es in die Hand nimmst, wette ich, dass es schon viele weitere Neuheiten gegeben hat, die nächste Mission ist auf dem Mond gelandet oder zum Mars gestartet. Die wichtigste Botschaft ist: Es gibt keinen Status quo.

3.4 Utopien und die Zukunft

Ich erinnere mich an eine Zugfahrt durch die wunderschönen Schweizer Berge mit meinen Studienkollegen. Die Sonne ging über den schneebedeckten Berggipfeln unter, und als die ersten Sterne am Himmel erschienen, drehte sich das Gespräch um die Wunder des Universums. Einer meiner Freunde war zynisch, weil er der Meinung war, dass wir schon alles entdeckt hätten, was es zu entdecken gibt. Was folgte, war eine ziemlich hitzige Diskussion, und ich muss bis heute oft daran zurückdenken, weil ich es kaum fassen konnte, dass ein Forschender die Forschung und das Staunen aufgegeben haben sollte. Während dieser Zugfahrt kam ich zu dem Schluss, dass unser Blick in die Zukunft ein verflochtenes Netz aus Hoffnung, Angst und dem Gefühl ist, wie sehr wir uns befähigt fühlen, beides anzugehen. Also, lass uns unseren Ausblick darauf untersuchen, wie es weitergeht: Haben wir schon alles herausgefunden, was es zu entdecken gibt? Wird die Welt schlechter, und übernimmt die Technologie die Kontrolle? Gieße dir eine Tasse Tee ein und begleite mich bei ein paar utopischen Gedankenspielen.

3.4.1 Hoffnungen und Ängste

Die Angst vor der Zukunft scheint uns durch die Geschichte zu begleiten wie ein alter Kaugummi an unseren Schuhsohlen. Die Nostalgie sagt uns, dass früher alles besser war. Sogar alte sumerische Texte, die vor 4000 Jahren verfasst wurden, fürchteten bereits, dass die nächste Generation unwissender aufwachsen würde als die aktuelle Generation.[198] Kriege, Katastrophen und schlechte Nachrichten scheinen allgegenwärtig zu sein, und wir müssen in dieser aus den Fugen geratenen Welt existieren. Doch die Realität sieht auch anders aus.

Tatsache ist, dass wir noch nie ein besseres Leben geführt haben. Weltweit können wir Verbesserungen in allen Lebensbereichen beobachten. Die Lebenserwartung ist allein von 1990 bis 2012 weltweit von 64 auf 70 Jahre gestiegen, und die Kindersterblichkeit im gleichen Zeitraum um 41 Prozent gesunken. Schwere Krankheiten wie Pocken wurden ausgerottet; wir haben kürzlich innerhalb eines Jahres neue Impfstoffe für eine globale Pandemie entwickelt. Trotz der Sorgen unserer Vorfahren ist die Bildung messbar besser als je zuvor; 1962 hatten rund 40 Prozent keine Schulbildung, heute sind es nur noch 10 Prozent.[199] Wir haben innerhalb von Sekunden Zugang zu einem riesigen Wissensschatz der Welt, buchstäblich in unserer Hosentasche. Moralische Fortschritte, wie die stärkere Einbeziehung von Minderheiten (und ja, auch Frauen) und eine geringere Toleranz gegenüber Gewalt, deuten darauf hin, dass wir als Gesellschaft zu einigermaßen anständigen Menschen gereift sind.[200] Diese Liste ließe sich noch weiter fortsetzen, aber wir scheinen besessen von der Idee zu sein, dass früher alles besser war. Das heißt nicht, dass alles perfekt ist. Ganz und gar nicht; wir haben große Probleme zu bewältigen, wie wir später noch sehen werden, aber es ist leicht zu vergessen, dass es trotz aller beunruhigenden Nachrichten eine allgemeine und messbare Verbesserung des Lebensstandards gibt.

Der niederländische Historiker Rutger Bregman merkt an, dass unser Lebensstandard vielleicht so sehr gestiegen ist, dass wir, nun da wir von grundlegenden Sorgen befreit sind, einfach einen Traum davon vermissen, wie es weitergehen soll.[199] Ich würde sogar noch weiter gehen und sagen, dass wir kollektiv darauf hinarbeiten, immer mehr Grundbedürfnisse zu erfüllen, sodass wir frei sind, eine Utopie zu definieren. Über die Definition von Fortschritt kann man streiten: Misst man ihn an technologischen oder kulturellen Errungenschaften, wie der Mondlandung, oder an politischen, wie dem Erreichen des Weltfriedens? Für mich bedeutet gesellschaftlicher Fortschritt, möglichst vielen Menschen einen besseren Lebensstandard zu ermöglichen. Allerdings ist auch der Lebensstandard einer dieser Begriffe, die schwer zu fassen sind. Die für mich beste Definition habe ich in Maslows Bedürfnispyramide gefunden.[201] Die unteren Ebenen sind physiologische Bedürfnisse: Nahrung, Wasser, Hygiene. Die zweite Ebene ist Sicherheit und Geborgenheit. Die mittlere Schicht betrifft psychologische Bedürfnisse wie Familie, Liebe, menschliche Verbindung und Selbstwertgefühl. Die höchste Ebene ist Selbstverwirklichung. Die unteren Ebenen sind notwendig, um sich auf die oberen konzentrieren zu können. Ich möchte in einer Gesellschaft leben, die die unteren Ebenen respektiert und stärkt, damit wir uns höheren Zielen zuwenden können. Die Pyramide Stufe für Stufe zu erklimmen, kann eine Art sein, Fortschritt zu verstehen. Aber den Gang zu wechseln, von der Problemlösung hin zur Zieldefinition, ist nie einfach, denn es gibt unendlich viele Möglichkeiten und jede*r hat andere Vorlieben. Haben wir unsere Freiheit also schon erkannt, und welche Optionen haben wir für zukünftige Szenarien?

Es gibt so vieles, wovon wir träumen können. Ich finde, es gibt drei verschiedene Arten, wie wir als Menschheit ehrgeizig sein können. Wir können davon träumen, drängende Probleme zu lösen, neue Rätsel zu entschlüsseln und große Visionen zu verwirklichen. Es ist am einfachsten, Problemen hinterherzulaufen und dabei das eigentliche Ziel aus den Augen zu verlieren. Wenn dein Auto auf dem Weg zu einem Festival eine Panne hat, ist es leicht, sich darauf zu versteifen, den Reifen zu reparieren. Vielleicht verbringst du so viel Zeit mit der Reparatur, dass dein Ziel irrelevant wird. Das Festival ist schon vorbei. Vielleicht hättest du das Auto gar nicht gebraucht, um dein Ziel zu erreichen.

Problemlösung: Die drängenden Themen, die wir angehen müssen, sind vielfältig: im Einklang mit unserem Planeten leben, alle Krankheiten heilen und den Welthunger beenden. Weltfrieden erreichen und die wachsende Einsamkeit unter Menschen bekämpfen. Erneuerbare Energiequellen finden, die eine nachhaltige Zukunft ermöglichen. Nur weil das Standardphrasen sind, macht sie das nicht weniger großartig. Wenn wir die Themen genauer betrachten, hat jedes seine eigenen Unterprobleme. Nehmen wir Energie als Beispiel: Wie erzeugen wir Fusionsenergie, und wie können wir langlebige Batterien entwickeln? Innerhalb dieser Fragen gibt es noch mehr Teilfragen, sodass es scheinbar endloses Potenzial gibt, Gutes in der Welt zu tun, allein indem wir die bereits bekannten Probleme angehen.

Rätsel entschlüsseln: Es gibt große Fragen, auf die wir keine Antworten haben. Was ist Dunkle Materie, die Substanz, aus der über 80 Prozent der Masse im Universum besteht?[202] Gibt es Leben da draußen? Und wenn ja, kommt es häufig vor?

Es gibt viele mathematische Probleme, die wir noch nicht gelöst haben. Zum Beispiel die Millennium-Preisprobleme,[203] die als die sieben schwierigsten mathematischen Probleme ihrer Zeit galten und deren Lösung mit einem Preis von einer Million Dollar belohnt wird. Seit ihrer Verkündung im Jahr 2000 wurde eines gelöst, es bleibt also noch einiges zu tun, auch wenn das wohl nicht der einfachste Weg ist, Millionär*in zu werden.

Es gibt Mysterien auf allen Skalen, die wir uns vorstellen können. An der Schnittstelle zwischen Biologie und Informatik existieren beispielsweise Schleimpilze, einzellige Organismen, die komplexe Optimierungsprobleme lösen können, an denen unsere besten Algorithmen scheitern. Sie finden den kürzesten Weg zwischen Nahrungsquellen, aber ganz ohne Gehirn.[204] Wir können beschreiben, was sie tun, aber nicht, wie sie entscheiden. Das Unbekannte steht also nicht nur in den Sternen oder in unlösbaren Gleichungen. Es kriecht auch über eine Petri-Schale und erinnert uns daran, wie viel von der Logik der Natur uns noch entgeht. Meine Beispiele haben vor allem einen naturwissenschaftlichen Fokus, aber egal, welches Fachgebiet du hast, ich bin sicher, es gibt ebenso unendlich viele kleinere und größere Rätsel.

Neue Visionen: Wenn wir den Blick von der Problemlösung abwenden, sind wir frei, an der Zukunft zu arbeiten, die wir sehen wollen. Eine Drei-Tage-Arbeitswoche mit viel Zeit für Hobbys, Selbstentfaltung und Gemeinschaftsarbeit. Oder wie wäre es, wenn wir neue Wege für Gemeinschaften finden, die alle in unserer Gesellschaft einbeziehen, von den Ältesten bis zu den Jüngsten? Oder vielleicht können wir die Kunst auf ein neues Niveau heben und Momente als neue Erfahrungsformen festhalten. Vielleicht können wir das Bewusstsein erweitern und neue Wege finden, die Welt um uns herum zu erleben. Vielleicht entdecken wir neue Kommunikationsformen, die effizienter sind und emotionale Untertöne klarer vermitteln. Vielleicht finden wir neue Wege der Erkundung, und geografische Erkundung ist nur eine davon. Wir werden Kultur sicher neu definieren und gesellschaftliche Werte anders gewichten. Wir werden neu bestimmen, was die erfüllendste Art ist, Zeit zu verbringen, und wie man Fortschritt nachhaltig misst. Und schließlich wagen wir es, die andere große Frage zu stellen: Was ist eigentlich der Sinn des Lebens?

Jetzt haben wir die Chance, diese und viele weitere Fragen anzugehen. Wir haben tatsächlich die Zeit dafür: Die menschliche Spezies existiert seit ungefähr 200.000 Jahren.[200] Die Dinosaurier, zum Vergleich, waren um die 165 Mio. Jahre lang auf der Erde.[205] Wenn die Dinos 24 Stunden lang existiert hätten, hätten wir bisher für zwei Minuten brillant geleuchtet. Zeitlich gesehen stehen wir als Spezies also erst ganz am Anfang. Blicken wir nach vorn, so wird geschätzt, dass die Erde noch 1–2 Mrd. Jahre bewohnbar bleibt. Wir dürfen also durchaus den Anspruch haben, unsere reptilischen Vorgänger zu überdauern und sogar noch die gesamte Milchstraße zu erforschen, bevor die Sonne unsere Ozeane verdampft. Schätzungen, wie lange die Menschheit theoretisch braucht, um unsere ganze Heimatgalaxie zu besiedeln, reichen von 100 Mio.[200] bis zu 2 Mrd. Jahren.[206] Klingt nach einer langen Zeit, aber wenn wir theoretisch die Zeit haben, das Leben in der ganzen Milchstraße zu verbreiten, bevor die Erde unbewohnbar wird, sollte nichts unmöglich sein. Es gibt unbegrenzt viele Visionen, die du dir vorstellen kannst. Such dir eine aus und mach sie zu deiner eigenen.

Erwachsen werden: Vielleicht ist der Schritt, den wir als Menschheit noch nicht gegangen sind, der, anzuerkennen, wie weit wir als globale Gemeinschaft bereits gekommen sind. Und wie fähig wir sind, unsere gemeinsamen Herausforderungen zu lösen. Wenn wir die Klimakrise nicht mit den Werkzeugen lösen, die wir haben, wann dann? Unsere Erfolgschancen sind heute deutlich höher als zuvor. Wir brauchen dringend einen Perspektivwechsel als globalisierte und moderne Spezies: (a) als Weltgemeinschaft zu denken und nicht als einzelne Akteure und (b) viel langfristiger zu denken und eine breitere Perspektive zu gewinnen, weil wir es können. Es ist Zeit, dass die Menschheit erwachsen wird und mehr Kathedralendenken an den Tag legt, während wir kurzfristige, nichtnachhaltige Vorteile über Bord werfen.

3.4.2 Was könnte schon schiefgehen?

Hey, wow, halt mal! Was machen düstere Gedanken in unserem unschuldigen Utopiekapitel? Wenn wir über das Streben nach Utopie sprechen, können wir das blind tun. Aber wenn wir voranschreiten, können wir genauso gut einen Blick auf die Wege werfen, die wir nicht einschlagen wollen. Es ist leichter, sich vor dem zu fürchten, was man nicht kennt, als konkrete Fallen zu vermeiden, die da draußen lauern können.

Der Große Filter

Kehren wir zurück zum Leben in unserem Universum. Wenn es da draußen so viele verschiedene Sterne gibt, die eine beträchtliche Anzahl an Planeten um sich kreisen haben, warum hatten wir dann noch keinen Kontakt? Das hat sich auch der Physiker Enrico Fermi gefragt, und deshalb trägt das Problem seinen Namen: das Fermi-Paradoxon. Es sollte wahrscheinlich sein, dass wir auf außerirdische Lebensformen treffen, angesichts der Milliarden von Sternen da draußen, aber wir haben noch keine gefunden. Eine mögliche Antwort auf das Paradoxon ist ein Konzept mit dem großartigen Namen „Der Große Filter". Die Idee ist folgende: Raumfahrende, intelligente Lebensformen sind selten, weil ein oder mehrere Schritte in ihrer Entwicklung nahezu unmöglich sind. Im Originalartikel wurden einige Filter vorgeschlagen (hier eine Auswahl)[207]:

1. Das richtige Sternsystem mit geeigneten Zutaten, die Leben ermöglichen
2. Einzelliges Leben
3. Lebewesen, die Werkzeuge benutzen können
4. Interstellare Reisen und Besiedlung

Beachte, dass es noch weitere geben könnte. Tatsächlich wird heute sogar KI als Filter diskutiert.[208] Die größere Frage ist jedoch: Haben wir den Filter bereits passiert, oder liegt er noch vor uns, falls es ihn gibt? Vielleicht ist das Finden der Zutaten für organisches Leben ein statistisch weit verbreitetes Phänomen in unserer Galaxie, aber das Finden technologischer Zivilisationen ist selten. Vielleicht ist organisches Leben generell selten, und wir reiten einfach auf einer Welle immensen universellen Glücks, die daraus resultiert. Ob der große Filter das Fermi-Paradoxon löst oder nicht, er wirft interessante Fragen darüber auf, wie wahrscheinlich es ist, dass die Menschheit langfristig überlebt.

Existenzielle Risiken

Hier kommen die existenziellen Risiken ins Spiel: Das sind globale Risikofaktoren, die das langfristige Potenzial der Menschheit bedrohen. Das kann auf verschiedene Arten geschehen: indem sie die Zivilisation auf dem Planeten auslöschen oder indem wir in einer irreversiblen Dystopie enden. Der entscheidende Punkt ist hier die Unumkehrbarkeit. Wenn wir den Planeten so weit herunterwirtschaften, dass er für das Leben nicht mehr wiederherstellbar ist, oder in einer algorithmusbasierten Diktatur landen, in der uns die Freiheiten genommen werden und es keinen Ausweg mehr gibt, dann sperren wir uns von dem großartigen Leben aus, das wir erreichen könnten. Gleichzeitig verschwenden wir alles, was die Generationen vor uns aufgebaut haben. Wie schön; ich verspreche, es gibt einen Silberstreif am Horizont. Bleib dran.

Forscher Toby Ord schlägt vor, sie in natürliche und menschengemachte Risiken zu unterteilen.[200] Natürliche Risiken sind zum Beispiel klassische Asteroideneinschläge oder Supervulkanausbrüche, die jedoch von menschengemachten Risiken bei Weitem übertroffen werden. Du kannst sicher einige erraten: Klimawandel und Umweltschäden, Atomkrieg und Pandemien. Eine neuere Ergänzung ist unkontrollierte künstliche Intelligenz: Wenn wir Allgemeine Künstliche Intelligenz erreichen, wird sie uns in jeder Fähigkeit oder Intelligenz übertreffen und außer Kontrolle geraten? Die Unumkehrbarkeit kommt ins Spiel, wenn die Allgemeine KI das Potenzial erhält, uns die Macht zu entziehen. Allerdings werden die Gefahren von KI, im Gegensatz zum Klimawandel, der ein etabliertes und gut erforschtes existenzielles Risiko ist, eher im Hinblick auf theoretische Fähigkeiten diskutiert. Daher sind Weltuntergangsszenarien ohne Faktenbasis vielleicht nicht der beste Ansatz. Da es ein so großes Thema für sich ist, werden wir speziell die Rolle der Technologie im nächsten Abschnitt genauer betrachten. Auch wenn es schwer ist, genaue Zahlen zu den oben genannten Risiken zu nennen, wird hier geschätzt, dass menschengemachte Risiken die natürlichen Risiken um den Faktor 1000 übertreffen.[200] Ich habe den Silberstreif versprochen: Da menschengemachte Risiken die natürlichen überwiegen, liegt es in unserer Hand, und wir sind viel weniger dem Zufall von Naturereignissen ausgeliefert. Es wäre kosmisch gesehen viel schlimmer, auf einem Planeten zu leben, der uns ständig unvorhersehbare und verheerende Katastrophen beschert. Es ist an der Zeit für uns, die Ärmel hochzukrempeln und es nicht zu vermasseln.

3.4.3 Die Rolle der Technologie

> Die Maschine isoliert den Menschen nicht von den großen Problemen der Natur, sondern stürzt ihn noch tiefer hinein. – Antoine de Saint-Exupéry, Wind, Sand und Sterne[209]

Dieses Zitat klang für mich beim ersten Lesen wie ein positiver Effekt von Technologie. Neue Dinge zu entwickeln, heißt, sich mit den grundlegenden Fragen der Natur auseinanderzusetzen. Aber sollten wir als Menschen nicht eigentlich diejenigen sein, die Technologie im Griff haben? Genau dort beginnt die Frage, ob wir Fortschritt formen oder ob er uns formt.

Es gibt zwei Aussagen, denen ich intuitiv zustimmen würde, und ich habe mich gefragt, wie sie im Verhältnis zueinander wahr sein können.

1. Fortschritt abzulehnen, hält ihn nicht auf.
2. Wenn wir Technologie entwickeln, müssen wir Verantwortung für deren Nutzung übernehmen.

Die erste Aussage geht davon aus, dass wir keinen wirklichen Einfluss auf den Fortschritt haben; die zweite ist das Gegenteil, denn sie besagt, dass wir den Verlauf der Technologie gestalten. Nur eine kann richtig sein, oder?

Diese beiden Strömungen haben tatsächlich eigene Namen:

1. Technologischer Determinismus: Fortschritt ist ein Pfad. Die deterministische Sichtweise argumentiert: „Technologie kann sich verändern, entweder durch wissenschaftlichen Fortschritt oder nach einer eigenen Logik; und sie hat dann Auswirkungen auf die Gesellschaft“.[210]
2. Soziale Konstruktion: Fortschritt ist eine Entscheidung. Die Perspektive der sozialen Gestaltung von Technologie argumentiert, dass Technologie aus sozialen, wirtschaftlichen und politischen Antrieben entsteht und dass Kultur die Geschichte der Technologie prägt.

Ich habe mich gefragt, welche Sichtweise richtig ist. In meiner Promotion hatte ich das perfekte Anwendungsbeispiel: Wir nutzen robotische Präsenz, um effizient Fischbestände und Zooplankton im Ozean zu überwachen. Dafür müssen wir wissen, wo das Plankton ist. Meine Motivation war, nachhaltige Fangquoten für Krill im antarktischen Ozean zu gewährleisten. Wenn man nicht weiß, welchen Prozentsatz einer Population man befischt, ist es leicht, Überfischung zu übersehen und Quoten zu hoch anzusetzen. Mir wurde klar, dass eine andere Anwendung möglich sein könnte: Wie kann ich dieselbe Technologie nutzen, um den Ozean so effizient wie möglich auszubeuten? Das wäre das genaue Gegenteil von dem, was ich mir vorgestellt hatte, und machte mich ratlos. Ich stieß schnell auf das alte Dilemma in der Technologieentwicklung und Wissenschaft: Bedeutet das, dass die Technologie überhaupt nicht entwickelt werden sollte? Ist mein Algorithmus von Natur aus neutral, und hängt der Anwendungsfall nur vom Endnutzer ab?

Ein zweites Beispiel ist natürlich die Raumfahrt. Raketen scheinen seit dem ersten Mal, als Otto Lilienthal in die Luft aufstieg, der klare und unvermeidliche Weg zu sein. Luft war der Anfang, der Weltraum war die logische Konsequenz. In allen möglichen Zukunftsszenarien scheint die Menschheit in den Himmel aufgestiegen zu sein. Ist der Lauf der Geschichte vorbestimmt?

Robotik und KI verdeutlichen eine dritte Facette derselben Frage. Da KI scheinbar in vielen Bereichen Arbeitsplätze von Menschen übernimmt, wird es vermutlich radikale Veränderungen in unserer Arbeitswelt geben, die sowohl eine utopische als auch eine dystopische Seite der Medaille präsentieren. Technikoptimisten argumentieren für eine Welt, in der Arbeit völlig überflüssig ist und wir tun können, was immer unser Herz begehrt. Die pessimistische Sicht ist massive Arbeitslosigkeit und Versklavung durch „den Algorithmus". [211] Beide Ansichten beruhen auf derselben Annahme: Technologie entwickelt sich auf ihre eigene Weise, und wir müssen mit den Konsequenzen leben. Ist Technologie ein Biest, das wir nicht kontrollieren können?

Wir werden uns gleich alle drei Gesichter des Ungeheuers anschauen. Warum ist es überhaupt wichtig, darüber nachzudenken? Wenn wir die deterministische Sichtweise akzeptieren, kann sie uns als moralischer Ausweg für uns als Technologieentwickler dienen. Ich habe eine Bombe erfunden? Nicht mein Problem, denn sie wäre sowieso irgendwann erfunden worden. Es ist eine Möglichkeit, moralische Verantwortung für die eigenen Erfindungen und Forschungen zu vermeiden. Philosophisch betrachtet finde ich es sogar noch interessanter, weil es letztlich auf die Frage hinausläuft: Haben wir Einfluss auf unsere eigene Zukunft?

Wenn wir weiterhin akzeptieren, dass gesellschaftlicher Wandel von Technologie ausgeht und nicht umgekehrt, würde das bedeuten, dass die Geschichte von einer kleinen Gruppe von Menschen bestimmt wird, nämlich den Technologieentwicklern, während der Rest der Bevölkerung keinen Einfluss auf die historischen Veränderungen der Welt hat. Dies wäre ein unerwünschtes Szenario, wenn wir die Werte einer demokratischen Gesellschaft vertreten, in der jeder mit seinem Wissen beitragen sollte. [43] In der aktuellen Debatte um KI wird es zudem immer wichtiger, zu überlegen, wer für die von einer Maschine getroffenen Entscheidungen verantwortlich ist.

Die deterministische Sichtweise gilt heute weithin als überholt und nicht allein anwendbar. Dennoch taucht sie regelmäßig wieder auf.[211] Irgendetwas scheint uns daran zu faszinieren, also schauen wir genauer hin.

Neutralität: Fangen wir damit an, zu bestimmen, ob Technologie einen inhärenten Wert hat oder ob sie völlig unschuldig und neutral ist. Ein berühmtes Beispiel für Neutralität ist die von dem Philosophen Joseph Pitt eingeführte Phrase: „Guns don't kill, people kill".[212] Die Idee dahinter ist, dass ein Objekt lediglich eine Ansammlung von Schrauben, Bolzen, Stahl und allgemeiner toter Materie ist, die keinen eigenen Willen haben kann. Oder nehmen wir als vielleicht weniger dramatisches Beispiel einen Hammer als ein Werkzeug, das zum Bauen oder Zerstören verwendet werden kann. Es liegt buchstäblich in der Hand des Nutzers.[43] Doch zwischen diesen beiden Werkzeugen, einer Waffe und einem Hammer, ist es schwer zu argumentieren, dass beide die gleichen moralischen Implikationen haben.

Wenn man die Idee des eingebetteten Wertes weiterdenkt, gibt es das Beispiel von Moses' Brücken zu einer New Yorker Insel mit Stränden. Entworfen vom Architekten Robert Moses, waren sie besonders niedrig, sodass Autos passieren konnten, Busse jedoch nicht. Seine explizite Idee war, dass die Schwarze Bevölkerung, die meist mit dem Bus reiste, diese Strände nicht erreichen konnte. Diese Brücken dienen als eindeutiges Beispiel für eine Technologie, die die rassistischen Vorurteile ihres Designers widerspiegelt.[43] In diesem Fall werden der Erfindung eine Mischung aus moralischen und politischen Werten aufgesetzt, aber Beispiele aus anderen Disziplinen wie Medien und Wirtschaft lassen sich ebenfalls finden.[213] Technologie als isoliertes Phänomen zu betrachten, vernachlässigt nicht nur den Nutzer, sondern auch den Erfinder, den Beobachter und den kulturellen Rahmen, in dem sie sich befindet. Das ist die konstruktivistische Sichtweise; jede Erfindung hat immer einen Erfinder oder eine Gruppe von Interessenvertretern dahinter, mit einer Absicht, die entweder offensichtlich oder unterschwellig sein kann.[214] Die Atombombe ist ein weiteres Beispiel: Sicher, man könnte vermutlich den Mars mit Atombomben beschießen, um den roten Planeten zu terraformen, aber in erster Linie wurde die Bombe mit einer sehr klaren Nutzungsabsicht entwickelt: Krieg. Die Verwirrung entsteht, weil es einige Erfindungen geben mag, die neutraler sind als andere. Ich denke, es ist ein Spektrum: Manche Technologien sind viel stärker auf bestimmte Anwendungsfälle ausgerichtet als andere, aber alle sind in einen größeren sozialen Kontext eingebettet. Angesichts der vielen kulturellen Faktoren, die Technologie prägen, ist der vorherrschende Konsens[211]: **Technologie ist nicht neutral.**

Treiber der Technologie: Manchmal wirkt es unheimlich, wie bestimmte Erfindungen einfach auftauchen. Wenn die richtigen Komponenten oder die vorausgehende Technologie existieren, gibt es dann wirklich keinen anderen Weg für die Entstehung der Technologie? Unterstützend dazu gibt es das Phänomen der „Ko-Entwicklung“: Die Entwicklung ähnlicher oder gleicher Erfindungen unabhängig voneinander an verschiedenen Orten der Erde. Es hat nur darauf gewartet, zu passieren. Das Telefon ist ein Beispiel, das gleichzeitig in den USA (zweimal) und sogar zwei Jahre zuvor in Italien entwickelt wurde.[43] Das bedeutet sicherlich, dass die vorausgehende Technologie verfügbar war und die Anreize vorhanden waren, sodass es keinen anderen Weg gab, als ein Gerät zur Fernkommunikation zu entwickeln. Wenn wir jedoch weiter in die Geschichte des Telefons blicken, wird deutlich, wie viel Arbeit in seine Verbreitung gesteckt wurde. Es profitierte stark von der frühen Kommerzialisierung durch wirtschaftliche Akteure wie die Bell Company und später von der Übernahme durch staatliche Postdienste in vielen Ländern, was das Telefon als kritische Kommunikationsinfrastruktur etablierte. Heutzutage erscheint die Telefoninfrastruktur einfach und mühelos, aber in Mobilfunkmasten, Glasfaserkabeln und ähnlichen Technologien fließen viel Zeit und Ressourcen. Diese infrastrukturellen Aufbauten waren das Ergebnis vieler politischer Strategien sowie eines kulturellen Bedarfs. Rückblickend scheint es, als hätte das Telefon entwickelt werden müssen und es hätte keine Alternative gegeben. Tatsächlich ist es aber das Ergebnis von wirtschaftlichem, politischem und gesellschaftlichem Willen. Eine Denkfalle des Determinismus ist, dass wir nur die Version der Geschichte kennen, die funktioniert hat, sodass es schwerfällt, sich Alternativen vorzustellen.

Das *Apollo*-Programm ist ein weiteres Beispiel, das sehr gezielt durch politischen Willen und nicht durch vorbestehende Technologie angetrieben wurde. Sein Hauptziel war es, während des Kalten Krieges Stärke zu demonstrieren, aber letztlich legte es die Grundlagen für die Raumfahrt im Allgemeinen. Auch wenn wir die Ko-Entwicklung von Raketen und Raumfahrzeugen beobachten können, da auch andere Agenturen ähnliche Technologien entwickelten, ist es kein zufälliger, unkontrollierbarer Verlauf der Geschichte; vielmehr war es ein kulturell gewolltes Phänomen der damaligen Zeit. **Technologie ist nicht unbeabsichtigt.**

Beabsichtigte und unbeabsichtigte Konsequenzen: Während wir nun festgestellt haben, dass die Gesellschaft die Geburt einer neuen Erfindung beeinflussen kann, sind ihr Leben und ihre Nebenwirkungen eine andere Geschichte. Das Internet trägt, obwohl es unsere Welt globalisiert und uns mit Memes beglückt, auch messbar zur Verbreitung von Fehlinformationen bei.[215] Wie können wir hoffen, ein unbändiges Wesen einer Erfindung zu zähmen, wenn wir nicht einmal alle Konsequenzen vorhersagen können? Selbst wenn wir die besten Absichten haben, können sich die Auswirkungen unserer Erfindungen unserem Einfluss entziehen. Dennoch sind wir nicht so machtlos, wie es scheint: In mehreren Fällen wurden die unerwünschten Konsequenzen nach ihrer Entdeckung angegangen. Mögliche Strategien zur Eindämmung der Verbreitung von Fehlinformationen sind das Hinzufügen von Fakten und verwandten Artikeln, Änderungen an den zugrunde liegenden Algorithmen, um wiederholte Verbreiter von Fehlinformationen herabzustufen, das Setzen von Weiterleitungsbeschränkungen oder das Hinzufügen von Communitylabels.[216]

Die nächste Frage ist natürlich, ob das Ändern zugrunde liegender Algorithmen zur Filterung von Informationen missbraucht werden kann, was wiederum ein unbeabsichtigtes Ergebnis sein könnte. Vielleicht ist das ein gutes Beispiel dafür, dass die Entwicklung neuer Erfindungen nie wirklich ein einmaliges Ereignis ist, sondern eine sich entwickelnde Geschichte. Ein hoffnungsvolleres Beispiel ist das Verbot von Fluorchlorkohlenwasserstoffen (FCKW), die zunächst als billige, ungiftige Komponente in Spraydosen und Kühlschränken gefeiert wurden. Sie erwiesen sich dann doch als giftig, nicht für uns direkt, sondern für unsere Ozonschicht. Schnelles Handeln, koordiniert durch die Vereinten Nationen (UN), führte zu einem internationalen Protokoll, das die Weltgemeinschaft dazu brachte, FCKW zu verbieten,[217] sodass sich die Ozonschicht in den letzten Jahrzehnten messbar erholt hat.[218] Der Knackpunkt ist hier, dass das Stoppen globaler Phänomene globale Zusammenarbeit erfordert, was eine komplexe Aufgabe darstellt. Aber wir haben es in der Vergangenheit bewiesen, also folgt daraus logisch, dass **Technologie nicht unaufhaltsam ist.** Allerdings würde ich hier einen Vorbehalt hinzufügen, nämlich den Unterschied zwischen Theorie und Praxis.

Die Last und das Privileg: Unsere drei oben genannten Schlussfolgerungen befassen sich mit dem Wesen der Technologie, ihrer Entstehung und ihren Auswirkungen. Wir haben gesehen, dass zumindest theoretisch die Gesellschaft, der Erfinder und der Nutzer ein komplexes Netz bilden, das die Technologie beeinflussen kann und dass sie nicht völlig unabhängig von uns ist. Dennoch hält sich die deterministische Sichtweise, begleitet von der Angst, die Kontrolle zu verlieren. Das liegt daran, dass wir zwar theoretisch Macht haben, es aber einige Faktoren gibt, die es schwierig machen, diese in der Praxis zu erkennen und umzusetzen. Das Maß an Kontrolle kann auf verschiedenen Ebenen liegen,[211] vom Individuum bis hin zu einer Nichtregierungsorganisation, Unternehmen, einer Regierung oder einer internationalen Institution.

Liegt die Macht nicht bei uns auf individueller Ebene, empfinden wir sie als außerhalb unserer Reichweite und müssen darauf vertrauen, dass ein Vertreter die Entscheidung trifft. Zudem sind die Funktionsweisen neuer Technologien oft nicht transparent, und gerade KI ist berüchtigt dafür, eine Black Box zu sein. Beide Faktoren vergrößern die Vertrauenslücke zwischen dem Einzelnen und einer neuen Erfindung, weil wir nicht verstehen, was passiert, und nur begrenzte direkte Entscheidungsgewalt haben.

Es ist auch eine Frage des richtigen Zeitpunkts der Kontrolle: Wir können nicht alle Konsequenzen vorhersagen, aber wir können den Verlauf der Technologie stark beeinflussen, sobald sie etabliert ist. Das bedeutet nicht, dass eine Erfindung zu Tode reguliert werden muss, bevor sie überhaupt abhebt, aber es bedeutet, dass wir sicherstellen sollten, einen Nothebel zu haben, falls wir ihn brauchen. Die Anpassung von Technologie kann von oben nach unten erfolgen, etwa durch Regulierung, oder von unten nach oben, durch Änderungen der Technologieentwickler. Die Erfinder sind nicht zwangsläufig diejenigen, die alle möglichen zukünftigen Szenarien ihrer Ergebnisse besitzen. Aber sie sollten zumindest darüber nachgedacht und transparent über die möglichen Folgen informiert haben. In manchen Fällen geht es viel schneller, proaktiv von unten an der Technologie zu schrauben, als auf eine Regulierung zu warten. Nehmen wir als Beispiel einen Chatbot, der falsche medizinische Ratschläge gibt, was dazu führt, dass Menschen zu Schaden kommen. Eine Regulierung kann diesen speziellen Fall schwer verhindern (es sei denn, sie verbietet alle medizinischen Interaktionen), aber der Ingenieur kann viel schneller Schutzmechanismen einbauen. Ich finde es in jedem Fall sinnvoller, wenn Veränderungen von unten wachsen und wenn Erfinder und Unternehmen ethische Werte in ihre Arbeit einbauen. Das zeigt, dass die Gesellschaft bereits so weit ist, diese Werte zu vertreten.

Ich bin fest davon überzeugt, dass wir unsere Handlungsmacht akzeptieren müssen. Aus Sicht von Wissenschaftlern und Innovatoren müssen wir unsere Erfindungen und potenziellen Anwendungsfälle besser kommunizieren, sowohl gegenüber der Öffentlichkeit für Transparenz als auch gegenüber Politiker*innen für die Entscheidungsfindung. Es ist unsere Aufgabe, dafür zu sorgen, dass Entscheidungsträger*innen und die Öffentlichkeit die Technologie sowie die Anwendungsszenarien verstehen. Und wir sollten Anwendungsfälle fördern, die der Gesellschaft zugutekommen. Ungelöste moralische Probleme, die durch Technologie zum Vorschein kommen, sind meiner Meinung nach Dilemmata, die wir grundsätzlich noch nicht gelöst haben, unabhängig von der Existenz von Technologien. Je mächtiger die Technologie wird, die wir entwickeln, desto wichtiger ist es, sich der zugrunde liegenden Fragen bewusst zu sein, die sich daraus ergeben. Gibt es eine richtige Art und Weise, wie ein autonomes Auto im Falle eines vorhergesagten Unfalls Entscheidungen treffen sollte? Sollte ein Algorithmus mit Dual-Use-Potenzial für militärische Zwecke als Open Source veröffentlicht werden? Wer ist verantwortlich, wenn ein Roboter eine Entscheidung trifft, die zu einem Bootsunglück führt? Das sind notwendige Fragen, die sich aus Erfindungen ergeben und genauso prominent sein sollten wie die Erfindungen selbst.

Ich glaube durchaus, dass bei der Entwicklung von Technologie ein gewisses Maß an Zufall im Spiel ist und dass niemand die Zukunft vollständig bestimmen kann. Aber wir können trotzdem unser Bestes tun, um in die Richtung zu gehen, die wir einschlagen wollen. Wir haben die Macht, wenn wir unsere Verantwortung annehmen.

In diesem Kapitel haben wir die Diskussion angestoßen, dass wir die Freiheit haben, unsere Zukunft zu wählen, die Verantwortung, dies zu tun, und schließlich auch die Macht, sie zu gestalten. Im nächsten Abschnitt werden wir diese neu gewonnene Freiheit nutzen, um uns auf eine Entdeckungsreise zu begeben, auf der wir unsere eigenen Träume und Hoffnungen sowie die Werkzeuge zur Schaffung unserer eigenen Utopie erkunden.

3.5 Workbook – Entwirf dein Leben

Willkommen, willkommen zum spaßigsten Teil: Dem, bei welchem ich aufhöre zu reden und du Schritte in Richtung Morgen machen kannst. Auf unserer Reise des Erkundens sind wir schon weit gekommen. Wir haben uns gefragt, was einen Entdecker oder eine Entdeckerin ausmacht, Beispiele von Entdeckungsreisen gesehen und eine Vorstellung davon bekommen, welche zukünftigen Grenzen wir verschieben könnten. Jetzt ist es Zeit für Taten. Dieser letzte Teil unserer gedanklichen Expedition ist kein weiterer Faktenteil, sondern eine leere Leinwand. Die meditative Dehnübung.

Als ich studiert habe, fiel es mir schwer, zu verstehen, was ich danach machen sollte. Jeder schien zu fragen: Was willst du nach der Schule, nach der Uni machen? Was ist dein Traum? Gleichzeitig ist es schwer, bewusst Raum für diese Gedanken zu schaffen. Der folgende Abschnitt schafft diesen Raum für dich. Einen Raum, um herauszufinden, wohin deine Lebensexpedition führen soll.

Für mich hat es viel Selbstreflexion, zufällige Ereignisse, Begegnungen mit Menschen und das Ausprobieren verschiedener Denkweisen, Freizeitaktivitäten oder Univorlesungen gebraucht, die mir gefallen könnten. Ich habe ein paar Werkzeuge gesammelt, die mir geholfen haben, herauszufinden, worauf ich hinarbeiten möchte. Es ist ein systematischer Ansatz, eine Lebensvision zu entwerfen, etwas, das auch organisch entstehen kann. All das sind nur Vorschläge, also fühl dich frei, herumzuwandern und Abschnitte zu überspringen, wie du möchtest.

Wir haben drei Abschnitte: Im ersten gehen wir einige Werkzeuge durch, die du nutzen kannst, um eine Vision davon zu entwickeln, zu welcher Art von Welt du beitragen möchtest und wie. Danach erbauen wir deine perfekte Welt und zum Schluss schauen wir, wie das auf das echte Leben anwendbar ist.

3.5.1 Dein zukünftiges Ich

In zehn Jahren triffst du dein zukünftiges Ich und bist beeindruckt. Unglaublich, dass du es so weit geschafft hast und mehr oder weniger die Person geworden bist, die du sein wolltest! Vielleicht hat alles damit angefangen, dass du genau hier definiert hast, wer diese Person ist. Wenn du auf dein Leben zurückblickst, was werden die Leute über dich sagen?

Hier sind einige Charaktere, aus denen du wählen und die du verändern kannst. Alternativ kannst du deinen eigenen erstellen:

1. **Der tüftelnde Feuerwehrmann**: Die Zukunft hat die Branche verändert; die erste Welle von Feuerwehrleuten am Einsatzort besteht aus robotischen Fahrzeugen, und du bist direkt hinter ihnen. Meistens besteht deine Aufgabe darin, die Wasserbots zu überwachen, und in seltenen Fällen musst du mit deinem Team noch selbst hinein, wenn es ein besonders kniffliger Einsatz ist. Wenn du nicht arbeitest, rüstest du die Wasserbots auf und gibst ihnen zusammen mit einer kleinen Gruppe von Programmierern in deiner Abteilung neue Fähigkeiten. Du bist tatsächlich an vorderster Front, wenn es darum geht, wie Roboter in die Gesellschaft integriert werden. Du machst deine Arbeit, weil du daran glaubst, Menschen zu helfen, und es gleichzeitig genießt, ein kreativer Ingenieur zu sein.
2. **Die unermüdliche Mathematikerin**: Logisches Denken ist das Herz von allem. Zahlen sind schön, die abstrakte Welt ist dein Zuhause. Du arbeitest an den großen Fragen der Menschheit in der Mathematik, wenige können deinem analytischen Denken das Wasser reichen. Das sind Nachmittage zu Hause, während du deine Katze streichelst und meistens nachdenkst, mit wenig Schreiben. Ab und zu ist dein interaktives Glasboard mit dem neuesten Ansatz vollgekritzelt, wird danach aber wieder gelöscht. Eines Tages

in der Zukunft wird es *der* Ansatz sein, der eine Ansatz, der zur Lösung des Problems führt. Bis dahin warten noch viele nachdenkliche Abende, bei denen du der Wahrheit Fehler für Fehler näherkommst.

3. **Die kreative Rebellin**: Du hast es vor allem dadurch in die Filmbranche geschafft, dass du dein eigener Charakter warst, mit großem C. Es war ein schwieriger Weg, aber jetzt werden deine Arthousefilme in deinem kleinen Loftstudio in einem Industrieviertel von Berlin produziert. Wenn morgens die Sonne durch das mit Graffiti besprühte Glas scheint und du dich hinsetzt, um das nächste Drehbuch zu schreiben, kannst du dir mit Freude sagen, dass alles die Mühe wert war. Deine Filme stellen meist lokale Projekte in den Mittelpunkt, um Menschen zu ermutigen, sich mehr in ihren Gemeinschaften zu engagieren. Und das mit Erfolg, denn dein Name hat eine Bewegung ins Leben gerufen, die über die Stadt hinausgeht und Menschen lokal und über Grenzen hinweg verbindet.
4. **Deine eigene Idee:**

Werte

Wir beginnen auf der grundlegendsten Ebene, einer verborgenen, wenn du so willst. Das wird das Fundament sein, auf dem alle folgenden Abschnitte aufbauen. Lass uns deine ganz eigenen Bausteine finden. Hier sind ein paar Fragen, die dir helfen, herauszufinden, wofür du stehen möchtest:

- Was bewunderst du an anderen?
- Auf welche Eigenschaften an dir selbst bist du stolz?
- Welche Werte hast du noch nicht, möchtest sie aber anstreben?

Deine Werte

Hier ist eine kleine Liste, um dir Ideen zu geben: Authentizität, Integrität, Ehrlichkeit, Zuverlässigkeit, Freiheit, Unabhängigkeit, Neugier, Mitgefühl, Empathie, Staunen, Gerechtigkeit, Offenheit, Mut, Verletzlichkeit, Inklusion, Exzellenz, Verantwortung, Gemeinschaft, Harmonie, Macht, Fairness, Loyalität, Selbstausdruck, Disziplin, Weisheit, Engagement, Altruismus, Großzügigkeit, …

Skizzenblock: Notiere ein paar Möglichkeiten, wie du diesen Wert in Zukunft zeigen kannst oder wie er zu deinem gewählten Archetyp passt.

Deine Werte repräsentieren

Beispiel: Ich möchte mutig sein. Das nächste Mal, wenn ich mich in einer unangenehmen Situation befinde, werde ich mich äußern.

Skillz, Baby

Welche Fähigkeiten beherrschst du gut? Und noch wichtiger: Welche Fähigkeiten möchtest du beherrschen? Bediene dich (wieder) ruhig bei fiktiven oder realen Personen, die du bewunderst. Hier ist dein Fähigkeitenschrank zum Füllen:

Deine Fähigkeiten

Beispiel: Recherche, analytisches Denken, Humor, öffentliches Reden, Gelassenheit, Geschichtenerzählen, Kommunikation, Reiten, Stricken, …

Unterstützung und Mut

Was sind deine Quellen für Selbstvertrauen? Denke an Momente zurück, in denen du dich selbstbewusst gefühlt hast, sei es im beruflichen Umfeld, privat oder einfach für dich selbst.

- Wer unterstützt Dich? Wer gibt dir das Gefühl, stärker, energiegeladener und wertgeschätzt zu sein?
- Welche kleine Geste oder welcher Gedanke gibt dir Selbstvertrauen?
- Wen kannst du unterstützen?

Dein Unterstützungsnetzwerk

Beispiel: Vergangene Erfolge, erhaltene Komplimente, Outfits, die dir gefallen haben, Bücher, die dich angesprochen haben, Momente, in denen du dir selbst ein Versprechen gehalten hast, …

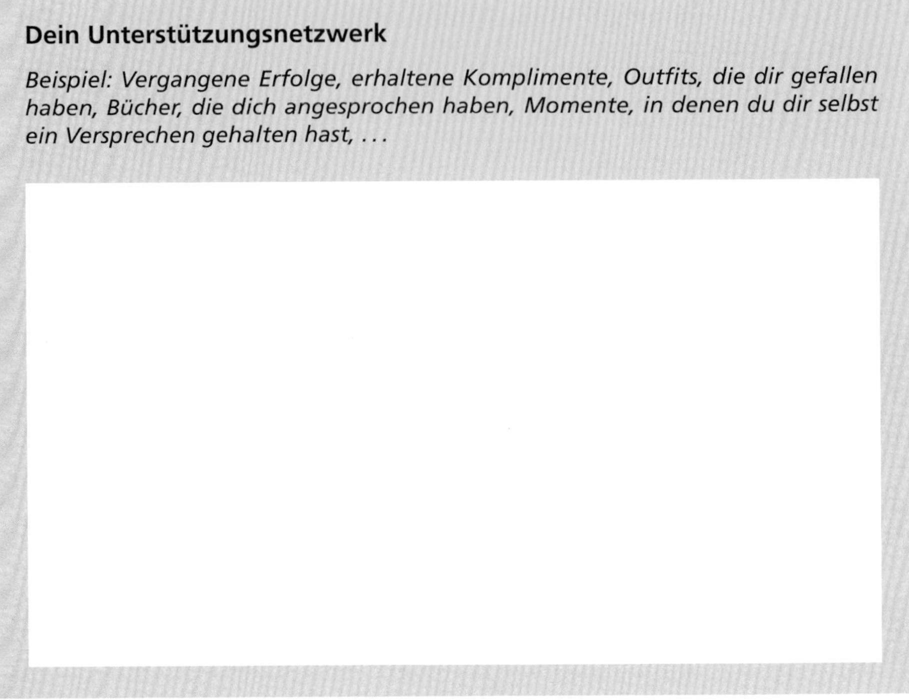

Inspiration

Was inspiriert Dich? Das ist die Inspirationssammelbox: Lege coole Songs, Bücher, Filme, Zitate, Eindrücke oder was auch immer du möchtest in diese Box, um sie festzuhalten. Bonuspunkte, wenn sie thematisch zu deinem Traum passen!

Deine Inspirationssammelbox

Beispiel: Der „Goldene Kompass" von Philip Pullman hat mich dazu inspiriert, eine abenteuerlustige Wissenschaftlerin zu werden.

Hol sie heraus, wenn du jemals vergisst, warum du tust, was du tust. Hohe Ziele sind großartig als Nordstern, aber kleine Anstupser in die richtige Richtung sind für die tägliche Motivation besser!

3.5.2 Ein Tag in Utopia

Wir haben deine Werte, dein Unterstützungsnetzwerk und das, was dir in dieser Welt ins Auge fällt, aufgebaut. Hier ist also die Grundstruktur: Du möchtest in einer Gesellschaft leben, die deine Werte verkörpert, aus Menschen wie denen in deinem Unterstützungsnetzwerk besteht und Träume hervorbringt, hinter denen du stehen kannst. Wo bringt uns das hin? Zu einer solarpunkartigen, urbanen Gartenbaucommunitystadt? Zu einer hochtechnologisierten, glänzenden Wolkenkratzermetropole mit persönlichen Roboterassistenten? Vielleicht ist es eine Kombination aus beidem oder etwas ganz anderes.

Lass uns gemeinsam durch dein Habitat der Zukunft spazieren. Falls du keine Ideen hast, sind hier ein paar Beispiele:

1. **Die Hightechmegastadt:** Die Sonne spiegelt sich in den Fenstern der hohen Glastürme, das Grün der vertikalen Gärten passt zu den Bäumen auf den Dächern und unten. Dein persönlicher Roboterassistent Frankie informiert dich über die heutigen Nachrichten und, wie von dir gewünscht, gibt er dir wie jeden Tag einen Fun Fact über Pudel. Fusionsenergie ist auf dem

Vormarsch, um fossile Brennstoffe zu ersetzen, auch wenn diese für Deinen Geschmack etwas zu langsam aussterben. Du hast einen Antrag für einen persönlichen Quantencomputer eingereicht.

2. **Die Mondbehausung:** Tunnel 204-C ist dein Tunnel, und er ist dein Zuhause. Dein Abschnitt führt zu einem Teil des unterirdischen Komplexes. Die Hauptattraktion: Ein Amphitheater unter einer gigantischen vierfachen Glaskuppel, in dem bis zu 200 Menschen Platz haben und mit etwas Glück nach draußen zur Erde blicken. Hier kommt die Gemeinschaft zusammen, ihre Vertreter stimmen direkt über Angelegenheiten ab. Draußen werden mehrere Roboter ferngesteuert, um die Solarpanelfarm zu bauen und zu reparieren. Du bist eine*r der Teleoperator*innen und wurdest gerade auch als Vertreter*in gewählt. Zum ersten Mal! Du bist aufgeregt, morgen in die Generalversammlung zu gehen und deine Spuren auf der Mondkolonie 1 Alpha zu hinterlassen: der ersten und ältesten, die vor 20 Jahren auf dem Mond gegründet wurde.
3. **Die schwimmende Kommune:** Die Wellen wiegen sanft, und so auch dein schwimmendes Zuhause direkt vor der Küste Australiens. Die Stadt erstreckt sich nach unten, aber alle Wohnbereiche befinden sich an der Oberfläche. Es ist eine Seetangfarminggemeinschaft, und ihr alle seid geübte Taucher. Dein Hobby ist Unterwasserfotografie, und du findest immer wieder neue und spannende Perspektiven auf verschiedene bunte Meeresbewohner. Seetang ist weltweit zu einer wichtigen Nahrungs- und Futtermittelquelle geworden, und du bist seit zwei Jahren als Forscher*in hier.
4. **Dein Szenario:**

Ein typischer Tag beginnt, du wachst auf und machst dir Frühstück. Es ist ein wunderschöner Morgen, und du legst Musik auf. Nach dem Frühstück ist es Zeit, aufzubrechen.

Ein Schritt nach draußen aus deinem Habitat

Du gehst nach draußen. Was fällt dir auf? Beschreibe die Szenerie.

Nachdem du die Umgebung auf dich hast wirken lassen, machst du dich auf den Weg zu deiner Arbeit. Wir verwenden den Begriff „Arbeit“ hier sehr großzügig. Es kann alles bedeuten, was du dir vorstellst, das dir Sinn gibt und deiner Gesellschaft etwas zurückgibt, einschließlich Gemeinschafts- oder kreativer Arbeit. Während du darauf wartest, an dein Ziel zu kommen (oder vielleicht musst du das gar nicht?), erinnerst du dich an die heutigen Nachrichten.

Eine Zeitungstitelseite in deiner Zukunft

Was passiert in deiner Stadt? Gab es kürzlich spannende Forschungserfolge? Architektonische Neuigkeiten? Herausforderungen in der Stadt? Welche Probleme gehen wir in diesem Jahr an? Du schaust auf die digitale Titelseite oder hörst deinem persönlichen Implantat zu, welches sie dir vorliest.

Es ist schön zu sehen, dass die Welt sich weiterdreht. Du hast die Artikel, die dich interessieren, gelesen und es ist Zeit, mit deiner Arbeit zu beginnen. Anstatt zwischen Arbeit und Freizeit zu unterscheiden, können wir auch zwischen „Zeit, die man der Gesellschaft zurückgibt" und „Zeit für sich selbst" unterscheiden.

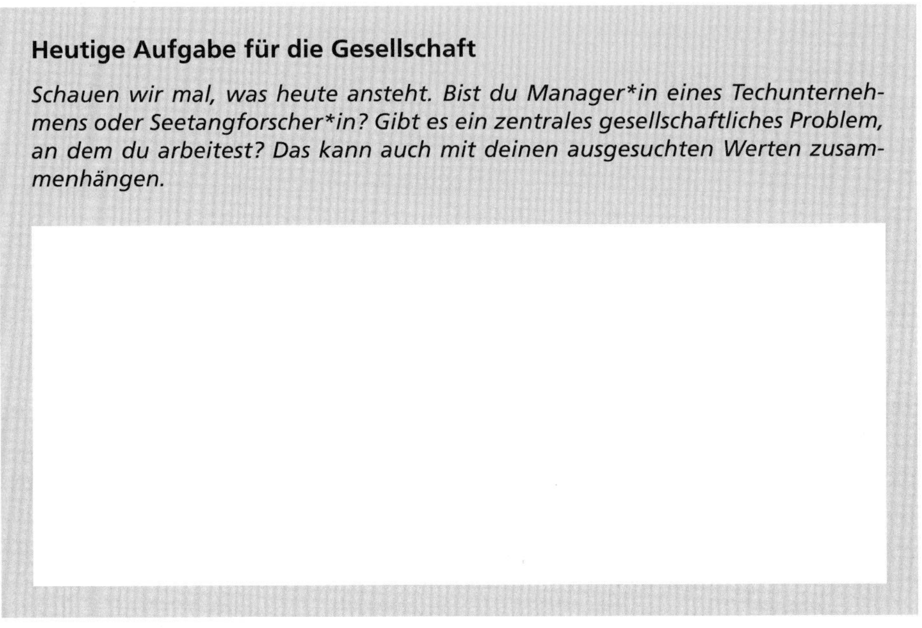

Heutige Aufgabe für die Gesellschaft

*Schauen wir mal, was heute ansteht. Bist du Manager*in eines Techunternehmens oder Seetangforscher*in? Gibt es ein zentrales gesellschaftliches Problem, an dem du arbeitest? Das kann auch mit deinen ausgesuchten Werten zusammenhängen.*

Nach einem erfolgreichen Arbeitstag ist es Zeit, dir ein paar wohlverdiente Momente für dich selbst zu nehmen. Vielleicht in einem gemeinschaftlichen Freizeitbereich, zu Hause, in der Wildnis oder in deiner Fantasie. Bediene dich ruhig aus deiner Inspirationssammelbox und flechte das in deinen Tag ein.

Eine Form der Selbstentwicklung

Womit füllst du deine Zeit? Wähle etwas, das dir Freude bringt?

Es gibt nicht nur dich und die Gesellschaft, sondern auch deine Gemeinschaft. Du hast heute noch etwas Zeit, um dich mit deinen Liebsten zu verbinden, und du kombinierst das Abendessen mit dem Treffen einer Person aus deinem engen Freundeskreis. Wie sieht das aus?

Ein Abend in guter Gesellschaft

Was beschäftigt dich an diesem neuen Ort in Raum und Zeit? Wie triffst du deinen Mitmenschen?

Während ihr sprecht, seid ihr euch einig, dass es Spaß machen würde, wenn es möglich wäre, sich gegenseitig Postkarten zu schicken, die die aktuelle Welt in die Vergangenheit beschreiben. Stell dir vor, du könntest deinem früheren Ich erzählen, wie weit die Welt gekommen ist! Du kannst den Platz unten nutzen, um deine *Postkarte aus der Zukunft* zu entwerfen.

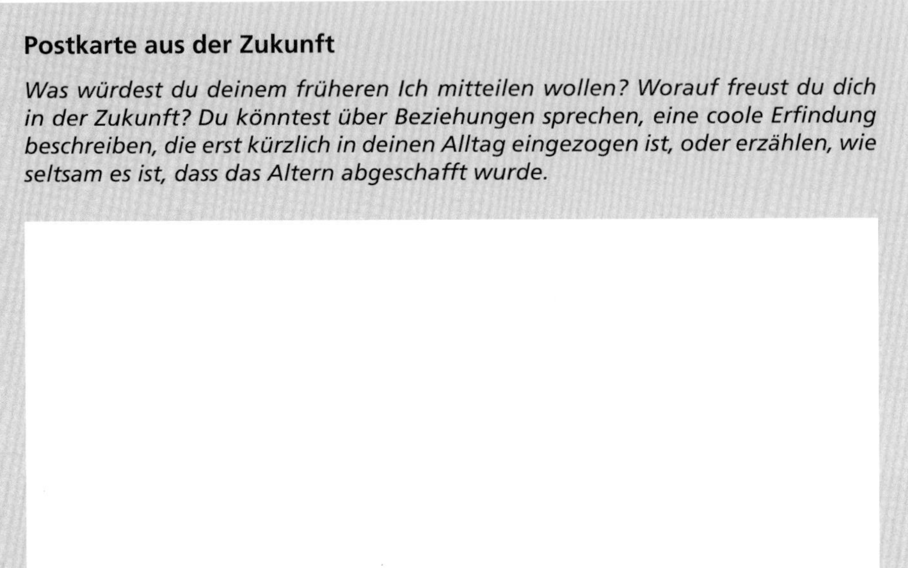

Postkarte aus der Zukunft

Was würdest du deinem früheren Ich mitteilen wollen? Worauf freust du dich in der Zukunft? Du könntest über Beziehungen sprechen, eine coole Erfindung beschreiben, die erst kürzlich in deinen Alltag eingezogen ist, oder erzählen, wie seltsam es ist, dass das Altern abgeschafft wurde.

Was für ein Tag! Morgen wird ein neuer Tag, und auch der Tag danach. Nicht jeder Tag war oder wird so perfekt sein wie dieser, aber da du mit der Richtung, in die wir uns bewegen, einverstanden bist, gleitest du in einen friedlichen, tiefen Schlaf.

Teile gerne deine Postkarte aus der Zukunft unter: https://rabearogge.com/future. Wir veröffentlichen alle Einsendungen im ersten Jahr ab Erscheinung, die nicht beleidigend sind oder von Bots stammen (wir mögen Roboter, aber keine Bots). Wenn du Inspiration brauchst, schau einfach mal vorbei!

3.5.3 Zurück in die Realität

Das ist offiziell der coolste Teil. Hier finden wir heraus, wie wir von all unserem Lernen und den Zukunftsszenarien zu dir, genau hier und jetzt, kommen.

Jetzt, wo du deine perfekte Welt erschaffen hast, basierend auf deinen Werten und bevölkert mit deiner Art von Gesellschaft, versuchen wir, eine Vision zu finden, die all diese Elemente vereint. Wir versuchen, die Aspekte herauszufiltern, die dir am meisten am Herzen liegen und bei denen du am sichersten bist. Formuliere sie in einem leicht verständlichen Satz. Das ist schwer zu erreichen, also machen wir ein paar Iterationen. Hier sind einige Fragen, die dir helfen, deine Vision zu finden.

1. Was würdest du tun, wenn du alles tun könntest, was du willst?
2. Wenn du deine Utopie in einem Satz beschreiben müsstest, wie würde er lauten?
3. Wie sollte die Welt künftig auf keinen Fall aussehen?

Iteration 1: Das Chaos regiert! Schreib einfach alle Ideen auf, die dir wichtig sind und welche Veränderungen du in dieser Welt sehen möchtest.

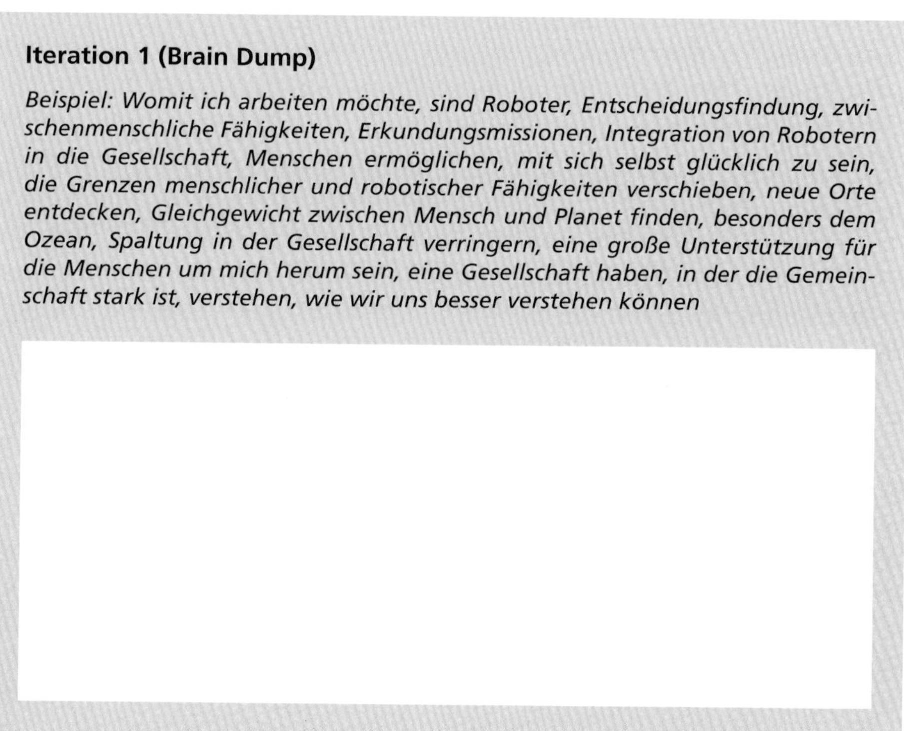

Iteration 1 (Brain Dump)

Beispiel: Womit ich arbeiten möchte, sind Roboter, Entscheidungsfindung, zwischenmenschliche Fähigkeiten, Erkundungsmissionen, Integration von Robotern in die Gesellschaft, Menschen ermöglichen, mit sich selbst glücklich zu sein, die Grenzen menschlicher und robotischer Fähigkeiten verschieben, neue Orte entdecken, Gleichgewicht zwischen Mensch und Planet finden, besonders dem Ozean, Spaltung in der Gesellschaft verringern, eine große Unterstützung für die Menschen um mich herum sein, eine Gesellschaft haben, in der die Gemeinschaft stark ist, verstehen, wie wir uns besser verstehen können

Iteration 2: Versuchen wir, die wichtigsten Konzepte herauszufiltern und zu schauen, wie sie miteinander verbunden sein könnten.

Iteration 2 (die Essenz herauspicken)

Beispiel: Ich möchte als Robotikerin arbeiten, die den Menschen auf eine nützliche und spaßige Weise zugutekommt. Außerdem möchte ich zu einer Gesellschaft und der Umwelt beitragen, in der die Menschen frei von Sorgen für Grundbedürfnisse sind, um eine positive Resonanzkammer zu schaffen. Als Nebenziel möchte ich mehr über Mensch-Roboter-Kommunikation lernen und wie wir Kommunikation und Selbstreflexion im Allgemeinen verbessern können.

Iteration 3: Zeit, das Wesentliche aus dem oben Genannten zu finden. Wir können jederzeit auf die Details der vorherigen Stufen zurückgreifen, aber jetzt wollen wir nur noch ein oder zwei klare Sätze. Die besten Visionen sind die, die du immer bei dir tragen kannst.

Iteration 3 (der strahlende Traum)

Beispiel: Ich möchte zur Erforschung mit Robotern und Menschen beitragen, um mehr vom Universum und von uns selbst zu entdecken.

Das ist es! Eine Vision, auf die du hinarbeiten kannst. Für den Moment. Deine Prioritäten im Leben können sich ändern, aber jetzt hast du eine Vorstellung davon, wohin dich die nächsten Schritte führen könnten. Wir können noch eine Bonusrunde machen: Wer sagt, dass du nur einen Traum haben darfst? Schreibe hier deinen Backupplan auf, das Katzencafé deiner Alternativen.

Der Backupplan

Beispiel: Alternativ werde ich Skateparkdesigns revolutionieren, um ganz neue Arten von Gemeinschaften zu schaffen.

Super, jetzt, wo wir mindestens ein, wenn nicht sogar mehrere Ziele haben, können wir sie vielleicht in kleinere, konkrete Schritte aufteilen. Und vielleicht gibt es auch andere Ziele, die damit gar nichts zu tun haben. Hier ist eine Vorlage, um all diese Ziele für die nächsten Jahre zu organisieren.

Ein Jahr	Fünf Jahre	Zehn Jahre

Die ersten Schritte: Ich habe ein paar für dich, und du kannst gerne weitere hinzufügen.

1. Erzähle jemandem davon.
2. Fang ein passendes Hobby an.
3. Lies ein relevantes Buch.
4. Finde oder starte ein Projekt in deiner Community, das dazu passt.

Deine Aufgabenliste:

1. ____
2. ____
3. ____
4. ____
5. ____

Die Zukunftsseite

Hallo, zukünftiges Du! Die Jahre sind vergangen, und dieser Abschnitt ist einfach dafür gedacht, festzuhalten, was in der Zwischenzeit passiert ist. Hast du eines der Ziele erreicht? Hat sich deine Vision verändert?

Die Zukunftsseite

Die oben genannten Werkzeuge sind nur Ideen, um dir den Einstieg zu erleichtern. Füge gerne deine eigenen Ideen hinzu, sprich mit einem Freund über lustige Szenarien oder skizziere alles als Zeichnung.

Das Schwierigste daran, Schritte in Richtung Zukunft zu machen, ist meiner Meinung nach, irgendwo anzufangen. Das hast du jetzt getan. Was folgt, ist das Experiment, das eigentliche Abenteuer, und wer weiß, was du danach entdecken wirst.

4

Schlusswort

> „Das Schwierige ist das, was ein wenig Zeit braucht. Das Unmögliche ist das, was ein wenig länger dauert." – Fridtjof Nansen

Wir sind am Ende unserer gemeinsamen Expedition angekommen, und ich hoffe, dass du Erkenntnisse, Mut, neue Ideen und Träume in den Schlitten gepackt hast, den du am Anfang vorbereitet hast. In gewisser Weise war es auch mein Weg: vom ersten Mal, als ich auf meinem Sofa saß und über die großen Polarforscher las, über das Tüfteln an Robotik bis hin zur Einladung, ins All zu fliegen. Die Weltraummission habe ich absichtlich in die Mitte des Buches gesetzt. Oft bekomme ich die Frage: Was gibt es nach so einem Ereignis überhaupt noch zu erreichen? Aber ich hoffe, es ist deutlich geworden, dass es so viel auf dieser Welt zu entdecken, zu verbessern, zu erträumen oder zu verbinden gibt. Kein einziger Erfolg ist je das Ende der gesamten Reise; es ist immer der Anfang von etwas Neuem. Vor allem eine Veränderung der Perspektive. Und genau das haben wir im letzten Kapitel gemacht. Wir haben gemeinsam erarbeitet, warum Wissenschaft großartig ist, wie es uns als Menschheit im Allgemeinen geht, und wir haben eine ganze Utopie entworfen. Danke und Glückwunsch, dass du die Expedition bis zum Schluss mitgegangen bist.

Wenn man aus dem All auf die Erde zurückblickt, haben mich einige Eindrücke gleichzeitig getroffen. Erstens haben sich unsere Körper innerhalb eines Tages an die völlig unbekannte Umgebung angepasst. Zweitens schwebten wir in einer kleinen Blechdose im All, die uns im kalten Vakuum am Leben hielt, ein unglaubliches Stück Technologie. Und drittens war da die Erde, ein perfek-

© Der/die Autor(en), exklusiv lizenziert an Springer-Verlag GmbH, DE, ein Teil von Springer Nature 2026

R. Rogge, *Ein (bisschen) Weltraum für Alle*, https://doi.org/10.1007/978-3-662-72822-2_4

tes Wunder unter den Sternen. Wir haben alle richtigen Zutaten, um unsere eigene Zukunft zu bestimmen. Wir als Menschheit stehen erst am Anfang von allem, was wir erreichen können.

Wenn wir zu unserer großen Frage vom Anfang zurückkehren, warum wir eigentlich erkunden, bleibt noch die komplexeste Ebene. Sie ist von der Oberfläche des Eisbergs kaum zu erkennen, trägt aber vielleicht das größte Gewicht.

Ebene III: Die Tiefen

Der Sinn des Ganzen: Jenseits von Wissenschaft und Strategie berührt das Erkunden etwas Existentielles: das Bedürfnis zu wissen, wer wir sind, woher wir kommen und was wir werden können. Als die Menschheit die ersten Bilder der Erde sah, als ferne Welten durch die Augen von Robotern sichtbar wurden, hat sich etwas in unserer kollektiven Vorstellungskraft verschoben. Das erste Bild von der Erde, welches vom Mond während der Apollo-17-Mission aufgeonmmen wurde, wird beispielsweise oft als bedeutender Einfluss auf die Umweltbewegung genannt. Es wird persönlich und gleichzeitig größer als man selbst. Das Erkunden erlaubt uns, eine gemeinsame Erzählung zu schaffen, die über Grenzen und Generationen hinausreicht. Wir erkunden, um uns selbst besser zu verstehen und unseren Daseinszweck immer wieder neu zu begreifen. Warum wir erkunden, ist eine unbeantwortete Frage, weil sie vielleicht keine endgültige Antwort hat und die Menschheit begleiten wird, solange sie existiert. Es könnte die Frage sein, die unsere Spezies überhaupt erst ausmacht. Sie hält uns einen Spiegel vor und stellt uns anstelle einer Antwort immer neue Fragen. Fragen, die wir noch nicht kennen, die uns aber helfen werden, nicht nur unsere Umgebung, sondern auch uns selbst zu verstehen. Es geht weniger um das Ziel, sondern viel mehr darum, unseren Weg zu finden.

Wir leben in einer Zeit ständiger Veränderungen, und mit jedem Wandel, jeder neuen Technologie und jeder neuen Frage, die aufkommt, dürfen wir immer wieder neu entscheiden, wer wir sind und wer wir sein wollen. Fortschritt ist ein fortlaufendes soziales Experiment. Er ist zugleich die größte Chance, die wir je bekommen, und die größte Verantwortung.

Die Zukunft liegt in deinen Händen. Nimm sie.

Und gib sie niemals auf.

Danke

Ich könnte ein so unglaubliches Leben außerhalb der Norm nicht führen, ohne die Unterstützung einer Anzahl von Menschen.

Zuerst möchte ich der *Fram2*-Crew danken, dafür, dass wir dieses Abenteuer gemeinsam gerockt haben. Chun, ein ausgezeichneter Missionskommandant und Weltraumvisionär. Ich werde immer dankbar sein, dass er uns erlaubt hat, diesen Traum zu teilen, und uns dazu herausgefordert hat, groß zu denken und im wahren Geist des ursprünglichen *Fram* voranzugehen. Mein Space Bestie Eric, als rundum beeindruckender Mensch. Ich bin überzeugt, dass Eric der beste Lehrer ist, um jedem das Pioniersein und das Navigieren im Unbekannten beizubringen, ein wahrer Entdecker. Jannicke, ein Filmstar und immer ansprechbar. Ich werde die langen gemeinsamen Trainingstage in der Simulations-Kapsel vermissen.

Alle meine Freunde sind für mich Vorbilder und die tollsten Menschen, die ich auf diesem Planeten und darüber hinaus kenne. Ich möchte Laura von Herzen danken für ihre unermüdliche Unterstützung und dafür, dass sie offiziell diejenige ist, die mir in den Hintern tritt. Sie ist meine Inspiration dafür, was es heißt, ein eindrucksvoller Mensch zu sein, und gleichzeitig bin ich so dankbar für das Teilen aller kleinen und großen Momente, und das schon seit 18 Jahren. Anja, dafür, dass sie für immer meine Abenteuerkollegin ist, mir so viel über das Leben beigebracht hat, einfach kompromisslos sie selbst ist und immer eine Antwort auf alle existierenden Fragen wissen möchte. John, dafür, dass er eine stetige Quelle des Glaubens an die Menschheit ist, der ultimative Lehrer in Sachen Vergebung, Fragesteller großer Fragen und Hype Buddy, warum Schwarze Löcher großartig sind. Svenja, dafür, dass sie die verträumte

© Der/die Autor(en), exklusiv lizenziert an Springer-Verlag GmbH, DE, ein Teil von Springer Nature 2026

R. Rogge, *Ein (bisschen) Weltraum für Alle*, https://doi.org/10.1007/978-3-662-72822-2

Version dieser Welt sieht und mir diese Sichtweise immer wieder zeigt. Dario für das Teilen von Ambitionen, das gemeinsame Planen von Weltraummissionen zum Spaß und dafür, dass er mir das Wort „Serendipity" beigebracht hat. Federico, dafür, dass er den Abenteuergeist am Leben hält und ein Vorbild darin ist, Exzellenz mit Bescheidenheit zu verbinden. Kaitek, für eine Menge an Energie und Kreativität, meist kombiniert in verrückten Startupplänen. Carlotta, für allgemeine Coolness, viel Lachen und dafür, dass sie ein Fan von schräger Kunst ist. Gabriele, als mein inoffizieller Life Coach mit einem sarkastischen Kommentar, wann immer ich das brauchte. Leo, für seine Leidenschaft für Ethik und viele lange Diskussionen über die Zukunft. Meine Bürokolleg*innen, weil sie einer der Gründe sind, warum ich mich jeden Tag auf die Arbeit freue, und weil sie offen sind, beim Mittagessen über den Sinn des Lebens zu diskutieren. Das SAGE- und ARIS-Team, weil sie zu ehrgeizig für ihr eigenes Wohl sind, nichts weniger als das Unmögliche akzeptieren und trotzdem verstehen, wie wichtig Spaß bei harter Arbeit ist. Meine Mentoren, Asgeir an der NTNU und Christian an der ETH, haben mich auf meinem Weg begleitet und meine Ideen und fragwürdigen Karriereentscheidungen zusätzlich zu meinem regulären Job ermöglicht. Meine jetzige Uni Norges Teknisk-Naturvitenskapelige Universitet (NTNU) in Trondheim hat mich sehr großzügig für das Training und die Mission freigestellt. Mein Deutschlehrer Herr Scheyhing hat Sprache rigide, aber auch oft mit einem Augenzwinkern beigebracht und findet hoffentlich keine Fehler in dem vorliegenden Werk.

Ich bin auch all den Menschen sehr dankbar, die mir das Gefühl gegeben haben, in neuen Ländern zu Hause zu sein. Den Wolfes in England, die mich als unsichere 16-Jährige aufgenommen und mir einen Sinn für Humor beigebracht haben. Den Wildwings, dafür, dass sie mir Empathie, das Leben außerhalb der Norm und kreative Freiheit beigebracht haben. Meiner D&D-Gruppe, Sylvie und Cyriak, dafür, dass sie so lange Schweizerdeutsch mit mir gesprochen haben, bis ich es verstanden habe. Nansobot basierte auf einem vorlauten zeitreisenden Würfel in einer unserer Kampagnen. Gustav, für Spontanität und dafür, das Leben bei vielen guten schwedischen Kaffees von der sonnigen Seite zu sehen. Markus und Trine, dafür, dass sie mich in die norwegische Kultur aufgenommen haben, als ich mich noch wie eine Außenseiterin fühlte.

Ich habe versucht, aus jedem Land etwas zu übernehmen und in dieses Buch einzubringen: fortschrittliches Denken aus Schweden, technologische Innovation aus der Schweiz, Humor aus England, den Entdeckergeist aus Norwegen und die Liebe zum Träumen aus den USA. Am wichtigsten war mir, die Authentizität zu ehren, wie sie meine Heimatstadt Berlin repräsentiert. Wenn ich mir aussuchen dürfte, welche Erkenntnisse ich in einen Koffer packen würde, wären es diese.

Technologie zu vertrauen ist das eine, aber letztlich kommt es darauf an, den Menschen zu vertrauen, die daran arbeiten. Ich bin dem Team von SpaceX dankbar, einen neuen Orbit und eine Mission mit ganz normalen Menschen wie uns in nur einem Jahr ermöglicht zu haben. Tyler für seine grenzenlose Geduld bei all unseren Fragen, dafür, dass er uns auf Kurs gehalten hat und es ihm sichtlich am Herzen lag, dass wir die beste Version unserer selbst finden. Haley, die einfach zu cool für diese Welt ist und uns zusammen mit Katie durch jedes denkbare Problem geführt hat. Paul, der das Training unterhaltsam gemacht hat, und Charles, der sich Geschichten über meinen Staubsaugroboter angehört hat. Ben, Jaime, Case und dem medizinischen Team, die Eric und mir mit echter Freude und viel Lachen ihr Wissen nahegebracht haben. Marissa, für die geteilte Liebe zur Wissenschaft. James, weil er die Mission als Gesamtheit zusammengestellt hat. Ich habe James einmal gefragt, wie viel Arbeit er leistet, die wir nicht sehen, und sagen wir so: Es hat mich die Mission noch mehr schätzen lassen. Leo und Ben, weil sie meine Begeisterung für Funkgeräte teilen und den Ham-Radio-Wettbewerb möglich gemacht haben.

Ich möchte auch den Expertinnen und Experten danken, die mich von Anfang an bei der Mission unterstützt haben: Insa und Suzanna, die mich sofort aufgenommen haben, sowie Hans, der sich immer Zeit für einen guten Ratschlag genommen hat.

Ein besonderer Dank geht auch an die Crew von *Amateur Radio on the International Space Station (ARISS)*, die das *Fram2Ham*-Projekt über ein Jahr hinweg unterstützt und entwickelt hat. Danke für all die frühen Morgen- und späten Nachtmeetings, in denen wir den Funkwettbewerb ausgearbeitet haben. Frank und Tanya haben geduldig ihr Fachwissen geteilt und sind allgemein inspirierende sowie großartige Menschen. Der SSTV-Bilderwettbewerb war eine von Franks vorgeschlagenen Ideen. Ein Dankeschön an das Team in Zürich, das in seiner Freizeit an dem Projekt gearbeitet hat: Lars, der über Nacht einen ersten 20-seitigen Vorschlag ausgearbeitet und die technologische Vision des Projekts vorangetrieben hat. Kaitek, der die Communityarbeit und die Zusammenführung der Studierendenteams kreativ umgesetzt hat.

Ein Buch entsteht nie im Alleingang.

Meine Editorin Anna hat die Vision mitgetragen, Grenzen verschieben zu wollen, war immer für Fragen an meiner Seite und hat alle Entwürfe dieses Buches gelesen, ohne sich je über meinen iterativen Ansatz oder die schlechten Witze im Skript zu beschweren. Sie hat mir immer das Gefühl gegeben, gute

Arbeit zu leisten und an mich geglaubt, mich nie zur Eile gedrängt, Ideen beigesteuert und das große Ganze oft klarer gesehen als ich selbst.

Ich schätze alle Fotograf*innen und Wissenschaftler*innen, die mit ihrer Expertise und kreativen Arbeit zu dem Werk beigetragen haben. Jede*r Beitragende hat nicht nur Fakten geliefert, sondern auch Perspektiven eröffnet, die das Buch etwas mehr zum Leben erweckt haben.

Ich bin allen meinen Testleserinnen und Testlesern dankbar, die sich getraut haben, das Kauderwelsch zu lesen, das ich am Anfang produziert habe: meinen Eltern, Laura, Svenja, Freya, Dario, Leo, Dmitrij, Serag, Aurora, John, Kaitek, Ambjørn, Fredrik, Freider, Kelly und Hanna.

Zuletzt möchte ich meinen Eltern von ganzem Herzen danken. Worte können die Liebe, die ich empfinde, nicht fassen und wie sehr es das Ergebnis unerschütterlicher Unterstützung ist, an diesem Punkt im Leben zu stehen. Sie haben mir beigebracht, für mich und andere einzustehen und allen Menschen mit Verständnis und Empathie zu begegnen.

Weiterführende Literatur

Hier sind ein paar Werke, falls du mehr wissen möchtest über …

Sachbücher:

… Arktis-Expeditionen: *Farthest North* von Fridtjof Nansen
… Antarktis-Expedition: *Endurance: Shackleton's Incredible Voyage* von Alfred Lansing
… das Apollo-Programm: *Carrying the Fire* von Michael Collins
… Wissenschaft: *A Demon-Haunted World: Science as a Candle in the Dark* von Carl Sagan
… Wissenschaftsphilosophie: *Zen and the Art of Motorcycle Maintenance* von Robert Pirsig
… Planet Labs, Rocket Lab & Co: *When the Heavens Went On Sale* von Ashlee Vance
… SpaceX: *Liftoff* & *Reentry* von Eric Berger
… kritische Philosophie von New Space: *Ein Weltall des Kapitals* von Jan Völker
… das Erbauen von Marsstädten: *A City On Mars* von den Weinersmiths
… die Vier-Stunden-Woche, bedingungsloses Grundeinkommen und andere Utopien: *Utopien für Realisten* von Rutger Bregman
… Ethik in der Technologieentwicklung: *We, Robots* von Lode Lauwaert und Bartek Chomanski
… emotionale Intelligenz und aktives Zuhören: *Never Split the Difference* von Chris Voss

© Der/die Autor(en), exklusiv lizenziert an Springer-Verlag GmbH, DE, ein Teil von Springer Nature 2026

R. Rogge, *Ein (bisschen) Weltraum für Alle*, https://doi.org/10.1007/978-3-662-72822-2

Belletristik:

… Von-Neumann-Proben: *We are Legion (We are Bob)* von Dennis E. Taylor
… nicht ganz perfekte Utopien: *The Dispossessed* und *Those who walk away from Omelas* von Ursula Le Guin
… Asteroidenmissionen: *Delta-V* von Daniel Suarez
… Roboter in der Gesellschaft: *I, Robot* von Isaac Asimov
… Roboter und Experimentierfreude: *The Cyberiad* von Stanisław Lem
… Unsterblichkeit: *Immortality* von Milan Kundera
… Zukunftsvisionen, Philosophie, Zusammenleben mit der Umwelt: *Dune* von Frank Herbert

Literatur

1. Roland Huntford. *Nansen: The Explorer as Hero*. Abacus, 2001. ISBN: 978-0-349-11492-7.
2. Fridtjof Nansen and Roland Huntford. *Farthest North: The Incredible Three-Year Voyage to the Frozen Latitudes of the North*. Random House Publishing Group, Aug. 1999. ISBN: 978-0-375-75472-2.
3. Matt Breen and Ross Arbour. *Fridtjof Nansen*. June 2022. URL: https://explorerspodcast.com/fridtjof-nansen/ (visited on 10/08/2025).
4. Hjalmar Johansen and H. L. Brækstad. *With Nansen in the North; a Record of the Fram Expedition in 1893–96*. Legare Street Press, July 2023. ISBN: 978-1-01-940310-5.
5. *Nansen's expedition to the Arctic with the Fram*. URL: https://floatyourboat.nersc.no/Fram-expedition (visited on 10/08/2025).
6. Auguste Piccard. *Earth, sky, and Sea*. Legare Street Press, 1956. ISBN: 978-1-01-546792-7.
7. Norman C. Polmar and Lee J. Mathers. *Opening the Great Depths: The Bathyscaph Trieste and Pioneers of Undersea Exploration*. La Vergne: Naval Institute Press, 2021. ISBN: 978-1-68247-591-1.
8. Don Walsh. *Our 7-Mile Dive to Bottom*. URL: https://divingmuseum.org/atoa/7miledive/ (visited on 05/19/2025).
9. *Apollo 11 Mission Overview – NASA*. Section: NASA History. Apr. 2015. URL: https://www.nasa.gov/history/apollo-11-mission-overview/ (visited on 10/07/2025).
10. *60 Years Ago: President Kennedy Proposes Moon Landing Goal in Speech to Congress – NASA*. Section: NASA History. May 2021. URL: https://www.nasa.gov/history/60-years-ago-president-kennedy-proposes-moon-landing-goal-in-speech-to-congress/ (visited on 11/08/2025).
11. Michael Collins. *Carrying the Fire: 50th Anniversary Edition*. Farrar, Straus and Giroux, Apr. 2019. ISBN: 978-1-4668-9926-1.

© Der/die Autor(en), exklusiv lizenziert an Springer-Verlag GmbH, DE, ein Teil von Springer Nature 2026

R. Rogge, *Ein (bisschen) Weltraum für Alle*, https://doi.org/10.1007/978-3-662-72822-2

12. Victoria Gulimova et al. “Reptiles in Space Missions: Results and Perspectives”. In: *International Journal of Molecular Sciences* 20.12 (Jan. 2019). Publisher: Multidisciplinary Digital Publishing Institute, p. 3019. ISSN: 1422-0067. https://doi.org/10.3390/ijms20123019.
13. Christopher Riley and Phil Dolling. *Apollo 11 Owners' Workshop Manual*. Haynes Publishing, 2009. ISBN: 978-1-844-25683-9.
14. W. L. Donn et al. “Infrasound at long range from Saturn V, 1967”. In: *Science (New York, N.Y.)* 162 (Dec. 1968), pp. 1116–1120. ISSN: 0036-8075. https://doi.org/10.1126/science.162.3858.1116.
15. *Retroreflectors: From Apollo to Mars – NASA*. URL: https://www.nasa.gov/image-article/retroreflectors-from-apollo-mars/ (visited on 09/22/2025).
16. *exploration, n. meanings, etymology and more | Oxford English Dictionary*. URL: https://www.oed.com/dictionary/exploration_n (visited on 10/07/2025).
17. *Moon Water and Ices – NASA Science*. Section: Earth's Moon. Jan. 2024. URL: https://science.nasa.gov/moon/moon-water-and-ices/ (visited on 09/23/2025).
18. Jacopo Aguzzi et al. “Developing technological synergies between deep-sea and space research”. In: *Elementa: Science of the Anthropocene* 10.1 (Feb. 2022), p. 00064. ISSN: 2325-1026. https://doi.org/10.1525/elementa.2021.00064.
19. Cuebong Wong et al. “An overview of robotics and autonomous systems for harsh environments”. In: *2017 23rd International Conference on Automation and Computing (ICAC)*. Sept. 2017, pp. 1–6. https://doi.org/10.23919/IConAC.2017.8082020.
20. Cuebong Wong et al. “Adaptive and intelligent navigation of autonomous planetary rovers — A survey”. In: *2017 NASA/ESA Conference on Adaptive Hardware and Systems (AHS)*. ISSN: 2471-769X. July 2017, pp. 237–244. https://doi.org/10.1109/AHS.2017.8046384.
21. Issa A.D. Nesnas, Lorraine M. Fesq, and Richard A. Volpe. “Autonomy for Space Robots: Past, Present, and Future”. In: *Current Robotics Reports* 2.3 (Sept. 2021), pp. 251–263. ISSN: 2662-4087. https://doi.org/10.1007/s43154-021-00057-2.
22. Cuebong Wong et al. “Autonomous robots for harsh environments: a holistic overview of current solutions and ongoing challenges”. In: *Systems Science & Control Engineering* 6.1 (Jan. 2018). Publisher: Taylor & Francis _eprint: https://doi.org/10.1080/21642583.2018.1477634, pp. 213–219.
23. Ruud Weijermars. “Comprehensive assessment of deep-water vessel implosion mechanisms: OceanGate's Titan submersible failure sequence explained”. In: *International Journal of Pressure Vessels and Piping* 213 (Feb. 2025), p. 105340. ISSN: 0308-0161. https://doi.org/10.1016/j.ijpvp.2024.105340.
24. Zilong Jiao et al. “Outgassing Environment of Spacecraft: An Overview”. In: *IOP Conference Series: Materials Science and Engineering* 611.1 (Oct. 2019), p. 012071. ISSN: 1757-8981, 1757-899X. https://doi.org/10.1088/1757-899X/611/1/012071.

25. Himangshu Kalita and Jekan Thangavelautham. “Exploration of Extreme Environments with Current and Emerging Robot Systems”. In: *Current Robotics Reports* 1.3 (Sept. 2020), pp. 97–104. ISSN: 2662-4087. https://doi.org/10.1007/s43154-020-00016-3.
26. Charles Darwin. “On The Origin of Species”. In: *Jason W. Brown Library* (Jan. 1909).
27. Andrea Wulf. *The invention of nature: Alexander von Humboldt's new world*. First Vintage Books edition. New York: Vintage Books, 2016. ISBN: 978-0-345-80629-1.
28. Carl Sagan. *Pale Blue Dot: A Vision of the Human Future in Space*. Westminster: Random House Publishing Group, 2011. ISBN: 978-0-345-37659-6 978-0-307-80101-2.
29. Jenay M. Beer, Arthur D. Fisk, and Wendy A. Rogers. “Toward a framework for levels of robot autonomy in human-robot interaction”. In: *Journal of human-robot interaction* 3.2 (July 2014), pp. 74–99. ISSN: 2163-0364. https://doi.org/10.5898/JHRI.3.2.Beer.
30. Martin Ludvigsen and Asgeir J. Sørensen. “Towards integrated autonomous underwater operations for ocean mapping and monitoring”. In: *Annual Reviews in Control* 42 (Jan. 2016), pp. 145–157. ISSN: 1367-5788. https://doi.org/10.1016/j.arcontrol.2016.09.013.
31. George Lucas. *Star Wars*. Dec. 1977.
32. Stanley Kubrick. *2001: A Space Odyssey*. May 1968.
33. Roland Siegwart. Introduction to autonomous mobile robots. Intelligent robotsand autonomous agents. Cambridge, MA: MIT Press, 2004. isbn: 978-0-262-19502-7 978-0-262-25699-5.
34. Robert Riener, Luca Rabezzana, and Yves Zimmermann. “Do robots outperform humans in human-centered domains?” In: *Frontiers in Robotics and AI* 10 (Nov. 2023), p. 1223946. ISSN: 2296-9144. https://doi.org/10.3389/frobt.2023.1223946.
35. Terrence Fong et al. “Space Telerobotics: Unique Challenges to Human–Robot Collaboration in Space”. In: *Reviews of Human Factors and Ergonomics* 9.1 (Nov. 2013). Publisher: SAGE Publications, pp. 6–56. ISSN: 1557-234X. https://doi.org/10.1177/1557234X13510679.
36. Yang Gao and Steve Chien. “Review on space robotics: Toward top-level science through space exploration”. In: *Science Robotics* 2.7 (June 2017). Publisher: American Association for the Advancement of Science, eaan5074. https://doi.org/10.1126/scirobotics.aan5074.
37. *Cassini-Huygens – NASA Science*. Section: Cassini. June 2023. URL: https://science.nasa.gov/mission/cassini/ (visited on 11/08/2025).
38. *Juno – NASA Science*. URL: https://science.nasa.gov/mission/juno/ (visited on 11/08/2025).
39. *Europa Clipper – NASA Science*. Section: Europa Clipper. Dec. 2017. URL: https://science.nasa.gov/mission/europa-clipper/ (visited on 11/08/2025).

40. *Waymo – Self-Driving Cars – Autonomous Vehicles – Ride-Hail.* URL: https://waymo.com/index/ (visited on 11/12/2025).
41. Lars Kunze et al. “Artificial Intelligence for Long-Term Robot Autonomy: A Survey”. In: *IEEE Robotics and Automation Letters* 3.4 (Oct. 2018), pp. 4023–4030. ISSN: 2377-3766. https://doi.org/10.1109/LRA.2018.2860628.
42. Cameron R. Jones and Benjamin K. Bergen. *Large Language Models Pass the Turing Test.* arXiv:2503.23674 [cs]. Mar. 2025. https://doi.org/10.48550/arXiv.2503.23674.
43. Lode Lauwaert and Bartek Chomanski. *We, robots: Questioning the Neutrality of Technology, Ethical AI and Technological Determinism.* 1st edn. 2025. Cham: Springer Nature Switzerland, 2025. ISBN: 978-3-031-77174-3. https://doi.org/10.1007/978-3-031-77174-3.
44. Shervin Minaee et al. *Large Language Models: A Survey.* arXiv:2402.06196 [cs]. Mar. 2025. https://doi.org/10.48550/arXiv.2402.06196.
45. *Mars 2020: Perseverance Rover – NASA Science.* Running Time: 48 Section: Mars 2020. Dec. 2017. URL: https://science.nasa.gov/mission/mars-2020-perseverance/ (visited on 07/13/2025).
46. Vandi Verma et al. “Autonomous robotics is driving Perseverance rover’s progress on Mars”. In: *Science Robotics* 8.80 (July 2023). Publisher: American Association for the Advancement of Science, eadi3099. https://doi.org/10.1126/scirobotics.adi3099.
47. Vivian Z Sun et al. “Evolution of the Mars 2020 Perseverance Rover’s Strategic Planning Process”. In: *2024 IEEE Aerospace Conference.* ISSN: 1095-323X. Mar. 2024, pp. 1–16. https://doi.org/10.1109/AERO58975.2024.10521069.
48. Hechao Ji et al. “On Site human-robot collaboration for lunar exploration based on shared mixed reality”. In: *Multimedia Tools and Applications* 83.6 (Feb. 2024), pp. 18235–18260. ISSN: 1573-7721. https://doi.org/10.1007/s11042-023-16178-z.
49. Nathan Elangovan et al. “An Accessible, Open-Source Dexterity Test: Evaluating the Grasping and Dexterous Manipulation Capabilities of Humans and Robots”. In: *Frontiers in Robotics and AI* 9:808154 (Apr. 2022). Publisher: Frontiers. ISSN: 2296-9144. https://doi.org/10.3389/frobt.2022.808154.
50. Yue Wang et al. “During the Long Way to Mars: Effects of 520 Days of Confinement (Mars500) on the Assessment of Affective Stimuli and Stage Alteration in Mood and Plasma Hormone Levels”. In: *PLoS ONE* 9.4 (Apr. 2014), e87087. ISSN: 1932-6203. https://doi.org/10.1371/journal.pone.0087087.
51. Yuhui Wan and Chengxu Zhou. “Predicting Human-Robot Team Performance Based on Cognitive Fatigue”. In: *2023 28th International Conference on Automation and Computing (ICAC).* Birmingham, United Kingdom: IEEE, Aug. 2023, pp. 1–6. ISBN: 9798350335859. https://doi.org/10.1109/ICAC57885.2023.10275262.

52. Kelly Weinersmith and Zach Weinersmith. *A city on Mars: can we settle space, should we settle space, and have we really thought this through?*. New York: Penguin Press, 2023. ISBN: 978-1-9848-8172-4.
53. *Scientific Opportunities in the Human Exploration of Space*. Washington, D.C.: National Academies Press, Jan. 1994. ISBN: 978-0-309-57348-1. https://doi.org/10.17226/9188. (Visited on 09/28/2025).
54. *NASA Trapped Mars Rover Finds Evidence Of Subsurface Water*. URL: https://www.jpl.nasa.gov/news/nasa-trapped-mars-rover-finds-evidence-of-subsurface-water/ (visited on 09/15/2025).
55. *What really happened on Mars Rover Pathfinder*. URL: https://www.cs.cornell.edu/courses/cs614/1999sp/papers/pathfinder.html (visited on 09/15/2025).
56. Leonardo Berti, Flavio Giorgi, and Gjergji Kasneci. *Emergent Abilities in Large Language Models: A Survey*. arXiv:2503.05788 [cs]. Mar. 2025. https://doi.org/10.48550/arXiv.2503.05788.
57. Anthony Brohan et al. *RT-2: Vision-Language-Action Models Transfer Web Knowledge to Robotic Control*. arXiv:2307.15818 [cs]. July 2023. https://doi.org/10.48550/arXiv.2307.15818.
58. Zhaohan Feng et al. *Multi-agent Embodied AI: Advances and Future Directions*. arXiv:2505.05108 [cs]. June 2025. https://doi.org/10.48550/arXiv.2505.05108.
59. Matej Hoffmann and Shubhan Parag Patni. "Embodied AI in Machine Learning – is it Really Embodied?" In: (2025). Publisher: arXiv Version Number: 1. https://doi.org/10.48550/ARXIV.2505.10705.
60. Demis Hassabis et al. "Neuroscience-Inspired Artificial Intelligence". In: *Neuron* 95.2 (July 2017), pp. 245–258. ISSN: 0896-6273. https://doi.org/10.1016/j.neuron.2017.06.011.
61. *Atlas*. URL: https://bostondynamics.com/atlas/ (visited on 11/12/2025).
62. *Home – Clone*. URL: https://clonerobotics.com/ (visited on 11/12/2025).
63. Hans Moravec. *Mind children: the future of robot and human intelligence*. 4. print. Cambridge: Harvard Univ. Press, 1995. ISBN: 978-0-674-57618-6.
64. Luc Besson. *The Fifth Element*. Aug. 1997.
65. Alex Ellery. "Humans versus robots for space exploration and development". In: *Space Policy* 19.2 (May 2003), pp. 87–91. ISSN: 0265-9646. https://doi.org/10.1016/S0265-9646(03)00014-6.
66. Wenyue Hua et al. *Game-theoretic LLM: Agent Workflow for Negotiation Games*. arXiv:2411.05990 [cs]. Nov. 2024. https://doi.org/10.48550/arXiv.2411.05990.
67. Judea Pearl. Theoretical Impediments to Machine Learning With Seven Sparks from the Causal Revolution. arXiv:1801.04016 [cs]. Jan. 2018. doi: 10.48550/arXiv.1801.04016.
68. Shipeng Liu et al. "Modelling Experts' Sampling Strategy to Balance Multiple Objectives During Scientific Explorations". In: *Proceedings of the 2024 ACM/IEEE International Conference on Human-Robot Interaction*. HRI '24. New

York, NY, USA: Association for Computing Machinery, 2024, pp. 452–461. ISBN: 9798400703225. https://doi.org/10.1145/3610977.3635112.

69. Lucía Vicente and Helena Matute. “Humans inherit artificial intelligence biases”. In: *Scientific Reports* 13.1 (Oct. 2023). Publisher: Nature Publishing Group, p. 15737. ISSN: 2045-2322. https://doi.org/10.1038/s41598-023-42384-8.
70. *Opinion | Television made the Apollo 11 moon landing a moment of national unity.* July 2019. URL: https://www.nbcnews.com/think/opinion/apollo-11-moon-landing-was-moment-national-unity-because-television-ncna1030911 (visited on 10/07/2025).
71. Adi Robertson. *Ustream Mars Curiosity broadcast numbers beat primetime CNN, company says.* Aug. 2012. URL: https://www.theverge.com/2012/8/8/3228405/ustream-mars-landing-numbers (visited on 10/07/2025).
72. Roger D. Launius and Howard E. McCurdy. “Robots and humans in space flight: Technology, evolution, and interplanetary travel”. In: *Technology in Society* 29.3 (Aug. 2007), pp. 271–282. ISSN: 0160-791X. https://doi.org/10.1016/j.techsoc.2007.04.007.
73. International Space Coordination Group. “Global Exploration Roadmap 2024” (2024). https://www.globalspaceexploration.org/wp-content/isecg/GER2024.pdf (visited on 07/24/2025).
74. David Korsmeyer et al. “A Flexible Path for Human and Robotic Space Exploration”. In: *SpaceOps 2010 Conference.* Huntsville, Alabama: American Institute of Aeronautics and Astronautics, Apr. 2010. ISBN: 978-1-62410-164-9. https://doi.org/10.2514/6.2010-2272.
75. Bojan Obrenovic et al. “Generative AI and human–robot interaction: implications and future agenda for business, society and ethics”. In: *AI & SOCIETY* 40.2 (Feb. 2025), pp. 677–690. ISSN: 1435-5655. https://doi.org/10.1007/s00146-024-01889-0.
76. Auxane Boch and Bethany Rhea Thomas. “Human-robot dynamics: a psychological insight into the ethics of social robotics”. In: *International Journal of Ethics and Systems* 41.1 (Dec. 2024), pp. 101–141. ISSN: 2514-9369. https://doi.org/10.1108/IJOES-01-2024-0034.
77. MD Moniruzzaman et al. “Teleoperation methods and enhancement techniques for mobile robots: A comprehensive survey”. In: *Robotics and Autonomous Systems* 150 (Apr. 2022), p. 103973. ISSN: 0921-8890. https://doi.org/10.1016/j.robot.2021.103973.
78. Guohua He et al. “The Dark Side of Employee Collaboration with Robots: Exploring Its Impact on Self-Esteem Threat and Burnout”. In: *International Journal of Human–Computer Interaction* 41.1 (Jan. 2025). Publisher: Taylor & Francis _eprint: https://doi.org/10.1080/10447318.2023.2295691, pp. 85–101. ISSN: 1044-7318.
79. Yang Liu et al. “Aligning Cyber Space with Physical World: A Comprehensive Survey on Embodied AI”. In: (2024). Publisher: arXiv Version Number: 8. https://doi.org/10.48550/ARXIV.2407.06886.

80. Uwe Engel, ed. *Robots in Care and Everyday Life: Future, Ethics, Social Acceptance*. SpringerBriefs in Sociology. Cham: Springer Nature, 2023. ISBN: 978-3-031-11447-2.
81. Marco Sewtz et al. "Enabling Communication between Heterogeneous Robots and Human Operators in Collaborative Missions". In: *2024 IEEE Aerospace Conference*. Big Sky, MT, USA: IEEE, Mar. 2024, pp. 1–8. ISBN: 979-8-3503-0462-6. https://doi.org/10.1109/AERO58975.2024.10521167.
82. Nils Olav Handegard et al. "Uncrewed surface vehicles (USVs) as platforms for fisheries and plankton acoustics". In: *ICES Journal of Marine Science* 81.9 (Nov. 2024), pp. 1712–1723. ISSN: 1054-3139. https://doi.org/10.1093/icesjms/fsae130.
83. Hari Vishnu et al. "Acoustic activity indicates submarine melt at tidewater glaciers". In: *Journal of Glaciology* 71 (Jan. 2025), e83. ISSN: 0022-1430, 1727-5652. https://doi.org/10.1017/jog.2025.10061.
84. Divya Dolly Patel and Denise Y. Geiskkovitch. "The Space Between Us: Bridging Human and Robotic Worlds in Space Exploration". In: *Companion of the 2024 ACM/IEEE International Conference on Human-Robot Interaction*. HRI '24. New York, NY, USA: Association for Computing Machinery, 2024, pp. 833–836. ISBN: 979-8-4007-0323-2. https://doi.org/10.1145/3610978.3640727.
85. Sarah Hopko, Jingkun Wang, and Ranjana Mehta. "Human Factors Considerations and Metrics in Shared Space Human-Robot Collaboration: A Systematic Review". In: *Frontiers in Robotics and AI* 9:799522 (Feb. 2022). Publisher: Frontiers. ISSN: 2296-9144. https://doi.org/10.3389/frobt.2022.799522.
86. Isaac Asimov. *The rest of the robots*. Reprint. St Albans: Panther, 1976. ISBN: 978-0-586-02594-9.
87. James B. Garvin. "The science behind the vision for U.S. space exploration: the value of a human–robotic partnership". In: *Earth, Moon, and Planets* 94.3 (June 2004), pp. 221–232. ISSN: 1573-0794. https://doi.org/10.1007/s11038-005-9050-x.
88. *Eels*. URL: https://www.jpl.nasa.gov/robotics-at-jpl/eels/ (visited on 07/24/2025).
89. Terrence Fong et al. "Assessment of robotic recon for human exploration of the Moon". In: *Acta Astronautica* 67.9 (Nov. 2010), pp. 1176–1188. ISSN: 0094-5765. https://doi.org/10.1016/j.actaastro.2010.06.029.
90. Andrew Stanton. *WALL·E*. 2008.
91. Essam Debie, Kathryn Kasmarik, and Matt Garratt. "Swarm Robotics: A Survey from a Multi-Tasking Perspective". In: *ACM Comput. Surv.* 56.2 (Sept. 2023), 49:1–49:38. ISSN: 0360-0300. https://doi.org/10.1145/3611652.
92. Olivia Borgue and Andreas M. Hein. "Near-term self-replicating probes – A concept design". In: *Acta Astronautica* 187 (Oct. 2021), pp. 546–556. ISSN: 0094-5765. https://doi.org/10.1016/j.actaastro.2021.03.004.
93. Ridley Scott. *Blade Runner*. Jan. 1983.

94. Elsa Andrea Kirchner and Judith Bütefür. "Towards Bidirectional and Coadaptive Robotic Exoskeletons for Neuromotor Rehabilitation and Assisted Daily Living: a Review". In: *Current Robotics Reports* 3.2 (June 2022), pp. 21–32. ISSN: 2662-4087. https://doi.org/10.1007/s43154-022-00076-7.
95. Bradley J. Edelman et al. "Non-Invasive Brain-Computer Interfaces: State of the Art and Trends". In: *IEEE Reviews in Biomedical Engineering* 18 (2025), pp. 26–49. ISSN: 1941-1189. https://doi.org/10.1109/RBME.2024.3449790.
96. Ziad M. Hafed et al. "Oculomotor behavior of blind patients seeing with a subretinal visual implant". In: *Vision Research*. Fixational eye movements and perception 118 (Jan. 2016), pp. 119–131. ISSN: 0042-6989. https://doi.org/10.1016/j.visres.2015.04.006.
97. *Sea Shepherd – Aktiver Meeresschutz Weltweit*. URL: https://sea-shepherd.de/ (visited on 11/12/2025).
98. Milan Kundera. *Immortality*. Trans. by Peter Kussi. London: Faber, 2000. ISBN: 978-0-571-14456-3.
99. Mark Aurel and Diskin Clay. *Meditations*. Trans. by Martin Hammond. Penguin classics. London New York Toronto: Penguin Books, 2006. ISBN: 978-0-14-044933-4.
100. *List of Space Shuttle missions*. Page Version ID: 1314161548. Sept. 2025. URL: https://en.wikipedia.org/w/index.php?title=List_of_Space_Shuttle_missions&oldid=1314161548 (visited on 11/20/2025).
101. Chris Voss. *Never split the difference: negotiating as if your life depended on it*. First edition. New York: HarperBusiness, an imprint of HarperCollins Publishers, 2016. ISBN: 978-0-06-240780-1.
102. Michael Griffin. *The Real Reasons We Explore Space*. Section: Air & Space Magazine. URL: https://www.smithsonianmag.com/air-space-magazine/the-real-reasons-we-explore-space-18816871/ (visited on 07/09/2025).
103. *The Human Desire for Exploration Leads to Discovery – NASA*. URL: https://www.nasa.gov/history/the-human-desire-for-exploration-leads-to-discovery/ (visited on 11/06/2025).
104. Carl Sagan. *The demon-haunted world: science as a candle in the dark*. New York: Random House, 1995. ISBN: 978-0-394-53512-8.
105. Marie Eickhoff and Luisa Pfeiffenschneider. *Behind Science: Ignaz Semmelweis—Händewaschen für das Leben*. de. URL: https://www.spektrum.de/podcast/ignaz-semmelweis-haendewaschen-fuer-das-leben/2260763 (visited on 11/07/2025).
106. Barbara Bienkowska. "The Heliocentric Controversy in European Culture". In: *The Scientific World of Copernicus: On the Occasion of the 500th Anniversary of his Birth 1473–1973*. Ed. by Barbara Bienkowska. Dordrecht: Springer Netherlands, 1973, pp. 119–132. ISBN: 978-94-010-2616-1. https://doi.org/10.1007/978-94-010-2616-1_9.

107. Sergey Nurk et al. “The complete sequence of a human genome”. In: *Science* 376.6588 (Apr. 2022). Publisher: American Association for the Advancement of Science, pp. 44–53. https://doi.org/10.1126/science.abj6987.
108. G. Binnig et al. “Surface Studies by Scanning Tunneling Microscopy”. In: *Physical Review Letters* 49.1 (July 1982). Publisher: American Physical Society, pp. 57–61. https://doi.org/10.1103/PhysRevLett.49.57.
109. Seppo Laine et al. “Hubble space telescope imaging of brightest cluster galaxies”. In: *The Astronomical Journal* 125 (Feb. 2003), pp. 478–505.
110. LIGO Scientific Collaboration and Virgo Collaboration et al. “Observation of Gravitational Waves from a Binary Black Hole Merger”. In: *Physical Review Letters* 116.6 (Feb. 2016). Publisher: American Physical Society, p. 061102. https://doi.org/10.1103/PhysRevLett.116.061102.
111. Kristen St. John and Lawrence Krissek, eds. Climate Change: A GeosciencePerspective. Cham: Springer Nature Switzerland, 2025. isbn: 978-3-031-82868-3 978-3-031-82869-0. doi: 10.1007/978-3-031-82869-0. (Visitedon 12/23/2025).
112. Scott J Robertson. “The theory of Hawking radiation in laboratory analogues”. In: *Journal of Physics B: Atomic, Molecular and Optical Physics* 45.16 (Aug. 2012). Publisher: IOP Publishing, p. 163001. ISSN: 0953-4075. https://doi.org/10.1088/0953-4075/45/16/163001.
113. Peter E Morris et al. “A multi-center, randomized, double-blind, parallel, placebo-controlled trial to evaluate the efficacy, safety, and pharmacokinetics of intravenous ibuprofen for the treatment of fever in critically ill and non-critically ill adults”. In: *Critical Care* 14.3 (2010), R125. ISSN: 1364-8535. https://doi.org/10.1186/cc9089.
114. Peter Norsk. “Adaptation of the cardiovascular system to weightlessness: Surprises, paradoxes and implications for deep space missions”. In: *Acta Physiologica (Oxford, England)* 228.3 (Mar. 2020), e13434. ISSN: 1748-1716. https://doi.org/10.1111/apha.13434.
115. Otto J. Juhl et al. “Update on the effects of microgravity on the musculoskeletal system”. In: *npj Microgravity* 7.1 (July 2021). Publisher: Nature Publishing Group, p. 28. ISSN: 2373-8065. https://doi.org/10.1038/s41526-021-00158-4.
116. Mariya Stavnichuk et al. “A systematic review and meta-analysis of bone loss in space travelers”. In: *npj Microgravity* 6.1 (May 2020). Publisher: Nature Publishing Group, p. 13. ISSN: 2373-8065. https://doi.org/10.1038/s41526-020-0103-2.
117. Leigh Gabel et al. “Pre-flight exercise and bone metabolism predict unloading-induced bone loss due to spaceflight”. In: *British Journal of Sports Medicine* 56.4 (Feb. 2022), pp. 196–203. ISSN: 1473-0480. https://doi.org/10.1136/bjsports-2020-103602.

118. Gilles R. Clément et al. "Challenges to the central nervous system during human spaceflight missions to Mars". In: *Journal of Neurophysiology* 123.5 (May 2020), pp. 2037–2063. ISSN: 0022-3077, 1522-1598. https://doi.org/10.1152/jn.00476.2019.
119. Stavroula Chaloulakou, Kalliopi Anna Poulia, and Dimitrios Karayiannis. "Physiological Alterations in Relation to Space Flight: The Role of Nutrition". In: *Nutrients* 14.22 (Nov. 2022), p. 4896. ISSN: 2072-6643. https://doi.org/10.3390/nu14224896.
120. Daniel A. Winer et al. "Astroimmunology: the effects of spaceflight and its associated stressors on the immune system". In: *Nature Reviews Immunology* (Oct. 2025). Publisher: Nature Publishing Group, pp. 1–24. ISSN: 1474-1741. https://doi.org/10.1038/s41577-025-01226-6.
121. Yishu Yin et al. "Long-term spaceflight composite stress induces depression and cognitive impairment in astronauts—insights from neuroplasticity". In: *Translational Psychiatry* 13.1 (Nov. 2023). Publisher: Nature Publishing Group, p. 342. ISSN: 2158-3188. https://doi.org/10.1038/s41398-023-02638-5.
122. Millic Hughes-Fulford et al. "Women in space: A review of known physiological adaptations and health perspectives". In: *Experimental Physiology* n/a.n/a (2024). _eprint: https://physoc.onlinelibrary.wiley.com/doi/pdf/10.1113/EP091527. ISSN: 1469-445X.
123. Jeffery C. Chancellor et al. "Limitations in predicting the space radiation health risk for exploration astronauts". In: *npj Microgravity* 4.1 (Apr. 2018). Publisher: Nature Publishing Group, p. 8. ISSN: 2373-8065. https://doi.org/10.1038/s41526-018-0043-2.
124. Christopher W. Jones et al. "Molecular and physiological changes in the SpaceX Inspiration4 civilian crew". In: *Nature* 632.8027 (Aug. 2024). Publisher: Nature Publishing Group, pp. 1155–1164. ISSN: 1476-4687. https://doi.org/10.1038/s41586-024-07648-x.
125. Sheena I. Dev et al. "Cognitive performance in ISS astronauts on 6-month low earth orbit missions". In: *Frontiers in Physiology* 15:1451269 (Nov. 2024). Publisher: Frontiers. ISSN: 1664-042X. https://doi.org/10.3389/fphys.2024.1451269.
126. Grace L Douglas, Sara R Zwart, and Scott M Smith. "Space Food for Thought: Challenges and Considerations for Food and Nutrition on Exploration Missions". In: *The Journal of Nutrition* 150.9 (Sept. 2020), pp. 2242–2244. ISSN: 0022-3166. https://doi.org/10.1093/jn/nxaa188.
127. V.S. Kovalev et al. "Modeling a lunar base mushroom farm". In: *Life Sciences in Space Research* 33 (May 2022), pp. 1–6. ISSN: 2214-5524. https://doi.org/10.1016/j.lssr.2021.12.005.
128. Eric Philips. *IceTrek: the bitter journey to the South Pole by Peter Hillary, Jon Muir & Eric Philips*. OCLC: 50863002. Auckland N.Z.: HarperCollins, 2000. ISBN: 978-1-86950-360-4.

129. Ben Panko. *ISS Astronauts Get a Sweet Taste of Real Ice Cream.* Section: Smart News, Smart News Science. URL: https://www.smithsonianmag.com/smart-news/how-astronauts-will-get-some-real-ice-cream-180964558/ (visited on 10/21/2025).
130. Laura M. Kinlin and Michael Weinstein. "Scurvy: old disease, new lessons". In: *Paediatrics and International Child Health* 43.4 (Oct. 2023). Publisher: Taylor & Francis _eprint: https://doi.org/10.1080/20469047.2023.2262787, pp. 83–94. ISSN: 2046-9047.
131. *Growing Plants in Space – NASA.* Section: Kennedy Space Center. URL: https://www.nasa.gov/exploration-research-and-technology/growing-plants-in-space/ (visited on 08/31/2025).
132. *Preventing "Sick" Spaceships – NASA Science.* Oct. 2015. URL: http://web.archive.org/web/20151016132329/http://science.nasa.gov/science-news/science-at-nasa/2007/11may_locad3/ (visited on 10/21/2025).
133. Benjamin P. Knox et al. "Characterization of Aspergillus fumigatus Isolates from Air and Surfaces of the International Space Station". In: *mSphere* 1:5 (Oct. 2016). Publisher: American Society for Microbiology, https://doi.org/10.1128/msphere.00227-16.
134. Nils J. H. Averesch, Graham K. Shunk, and Christoph Kern. "Cultivation of the Dematiaceous Fungus Cladosporium sphaerospermum Aboard the International Space Station and Effects of Ionizing Radiation". In: *Frontiers in Microbiology* 13:877625 (July 2022). Publisher: Frontiers. ISSN: 1664-302X. https://doi.org/10.3389/fmicb.2022.877625.
135. *Fungus – Reproduction, Nutrition, Decomposition | Britannica.* Oct. 2025. URL: https://www.britannica.com/science/fungus/Form-and-function-of-fungi (visited on 10/21/2025).
136. Flávia Fayet-Moore. "Mushroom Missions: Pioneering Nutritional, Culinary and Agricultural Solutions for Deep Space Exploration". In: *IAF Human Spaceflight Symposium.* Milan, Italy: International Astronautical Federation (IAF), 2024, pp. 284–291. ISBN: 979-8-3313-1215-2. https://doi.org/10.52202/078364-0034.
137. Anurag Kumar Singh et al. "The effects of vitamin D levels on physical, mental health, and sleep quality in adults: a comprehensive investigation". In: *Frontiers in Nutrition* 11:1451037 (Nov. 2024). Publisher: Frontiers. ISSN: 2296-861X. https://doi.org/10.3389/fnut.2024.1451037.
138. *NASA Advances Research to Grow Habitats in Space from Fungi – NASA.* Section: Space Technology Mission Directorate. URL: https://www.nasa.gov/news-release/nasa-advances-research-to-grow-habitats-in-space-from-fungi/ (visited on 09/08/2025).
139. Flávia Fayet-Moore et al. "Mission MushVroom: pushing the boundaries of space nutrition with the first sporeless oyster mushrooms in space". In: *Proceedings of the International Astronautical Congress (IAC 2025).* IAC-25-B3,7,10,x94499 (2025).

140. *Astronaut/Cosmonaut Statistics – More*. URL: https://www.worldspaceflight.com/bios/stats1.php (visited on 09/10/2025).
141. *Rhea Seddon Oral History*. URL: https://historycollection.jsc.nasa.gov/JSCHistoryPortal/history/oral_histories/SeddonMR/SeddonMR_5-21-10.htm (visited on 08/31/2025).
142. Varsha Jain et al. "Human development and reproduction in space—a European perspective". In: *npj Microgravity* 9.1 (Mar. 2023). Publisher: Nature Publishing Group, p. 24. ISSN: 2373-8065. https://doi.org/10.1038/s41526-023-00272-5.
143. Jamaica R. Rettberg, Jia Yao, and Roberta Diaz Brinton. "Estrogen: a master regulator of bioenergetic systems in the brain and body". In: *Frontiers in Neuroendocrinology* 35.1 (Jan. 2014), pp. 8–30. ISSN: 1095-6808. https://doi.org/10.1016/j.yfrne.2013.08.001.
144. Khalida Itriyeva. "The normal menstrual cycle". In: *Current Problems in Pediatric and Adolescent Health Care*. Menstrual Issues in Adolescents – Part I: General Concerns 52.5 (May 2022), p. 101183. ISSN: 1538-5442. https://doi.org/10.1016/j.cppeds.2022.101183.
145. Birendra Mishra and Ulrike Luderer. "Reproductive hazards of space travel in women and men". In: *Nature reviews. Endocrinology* 15.12 (Dec. 2019), pp. 713–730. ISSN: 1759-5029. https://doi.org/10.1038/s41574-019-0267-6.
146. Shen Zhang et al. "Simulated Microgravity Using a Rotary Culture System Compromises the In Vitro Development of Mouse Preantral Follicles". In: *PloS One* 11.3 (2016), e0151062. ISSN: 1932-6203. https://doi.org/10.1371/journal.pone.0151062.
147. Begum Mathyk et al. "Understanding how space travel affects the female reproductive system to the Moon and beyond". In: *npj Women's Health* 2.1 (June 2024). Publisher: Nature Publishing Group, p. 20. ISSN: 2948-1716. https://doi.org/10.1038/s44294-024-00009-z.
148. Jon G. Steller et al. "Gynecologic Risk Mitigation Considerations for Long-Duration Spaceflight". In: *Aerospace Medicine and Human Performance* 91.7 (July 2020), pp. 543–564. ISSN: 2375-6314, 2375-6322. https://doi.org/10.3357/AMHP.5538.2020.
149. Kenneth Souza. "Amphibian development in the virtual absence of gravity.". In: *Proc. Natl. Acad. Sci. USA* 92 (Mar. 1995), pp. 1975–1978. https://doi.org/10.1073/pnas.92.6.1975.
150. Sayaka Wakayama et al. "Evaluating the long-term effect of space radiation on the reproductive normality of mammalian sperm preserved on the International Space Station". In: *Science Advances* 7.24 (June 2021). Publisher: American Association for the Advancement of Science, eabg5554. https://doi.org/10.1126/sciadv.abg5554.

151. Keisuke Yoshida et al. “Intergenerational effect of short-term spaceflight in mice”. In: *iScience* 24.7 (July 2021), p. 102773. ISSN: 2589-0042. https://doi.org/10.1016/j.isci.2021.102773.
152. Steven H. Platts et al. “Effects of sex and gender on adaptation to space: cardiovascular alterations”. In: *Journal of Women's Health (2002)* 23.11 (Nov. 2014), pp. 950–955. ISSN: 1931-843X. https://doi.org/10.1089/jwh.2014.4912.
153. Jonathan P. R. Scott et al. “Effects of body size and countermeasure exercise on estimates of life support resources during all-female crewed exploration missions”. In: *Scientific Reports* 13.1 (Apr. 2023). Publisher: Nature Publishing Group, p. 5950. ISSN: 2045-2322. https://doi.org/10.1038/s41598-023-31713-6.
154. *Your Personalized Hormone Tracker and Monitor for Better Health by Hormona.* URL: https://www.hormona.io/ (visited on 11/21/2025).
155. Donna R. Roberts et al. “Effects of Spaceflight on Astronaut Brain Structure as Indicated on MRI”. In: *New England Journal of Medicine* 377.18 (Nov. 2017). Publisher: Massachusetts Medical Society _eprint: https://www.nejm.org/doi/pdf/10.1056/NEJMoa1705129, pp. 1746–1753. ISSN: 0028-4793.
156. Floris L. Wuyts et al. “Brains in space: impact of microgravity and cosmic radiation on the CNS during space exploration”. In: *Nature Reviews Neuroscience* 26.6 (June 2025). Publisher: Nature Publishing Group, pp. 354–371. ISSN: 1471-0048. https://doi.org/10.1038/s41583-025-00923-4.
157. Endre Takács et al. “Persistent deterioration of visuospatial performance in spaceflight”. In: *Scientific Reports* 11.1 (May 2021). Publisher: Nature Publishing Group, p. 9590. ISSN: 2045-2322. https://doi.org/10.1038/s41598-021-88938-6.
158. K E Hupfeld et al. “Brain and Behavioral Evidence for Reweighting of Vestibular Inputs with Long-Duration Spaceflight”. In: *Cerebral Cortex* 32.4 (Feb. 2022), pp. 755–769. ISSN: 1047-3211. https://doi.org/10.1093/cercor/bhab239.
159. Alexander C. Stahn and Simone Kühn. “Brains in space: the importance of understanding the impact of long-duration spaceflight on spatial cognition and its neural circuitry”. In: *Cognitive Processing* 22.1 (Sept. 2021), pp. 105–114. ISSN: 1612-4790. https://doi.org/10.1007/s10339-021-01050-5.
160. Alfred Lansing. *Endurance: Shackleton's incredible voyage*. London: Phoenix, 2000. ISBN: 978-0-7538-0987-7.
161. Noah Petro and David Ladd. *NASA Scientific Visualization Studio | Apollo 14 Hike To Cone Crater*. Feb. 2021. URL: https://svs.gsfc.nasa.gov/4883/ (visited on 09/04/2025).
162. Shafaq Batool et al. “Hippocampal Volumetric Changes in Astronauts Following a Mission in the International Space Station”. In: *NeuroSci* 6.3 (Sept. 2025). Publisher: Multidisciplinary Digital Publishing Institute, p. 70. ISSN: 2673-4087. https://doi.org/10.3390/neurosci6030070.
163. *How space became a place we study aging*. URL: https://news.stanford.edu/stories/2024/09/how-space-became-a-place-we-study-aging (visited on 11/07/2025).

164. Anika Friedl-Werner et al. “Exercise-induced changes in brain activity during memory encoding and retrieval after long-term bed rest”. In: *NeuroImage* 223 (Dec. 2020), p. 117359. ISSN: 1095-9572. https://doi.org/10.1016/j.neuroimage.2020.117359.
165. Nathan Smith et al. “Off-World Mental Health: Considerations for the Design of Well-being–Supportive Technologies for Deep Space Exploration”. In: *JMIR Formative Research* 7.1 (Feb. 2023), e37784. https://doi.org/10.2196/37784.
166. Lawrence A Palinkas and Peter Suedfeld. “Psychological effects of polar expeditions”. In: *The Lancet* 371.9607 (Jan. 2008), pp. 153–163. ISSN: 0140-6736. https://doi.org/10.1016/S0140-6736(07)61056-3.
167. Alexander Christoph Stahn et al. “Spatial Updating Depends on Gravity”. In: *Frontiers in Neural Circuits* 14:20 (June 2020). Publisher: Frontiers. ISSN: 1662-5110. https://doi.org/10.3389/fncir.2020.00020.
168. *Apollo 50th Anniversary*. URL: https://www.nasa.gov/specials/apollo50th/index.html (visited on 10/25/2025).
169. *ISS History & Timeline*. URL: https://issnationallab.org/about/iss-national-lab-overview/iss-history-timeline/ (visited on 09/19/2025).
170. Matthew Weinzierl. “Space, the Final Economic Frontier”. In: *Journal of Economic Perspectives* 32.2 (May 2018), pp. 173–192. ISSN: 0895-3309. https://doi.org/10.1257/jep.32.2.173.
171. Arto Ojala and William W. Baber, eds. *Space Business: Emerging Theory and Practice*. Singapore: Springer Nature Singapore, 2024. ISBN: 978-981-9734-29-0 978-981-9734-30-6. https://doi.org/10.1007/978-981-97-3430-6.
172. SpaceX. *How Not to Land an Orbital Rocket Booster*. Sept. 2017. URL: https://www.youtube.com/watch?v=bvim4rsNHkQ (visited on 10/25/2025).
173. Harry W. Jones. “The Recent Large Reduction in Space Launch Cost”. In: NTRS Author Affiliations: NASA Ames Research Center NTRS Report/Patent Number: ARC-E-DAA-TN56851 NTRS Document ID: 20200001093 NTRS Research Center: Ames Research Center (ARC). Stafford Springs, CT, United States, July 2018. URL: https://ntrs.nasa.gov/citations/20200001093.
174. *SpaceX – Falcon 9*. URL: http://www.spacex.com (visited on 10/25/2025).
175. Ashlee Vance. *When The Heavens Went On Sale: The Misfits and Geniuses Racing to Put Space Within Reach*. Random House, May 2023. ISBN: 978-0-7535-5778-5.
176. *Rocket Lab Electron*. URL: https://rocketlabcorp.com/launch/electron/ (visited on 10/25/2025).
177. Shelley Haupt et al. “Exploring the Use of Data in a Digital Twin for the Marine and Coastal Environment”. In: *ISPRS International Journal of Geo-Information* 14.4 (Apr. 2025). Publisher: Multidisciplinary Digital Publishing Institute, p. 140. ISSN: 2220-9964. https://doi.org/10.3390/ijgi14040140.
178. Samuel Brown et al. “Detecting Illegal, Unreported, and Unregulated Fishing through AIS Data and Machine Learning Approaches”. In: *2024 Systems and*

Information Engineering Design Symposium (SIEDS). ISSN: 2994-3531. May 2024, pp. 319–324. https://doi.org/10.1109/SIEDS61124.2024.10534704.
179. *Home – Global Fishing Watch*. Sept. 2025. URL: https://globalfishingwatch.org/ (visited on 09/19/2025).
180. *How AI is being used to prevent illegal fishing*. Apr. 2024. URL: https://www.bbc.com/news/business-68564249 (visited on 09/19/2025).
181. *ESA Space Environment Report 2025*. URL: https://www.esa.int/Space_Safety/Space_Debris/ESA_Space_Environment_Report_2025 (visited on 09/19/2025).
182. Andrew May. *The Space Business: From Hotels in Orbit to Mining the Moon – How Private Enterprise Is Transforming Space*. 1st edn. London: Icon Books, Limited, 2022. ISBN: 978-1-78578-745-4 978-1-78578-746-1.
183. *ispace and Magna Petra Agree to Future Resources Exploration on the Moon's Surface*. URL: https://ispace-inc.com/news-en/?p=6537 (visited on 09/19/2025).
184. Mai'a K. Davis-Cross. "Space Age or Space Race?" In: *Georgetown Journal of International Affairs* 26.1 (2025). Publisher: Johns Hopkins University Press, pp. 274–281. ISSN: 2471-8831.
185. Muhammad Shazwan Suhaizan et al. "Regolith sintering and 3D printing for lunar construction: An extensive review on recent progress". In: *Progress in Additive Manufacturing* 9.6 (Dec. 2024), pp. 1715–1736. ISSN: 2363-9520. https://doi.org/10.1007/s40964-023-00537-1.
186. Miranda Fateri et al. "3D printing of flexible parts out of lunar regolith simulant". In: *Acta Astronautica* 229 (Apr. 2025), pp. 779–786. ISSN: 0094-5765. https://doi.org/10.1016/j.actaastro.2025.02.003.
187. *3D-printed lunar building block*. URL: https://99estec-objects.esa.int/object-items/4 (visited on 09/19/2025).
188. *First metal 3D printing on Space Station*. URL: https://www.esa.int/ESA_Multimedia/Images/2024/06/First_metal_3D_printing_on_Space_Station (visited on 09/19/2025).
189. A. D. Roberts et al. "Blood, sweat, and tears: extraterrestrial regolith biocomposites with *in vivo* binders". In: *Materials Today Bio* 12 (Sept. 2021), p. 100136. ISSN: 2590-0064. https://doi.org/10.1016/j.mtbio.2021.100136.
190. Donna L. Roberts. *The New 'Right Stuff': What It Takes to Be an Astronaut of the Future*. IntechOpen, May 2025. ISBN: 978-0-85014-703-2. https://doi.org/10.5772/intechopen.1010596.
191. NASA. *The Space Shuttle – NASA*. URL: https://www.nasa.gov/reference/the-space-shuttle/ (visited on 11/08/2025).
192. Santiago Rementeria. "Power Dynamics in the Age of Space Commercialisation". In: *Space Policy* 60 (May 2022), p. 101472. ISSN: 0265-9646. https://doi.org/10.1016/j.spacepol.2021.101472.
193. Florian Kordina. *How much do rockets pollute?*. Mar. 2020. URL: https://everydayastronaut.com/rocket-pollution/ (visited on 10/22/2025).

194. Tyler F. M. Brown et al. "Worldwide Rocket Launch Emissions 2019: An Inventory for Use in Global Models". In: *Earth and Space Science* 11.10 (Oct. 2024), e2024EA003668. ISSN: 2333-5084, 2333-5084. https://doi.org/10.1029/2024EA003668.
195. Rushil Kukreja, Edward J. Oughton, and Richard Linares. *Greenhouse Gas (GHG) Emissions Poised to Rocket: Modeling the Environmental Impact of LEO Satellite Constellations.* arXiv:2504.15291 [physics]. Apr. 2025. https://doi.org/10.48550/arXiv.2504.15291.
196. Felix Poon. *How sustainable is space travel?.* Section: Environment. Mar. 2022. URL: https://www.nhpr.org/environment/2022-03-18/outside-inbox-how-sustainable-is-space-travel (visited on 10/25/2025).
197. Charlotte Vogt et al. "The renaissance of the Sabatier reaction and its applications on Earth and in space". In: *Nature Catalysis* 2.3 (Mar. 2019). Publisher: Nature Publishing Group, pp. 188–197. ISSN: 2520-1158. https://doi.org/10.1038/s41929-019-0244-4.
198. Carl Sagan. *The Demon-Haunted World: Science As a Candle in the Dark.* Westminster: Random House Publishing Group, 2011. ISBN: 978-0-345-40946-1 978-0-307-80104-3.
199. Rutger Bregman and Stephan Gebauer. *Utopien für Realisten: die Zeit ist reif für die 15-Stunden-Woche, offene Grenzen und das bedingungslose Grundeinkommen.* de. 17. Aufl. Reinbek bei Hamburg: Rowohlt Taschenbuch Verlag, 2021. ISBN: 978-3-499-63300-3.
200. Toby Ord. *The precipice: existential risk and the future of humanity.* New York: Hachette Books, 2020. ISBN: 978-0-316-48491-6.
201. A. H. Maslow. "A theory of human motivation". In: *Psychological Review* 50.4 (1943). Place: US Publisher: American Psychological Association, pp. 370–396. ISSN: 1939-1471. https://doi.org/10.1037/h0054346.
202. S. Navas et al. "Review of Particle Physics". In: *Physical Review D* 110.3 (Aug. 2024). Publisher: American Physical Society, p. 030001. https://doi.org/10.1103/PhysRevD.110.030001.
203. *The Millennium Prize Problems.* URL: https://www.claymath.org/millennium-problems/ (visited on 10/19/2025).
204. Andrew Adamatzky. "The world's colonization and trade routes formation as imitated by slime mould". In: *International Journal of Bifurcation and Chaos* 22.08 (Aug. 2012). Publisher: World Scientific Publishing Co., p. 1230028. ISSN: 0218-1274. https://doi.org/10.1142/S0218127412300285.
205. *How Long Did Dinosaurs Live? | Extinct, Time Span, & Facts | Britannica.* Sept. 2025. URL: https://www.britannica.com/science/How-Long-Did-Dinosaurs-Live (visited on 11/21/2025).
206. Jacob Haqq-Misra and Thomas J. Fauchez. "Galactic settlement of low-mass stars as a resolution to the Fermi paradox". In: *The Astronomical Journal* 164.6 (Dec. 2022). p. 247. ISSN: 0004-6256, 1538-3881. https://doi.org/10.3847/1538-3881/ac9afd.

207. Robin Hanson. *The Great Filter – Are We Almost Past It?*. 1989. URL: https://mason.gmu.edu/~rhanson/greatfilter.html (visited on 09/24/2025).
208. Michael A. Garrett. "Is artificial intelligence the great filter that makes advanced technical civilisations rare in the universe?" In: *Acta Astronautica* 219 (June 2024), pp. 731–735. ISSN: 0094-5765. https://doi.org/10.1016/j.actaastro.2024.03.052.
209. Antoine de Saint-Exupéry. *Wind, sand and stars*. OCLC: 910517290. United States: Stellar Classics, 2013. ISBN: 978-80-87888-45-2.
210. Donald A. MacKenzie. *The social shaping of technology*. Ed. by Judy Wajcman. 2nd edn. Buckingham; Philadelphia: Open University Press, 1999. ISBN: 978-0-335-19914-3 978-0-335-19913-6.
211. Simon Joyce et al. "New social relations of digital technology and the future of work: Beyond technological determinism". In: *New Technology, Work and Employment* 38.2 (2023). _eprint: https://onlinelibrary.wiley.com/doi/pdf/10.1111/ntwe.12276, pp. 145–161. ISSN: 1468-005X. https://doi.org/10.1111/ntwe.12276.
212. Joseph C. Pitt. "'Guns Don't Kill, People Kill'; Values in and/or Around Technologies". In: *The Moral Status of Technical Artefacts*. Ed. by Peter Kroes and Peter-Paul Verbeek. Dordrecht: Springer Netherlands, 2014, pp. 89–101. ISBN: 978-94-007-7914-3. https://doi.org/10.1007/978-94-007-7914-3_6.
213. Marshall McLuhan. *Understanding media: the extensions of man*. 10. print. Media sociology. Cambridge, Mass.: MIT-Press, 2002. ISBN: 978-0-262-63159-4.
214. Langdon Winner. "Do Artifacts Have Politics?". In: *Daedalus* 109.1 (1980), pp. 121–136.
215. Jose Yunam Cuan-Baltazar et al. "Misinformation of COVID-19 on the Internet: Infodemiology Study". In: *JMIR Public Health and Surveillance* 6.2 (Apr. 2020), e18444. https://doi.org/10.2196/18444.
216. Hunt Allcott, Matthew Gentzkow, and Chuan Yu. "Trends in the diffusion of misinformation on social media". In: *Research & Politics* 6.2 (Apr. 2019). Publisher: SAGE Publications Ltd, p. 2053168019848554. ISSN: 2053-1680. https://doi.org/10.1177/2053168019848554.
217. P. Morrisette. "The Evolution of Policy Responses to Stratospheric Ozone Depletion". In: *Natural Resources Journal* 29 (1989), pp. 793–820.
218. *Ozone Hole Continues Healing in 2024*. Text.Article. Publisher: NASA Earth Observatory. Oct. 2024. URL: https://earthobservatory.nasa.gov/images/153523/ozone-hole-continues-healing-in-2024 (visited on 10/13/2025).

SPRINGER NATURE

GPSR Compliance

The European Union's (EU) General Product Safety Regulation (GPSR) is a set of rules that requires consumer products to be safe and our obligations to ensure this.

If you have any concerns about our products, you can contact us on ProductSafety@springernature.com

In case Publisher is established outside the EU, the EU authorized representative is:

Springer Nature Customer Service Center GmbH
Europaplatz 3
69115 Heidelberg, Germany

Printed by Wilco bv, the Netherlands